［増補改訂］

ビッグデータを支える技術

ラップトップ1台で学ぶデータ基盤のしくみ

Nishida Keisuke
西田圭介
［著］

技術評論社

本書について　改訂にあたって

本書は『ビッグデータを支える技術』の増補改訂版です。

「ビッグデータ」(*big data*)という言葉が広く用いられるようになって数年が経ち、以前であれば簡単には手を出せないと思われた大規模なデータ処理も、少し勉強すれば誰にでも扱えるものになってきました。筆者が前著『Googleを支える技術』(技術評論社、2008)の執筆にあたり「MapReduce」について学んでいた当時、それはどこか遠くの世界のように感じられたものですが、今ではもうありふれた技術になったのですから時代は変わったものです。

コンピュータの性能向上に伴い、ますます多くの物事がシステム化され、効率良く運用される時代になってきています。身近なところでは、たとえば「スマホで買い物をして、翌日には届けてもらえる」というとき、その背後では「決済システム」「在庫管理システム」「配送システム」などの多数のシステムが連携して動いています。

そのすべてのシステムがデータを生み出し、データを通してつながっています。データを見ることで、今どこで何が起きているのかを把握し、そして次に何が起きるだろうかと予想できます。データに基づいて次の指示を出すサイクルを自動化し、そのプロセスをまたシステムへと組み込むことで、さらなる仕事の効率化が図れます。

「機械学習」(*machine learning*)の技術などの発展によって、データを使ったシステム開発への期待は以前にも増して高まっています。今後もデータを活用して業務を改善する、あるいは「データ処理そのものをシステムの一部とする」ことが増えてくるのは間違いありません。

本書の内容

本書のテーマは「自動化されたデータ処理」です。ビッグデータと言うと、多くの人は「データ分析」を思い浮かべるかもしれませんが、本書で取り上げるのはデータの活用方法ではなく、「データ処理をどのようにシステム化するか」という問題です。

データの活用が重要であることに変わりはありませんが、だからと言ってデータの処理方法を知らなくても済むわけではありません。本書はおもに、これから「ビッグデータの技術を学ぼう」というエンジニアに向けて、最初に知っておくべき基本的なデータ処理の概念を広く取り上げることを目的としています。

データ分析における八割の時間は、データを準備するために費やされるとも言われています。世間では「データサイエンティストとして雇われたのに、データの前処理ばかりやっている」などといった嘆きも耳にします。「データを準備する」というエンジニアリングの部分を効率化しなければ、データ分析の苦労がなくなることはありません。

そのため本書では、まずはじめにデータ処理の過程で使われるソフトウェアやデータベース、プログラミング言語や可視化ツールなどの特徴を整理し、データを効率良く扱うための下地を整えます。その上で「ワークフロー管理」(*workflow management*)や「ストリーム処理」(*stream processing*)などといった「データ処理を自動化する技術」を見ていきます。

本書はなるべく平易な技術解説に努めており、ソフトウェアやシステム開発に興味のある人であれば問題なく読み進められるようにと心掛けています。実際にデータを扱う業務に携わる人に加えて、「データ処理のシステム開発とはどのようなものか」に関心のある人にも広く読んでもらえればと思っています。

本書はビッグデータの世界で使われる技術とその役割を、次々と見ていく体裁としています。個々の技術について踏み込んだ解説はしておらず、一つ一つの話題はネットで調べればわかることばかりです。そのためすでにこの分野で経験のある人からすると物足りなく思えるかもしれませんが、なるべく初学者が幅広い知識を得られることを目指して執筆しています。

本書で扱わない内容

データを利用する目的は多々ありますが、ここでは例として二つの分野を取り上げましょう。一つは「ビジネスインテリジェンス」(*business intelligence*)と呼ばれる分野で、企業の業績などを集計して、経営上の意思決定に役立てようとするものです。もう一つは「データマイニング」(*data mining*)と呼ばれる分野で、統計解析や機械学習などのアルゴリズムを駆使して、データから価値ある情報を見つけ出そうとするものです。

この二つの分野は重複する部分もありますが、基本的には必要な知識体系がまったく異なります。ところが、ビッグデータの技術はどちらの分野でも利用され、両方から強く影響を受けているため、どちらを主要な目的とするかで学ぶべき内容が変わります。一般的には、それぞれの分野の専門家に依頼してシステムを作り上げるところですが、本書では各分野の基礎知識を少しずつ取り上げています。

ビジネスインテリジェンスからは、データの可視化に関する考え方を紹介しています。とりわけ近年では「BIツール」(*business intelligence tool*)と呼ばれる可視化ソフトウェアが普及したことで、経営者でなくともプロジェクト単位でデータを見る人が増えています。本書では本格的なビジネスインテリジェンスについては説明しませんが、「MPPデータベース」(*MPP database*)のようなBIツールに関連する技術は取り上げています。

データマイニングからは、対話的なデータ分析環境の考え方を紹介しています。たとえば、「ノートブック」(*notebook*)と呼ばれるソフトウェアや、「データフレーム」(*data frame*)と呼ばれるデータ構造などは、データマイニングの世界から取り入れられたものです。本書ではデータマイニングそのものについては説明しませんが、そこで用いられるツール群は知っておく価値があります。

本書ではなるべく汎用的なデータ処理の技術を取り上げているため、特定の業界に特化したノウハウについては説明していません。たとえば、ビッグデータの技術が最もよく使われる分野の一つは「Webのアクセス解析」です。とりわけ「デジタルマーケティング」(*digital marketing*)の業界では、顧客の行動分析からネット広告の配信に至るまで、あらゆる用途でWebのアクセスログを活用します。しかし、その詳細は本書で扱える範囲を超えています。

また、近年ではあらゆるものをインターネットに接続する「IoT」(*Internet of Things*)が話題になっていますが、これも本書では取り上げていません。

IoTはビッグデータとの関連も深く、たとえば、データマイニングの一分野である「異常検知」(*anomaly detection*)の技術で機械の故障を早期発見するといった試みもありますが、こうした応用も本書の対象外です。

ただし「多数のデバイスからデータを集める」ためのしくみは、ビッグデータの根幹となる要素の一つであり、その基本となる考え方は説明しています。たとえば、リアルタイムの「メッセージ配送」(*message delivery*)や「重複排除」(*deduplication*)、そしてデータを格納するための「分散ストレージ」(*distributed storage*)などの技術です。

本書の後半では「特徴量ストア」(*feature store*)や「MLOps」(*machine learning operations*)のような機械学習に関連する話題も取り上げますが、機械学習の技術そのものは本書では扱いません。機械学習を活用したシステム開発で必要となるデータ処理の基盤や、日々のデータ処理を自動化する「オーケストレーション」(*orchestration*)の概念について理解を深めることが本書の目的となります。

本書の想定読者と前提とする予備知識について

本書はビッグデータを扱うエンジニアや、作業を自動化したいと考えるデータサイエンティストをおもな対象としています。エンジニアが対象であるのは、データ処理のためにスクリプト言語や自動化ツールを用いるためです。読み進めるにあたり、プログラミングに精通している必要はありませんが、システム開発の一般的な知識はある程度必要になります。

オペレーティングシステム(OS)やリレーショナルデータベース(RDB)の基本的な知識は前提とします。SQLのクエリを読めることも想定しますが、読めなくても支障はありません。ただし、テーブルの「結合」(join)のような概念は理解している必要があります。

プログラムのサンプルコードを読むにはPythonの知識が必要です。とは言え、第6章までは最小限のサンプルコードしか載せておらず、読み飛ばしてしまっても問題ありません。一方、第7章では多数のサンプルプログラムを使って、データ処理の実例を示しています。

動作確認環境と本書の補足情報について

サンプルコードの実行には「Ubuntu 20.04 LTS」(AMD64版)を利用します。ホストOSには「macOS Big Sur 11.1」を用いて、仮想マシンを作成するために「Multipass」を導入しました。WindowsでもMultipassが使えることは確認しており、サンプルコードの多くはそのまま動きますが、Webの管理画面など一部機能へのアクセスは制限される場合があります。

仮想マシンを作成するには最低でも8GBのメモリと20GBのディスクの空き容量が必要です。サンプルコードの実行過程では20GB近くのファイルをダウンロードすることになるため、Wi-Fi環境での実行を推奨します。仮想マシンでなくとも、Ubuntuの実行環境さえあればサンプルコードは動かせます。少なくともPythonとJava、そしてDockerさえ使える環境であればほとんど変更なしに動くはずです。一部のコードは「Google Colab」(Colaboratory)を使って、Webブラウザだけで動作確認できるようにもしてあります。本書の補足情報は、`https://gihyo.jp/book/2021/978-4-297-11952-2`から辿《たど》れます。

ビッグデータの処理には多数のコンピュータが使われますが、その技術を学ぶのには1台のラップトップがあれば十分です。そのため本書で紹介するソフトウェアは、どれも手軽に試せるオープンソースのものか、少なくとも無償版のあるものを選んでいます。ただし、一部のクラウドサービスなどは有償契約を前提としており、無償で使い続けられるとは限らないので注意してください。

本書ではHadoopやSparkなどの分散システムの概要を説明しますが、それらの具体的な設定方法は取り上げていません。最近はクラウドサービスを使ってシステム構築することも増えており、実際の設定は利用するサービスによって異なります。環境に応じてドキュメントを参照してください。

本書の構成

第1章「ビッグデータの基礎知識」は導入として、ビッグデータの技術が生まれた歴史的な背景を説明し、基本となる用語を整理しています。ここではビッグデータとの対比として、以前からある「スモールデータの技術」

についても取り上げます。簡単なPythonスクリプトによるデータ処理や、BIツールの考え方を知ることで、第2章以降の技術に話を繋げます。

第2章「ビッグデータの探索」では、データの「対話的な集計と可視化」がテーマとなります。とりわけデータの性質がまだわかっていない初期の段階では、データの集計を何度もやり直すことで、徐々にデータに対する理解を深めるものです。第2章ではデータを秒単位で集計するための「データマート」(*data mart*)の性質についても説明します。

第3章「ビッグデータの分散処理」では、HadoopやSparkなどの「分散処理のフレームワーク」を使ってデータを加工、集計し、データマートを作り上げるプロセスを中心に説明します。データを集計するためにどの製品を選ぶかというのは非常に悩ましい問題ですが、第3章ではいくつかの選択肢とそれらの特徴を比較しています。

第4章「ビッグデータの蓄積」では、「データを集めて保存する」手順を説明します。これは単純なようで奥の深いテーマです。たとえば、何百万台ものセンサー機器からデータを集める場合、それをデータベースに書き込むだけでも大きな負荷となります。第4章では、いくつかの分散ストレージの特徴を取り上げつつ、分散ストレージにデータを取り込む「データインジェスション」(*data ingestion*)のプロセスを説明します。

第5章「ビッグデータのパイプライン」では、「データ処理を自動化する」手順を説明します。データ処理の自動化には、定期的にスケジュール実行される「バッチ処理」と、絶え間なく実行される「ストリーム処理」とがあります。第5章ではSparkを例として、バッチ処理とストリーム処理とが統合されたフレームワークを取り上げると共に、障害に強いデータ処理を実現するための「ワークフロー管理」の考え方についても説明します。

第6章「ビッグデータと機械学習」では、機械学習の前処理としてビッグデータがどのように加工されるのかを説明します。機械学習では「特徴量」(*feature*)と呼ばれる数値データを大量に必要とするため、集めたデータを定期的に、あるいはリアルタイムに集計して「特徴量ストア」(*feature store*)へと格納します。その過程では第3章から第5章で解説するビッグデータの技術が使われます。

最後に、第7章「[実践]ビッグデータ分析基盤の構築」は応用編として、第6章までに取り上げたソフトウェアを利用して「過去の気温と降水量の推移」を集計するサンプルプログラムを動かします。最初はデータの特徴が何もわかっていないところからスタートするので、pandasとSparkを用いた対話的なセッションでデータを分析します。

そうしてデータの理解が進み、そのデータで何を実現したいのかが定まれば、本番環境を想定して「データ処理の自動化」に取り組みます。第7章ではワークフロー管理のソフトウェアとして「Prefect」を導入し、毎日1回データマートを更新するバッチ処理を走らせます。

Prefectでは日々のデータ処理を実行する各タスクをDockerコンテナとして動かせます。近年では「サーバーレスアーキテクチャ」(*serverless architecture*)の普及により、自分でサーバー管理する必要のないシステムが人気を集めていますが、第7章の最後では「コンテナ化されたワークフロー」を実現するステップについても解説しています。

改訂版のおもな変更点

今回の改訂版では新しく「ビッグデータと機械学習」と題して新章(第6章)を書き起こしたのと同時に、第7章のサンプルコードを全面的に刷新し、より現代的なデータ処理の実例を手軽に学べるようにと努めました。

第6章は発展を続ける機械学習の分野に一歩踏み込んだ内容となっています。「特徴量ストア」や「MLOps」のような機械学習のフレームワークを実現するために、第5章までに学んだビッグデータの技術がどのように生かされるのかを説明しています。

第7章のサンプルコードでは、Twitterからデータ収集することはやめて、単純にテキストファイルをダウンロードする形へと変更しました。データ構造化のプロセスはHiveからSparkへと変更し、ワークフロー管理もAirflowからPrefectへと変更しました。

ソフトウェアのインストール手順はUbuntuのパッケージ、もしくはDockerコンテナを使うように変更しました。事前に設定済みのDockerコンテナを配布しており、以前よりも手軽に実行できるはずです。データ処理のワークフローを実装する部分でもDockerを活用しており、モダンなデータパイプラインの実装例として参考にしてもらえればと思います。

その他の小さな変更点として、データの可視化ツールは無償で使える「Googleデータポータル」と「Metabase」を中心とした解説に書き直すことで、より手軽に可視化の手順を試してみられるようにしました。

一方で、元々小節で取り上げるにとどめていましたが、初版にあったクラウドサービスの比較(旧6.4節「クラウドサービスによるデータパイプライン」)は削除しています。クラウドサービスは変化が早く、書籍の内容はすぐに陳腐化してしまうことがおもな理由です。

とはいえクラウドサービスの重要性が失われたことはなく、ビッグデータの基盤を考える上でクラウドサービスが第一の選択肢となる状況は今も変わりません。本書を通して、自分にとって必要な技術は何かという理解を深め、実際のサービス選択の一助となることを願っています。

本書ではビッグデータに関する多数の技術を取り上げますが、その中からどれを選ぶべきかという「正解」は用意していません。ビッグデータの技術は日々発展を続けており、何が正しい答えかは筆者にもわかりません。

本書で例として取り上げたソフトウェアは、どれも筆者の個人的な知識や経験から選んだものであり、あらゆるソフトウェアを客観的に評価した結果ではありません。あくまで理解を深めるための一例として紹介するものであり、特定のソフトウェアやサービスを推奨するものでないことはご理解ください。

本書で取り上げることができたのは、ビッグデータの技術を使いこなすために必要な知識のうちの一部でしかありませんが、これから学習を進めるにあたって、本書の解説が少しでも助けになれば幸いです。

2021年1月　西田 圭介

目次●[増補改訂]ビッグデータを支える技術　ラップトップ1台で学ぶデータ基盤のしくみ

Column

［増補改訂］

ビッグデータを支える技術

ラップトップ1台で学ぶデータ基盤のしくみ

第 1 章 ビッグデータの基礎知識

本章ではビッグデータの周辺技術が生まれた歴史的背景を振り返ると共に、その基本となるものの考え方や用語を整理します。

1.1節では、ビッグデータの代表的な技術である「Hadoop」や「NoSQLデータベース」などの役割を取り上げ、従来から用いられてきた「データウェアハウス」を中心とする技術との違いを説明します。

1.2節では「データパイプライン」のシステム構成を説明します。ビッグデータはまず最初に「データレイク」へと格納され、そこから一部のデータを「データマート」として取り出します。

1.3節では、Pythonによる「対話的なデータ処理」について説明します。表形式のデータを抽象化した「データフレーム」を使って、簡単なテキストデータの加工と集計を行います。

1.4節では「スプレッドシート」と「BIツール」を使って、長期的なデータの変化を「モニタリング」する考え方を説明します。

図1.A 「Project Jupyter | Home」※

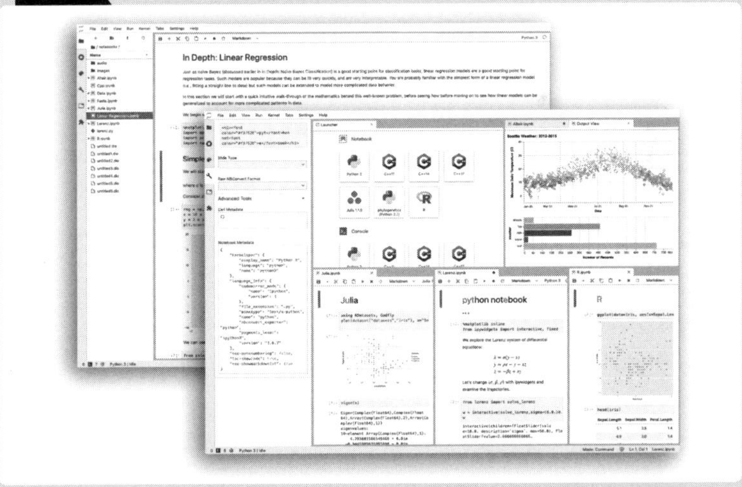

Jupyterを利用すると、データ処理の過程をファイルに記録しておいて、後から編集したり再実行したりするのが簡単になる。

※URL https://jupyter.org

1.1 [背景]ビッグデータの定着

「分散システムの発展」と「クラウドサービスの普及」によって、大量のデータを効率良く処理することが難しくなくなりました。本節では、「ビッグデータ」という言葉が広がるまでの歴史を簡単に振り返ります。

Note

本節ではビッグデータのおもな歴史について説明します。

- 2011年まで ➡Hadoop や NoSQL データベースなどの基盤技術の発展
- 2012年まで ➡クラウド型データウェアハウスやBIツールの普及
- 2013年頃から ➡ストリーム処理やアドホック分析環境の拡充
- 2014年頃から ➡分散型クエリエンジンの普及、Hadoopからの脱却
- 2016年頃から ➡マーケティングオートメーション、データオーケストレーションなど

分散システムによるデータ処理の高速化
ビッグデータの扱いづらさを乗り越える二大技術

ここ数年でデータを分析するための環境は大きく変わり、大量のデータを活用して新たな価値を生み出したり、意思決定のために利用したりするのも珍しいことではなくなりました。クラウドサービスの普及によって技術的な制約は少なくなり、その気になれば誰にでもデータを分析できる時代になりました。

ビッグデータ(*big data*)という言葉をメディアでよく目にするようになったのは、2011年後半から2012年にかけて、多くの企業がデータ処理に分散システムを導入し始めた頃からでしょうか。それ以前にもコンピュータによるデータ処理は行われていましたが、ある頃から「ビッグデータ」という言葉があちこちで使われるようになり、データをビジネスに活用しようという動きが活発になりました。

その後もビッグデータという言葉が廃れることはなく、今では一つの技術分野として定着したと言っても良いでしょう。その一方で、ビッグデータの技術が大きな苦労もなく安心して使えるものになったとは今なお言い難く、実際にデータを集めて何かしようとすると、まだまだ苦労は絶えないのが実情ではないでしょうか。

ビッグデータの扱いが難しいのには二つの理由があります。一つは「データの分析手法を知らない」こと、そしてもう一つは「データ処理に手間と時間が掛かる」ことです。データがあってもそこから価値を引き出せないのでは意味がありませんし、知識があっても時間を取られたのではできることは限られます。この二つは車の両輪のようなもので、両者が揃ってはじめて価値ある情報が得られます。

このうち前者の問題については、本書では一切議論しません。何か知りたい情報がすでにあるとして、それを「いかに効率良く実行するか」を考えるのが本書の目的です。可能な限り少ない労力で欲しい情報を得られるように、今どのような技術が使えるのかを順に見ていきます。

ビッグデータ技術への要求　HadoopとNoSQLの台頭

ビッグデータの技術として最初に取り上げられるのが「Hadoop」と「NoSQL」の二つです(**図1.1**)。

図1.1　HadoopとNoSQLの位置付け

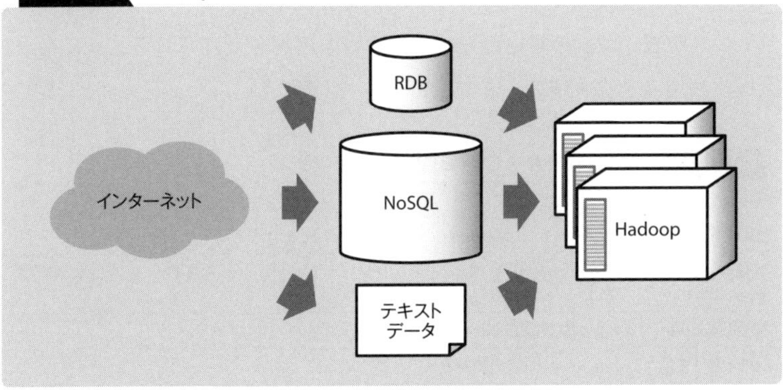

Webサーバーなどで生成されたデータは、最初にRDBやNoSQLなどのデータベースに格納される。その後、すべてのデータがHadoopに集められて、そこで大規模なデータ処理が実行される。

インターネットの普及によって、世界中からアクセスされるシステムが増えるにつれて、伝統的なリレーショナルデータベース(RDB)では扱えないほどの大量のデータが次々と集められるようになりました。そうして蓄えたデータを処理するには、従来とは異なるしくみが必要でした。HadoopとNoSQLは、それぞれ異なるニーズを満たすために生まれています。

Hadoop　多数のコンピュータで大量のデータ処理

Hadoopは「多数のコンピュータで大量のデータ処理を行う」ためのシステムです。たとえば、全世界のWebページを集めて検索エンジンを作るには、膨大なデータを保存しておけるストレージと、そのデータを次々と処理し続けられるしくみが必要です。そのためには何百台、何千台という単位でコンピュータが利用され、それを管理するのがHadoopというフレームワークです。

Hadoopは元々、Googleで開発された分散処理のフレームワークである「MapReduce」を参考にして作られています(MapReduceのしくみは第5章を参照)。初期のHadoopでMapReduceを動かすには、データ処理の内容を記述するためにJava言語によるプログラミングが必要とされ、誰にでも簡単に使えるものではありませんでした。

そこで、SQLのようなクエリ言語をHadoop上で実行するためのソフトウェアとして「Hive」が開発され、2009年にリリースされました。Hiveの導入によってプログラミングせずにデータを集計できるようになったことで、多くの人がHadoopを用いた分散システムの恩恵を受けられるようになり、徐々に利用者を拡大することになりました(**表1.1**)。

表1.1　Hadoopのおもな歴史(2011年まで)

時期	イベント
2004年12月	GoogleからMapReduce論文が発表される
2007年9月	Hadoopの最初のバージョン(0.14.1)がリリースされ、世界的に利用が始まる
2009年5月	Hiveの最初のバージョン(0.3.0)がリリースされる
2011年12月	Hadoop 1.0.0リリース

NoSQLデータベース　頻繁な読み書き&分散処理に強みあり

一方、NoSQLは伝統的なRDBの制約を取り除くことを目指したデータベースの総称です。NoSQLデータベースにはさまざまな種類があり、多数のキーと値を関連付けて保存する**キーバリューストア**(*key-value store*/ **KVS**)、JSON (*JavaScript Object Notation*、テキストベースで軽量なデータ交換フォーマット)のような複雑なデータ構造を保存する**ドキュメントストア**(*document store*)、複数のキーを用いて高いスケーラビリティを実現する**ワイドカラムストア**(*wide-column store*)などが代表的です(**表1.2**)。

NoSQLデータベース製品は、それぞれ目指すゴールが異なるので単純な比較はできませんが、RDBよりも高速な読み書きが可能である、分散処理に優れる、といった特徴を備えています。集めたデータを後から集計するのが目的であるHadoopとは異なり、NoSQLはアプリケーションからオンラインで接続して利用するデータベースです。

表1.2　**おもなNoSQLデータベースの歴史(2011年まで)**

時期	イベント	製品の種類
2009年8月	MongoDB 1.0リリース	ドキュメントストア
2010年7月	CouchDB 1.0リリース	ドキュメントストア
2011年9月	Riak 1.0リリース	キーバリューストア
2011年10月	Cassandra 1.0リリース	ワイドカラムストア
2011年12月	Redis 1.0リリース	キーバリューストア

HadoopとNoSQLデータベースの組み合わせ
現実的なコストで大規模データ処理を実現

この二つを組み合わせることで「NoSQLデータベースに書き込み、Hadoopで分散処理する」という流れが2011年の終わりまでに定着し、そして2012年から一般に広がるようになりました。

世界的なスケールで増え続けるデータに対して、従来の技術では不可能であるか、あるいは高価なハードウェアが必要とされたケースでも、「現実的なコストでデータを処理できるようになってきた」というのが当時の技術的な背景です。

分散システムのビジネス利用の開拓 データウェアハウスとの共存

一部の企業では以前から、データ分析の基盤として**エンタープライズデータウェアハウス**（*enterprise data warehouse*/EDW、または**データウェアハウス**/DWH）が導入されてきました。全国各地から送られてくる店舗の売上や、顧客情報などが長期にわたって蓄積され、それを分析することで業務改善や経営判断に役立てられました。

分散システムの発展により、従来であればデータウェアハウス製品が使われてきたケースでも、Hadoopが利用されることも増えてきました。多くのデータ分析ツールがHadoopへの対応を表明し、大量のデータを保存、集計するためにHadoopやHiveが利用されるようになります。その結果、Hadoopの導入を技術的にサポートするビジネスが成り立つようになり、そのときに使われるようになったキーワードが「ビッグデータ」です。

伝統的なデータウェアハウスでも大量のデータを扱うことは可能であり、むしろ多くの点でHadoopよりも優れています。しかし、欠点もあります。いくつかのデータウェアハウス製品は安定した性能を実現するために、ハードウェアとソフトウェアが一体化した**アプライアンス**（*appliance*）として提供されます。データ容量を増やすにはハードウェアを入れ替える必要があるなど、後から拡張するのが容易ではありません。そのため、加速度的に増え続けるデータの処理はHadoopに任せて、比較的小さなデータ、あるいは重要なデータだけをデータウェアハウスに入れるといった使い分けが行われるようになります。

たとえば、夜間バッチなどの深夜の大量のデータ処理でHadoopが使われます。夜間バッチでは、毎日の取引データなどを深夜に集計し、翌朝までにレポートにまとめます。データ量が増えるとバッチ処理に時間が掛かり、レポートの完成が遅れて業務に支障が出ます。そこで拡張性に優れたHadoopにデータ処理を任せることで、データウェアハウスの負荷を軽減しようというわけです（**図1.2**）。

図1.2 Hadoopによるデータウェアハウスの増強

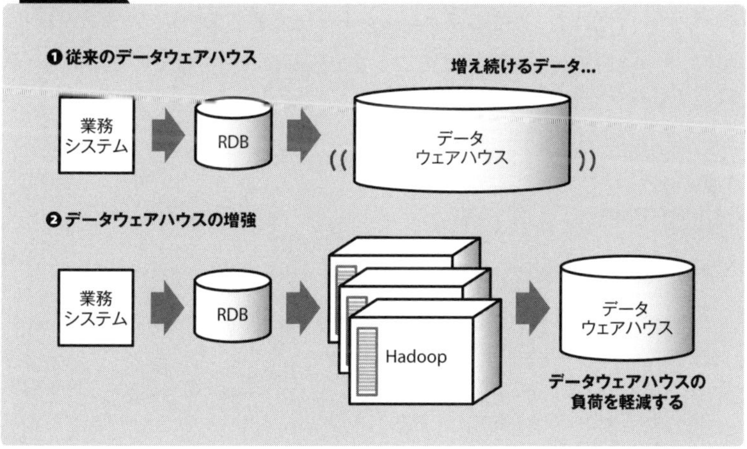

自分でできる！ データ分析の間口の広がり

クラウドサービスとデータディスカバリで加速したビッグデータ活用

同じ頃から、クラウドサービスの普及によってビッグデータの活用が加速されることになりました（**表1.3**）。「多数のコンピュータで分散処理する」のがビッグデータの技術の特徴ですが、そのためのハードウェアを揃えて管理するのはそう簡単ではありません。クラウドの時代になり、時間単位で必要なだけリソースを確保できるようになったことで、やり方さえ覚えればいつでも利用を始められる環境が整いました。

表1.3 データ処理のためのクラウドサービス

時期	イベント	サービスの特徴
2009年4月	Amazon Elastic MapReduce発表	クラウド向けHadoop
2010年5月	Google BigQuery発表	データウェアハウス
2012年10月	Azure HDInsight発表	クラウド向けHadoop
2012年11月	Amazon Redshift発表	データウェアハウス

2012年の終わりにAmazon Redshiftが発表されると、データウェアハウスをクラウド上に作るのも珍しくはなくなりました。以前のデータウェアハウ

スは、大企業のIT部門が多大な労力を掛けて構築するような限られたものでしたが、今ではより小さなプロジェクト単位でデータウェアハウスを作り、独自にデータ分析の基盤を整えることも一般的になってきています。

Column

スモールデータ&ビッグデータの活用　スモールデータの技術も重要

ビッグデータとの対比として、従来の技術でも扱えるような小さなデータを**スモールデータ**(*small data*)と呼びます。イメージとしては、1台のラップトップでストレスなく処理できるのがスモールデータです。レコード数にしてざっと数百万から数千万件、データ量にして数GB (*gigabyte*) までならスモールデータと言って良いでしょう。

ビッグデータもスモールデータも、どちらもただのデータであり、そこに本質的な違いはありません。ビッグデータの時代になると、今までは捨てるしかなかったデータまでもが処理されるようになった、というだけの話です。データ分析の手法はスモールデータの頃からすでにあるので、後は「効率」の問題です。

スモールデータの技術は、ビッグデータの技術にも増して重要です。社内で作成されたExcelファイル、Webからダウンロードした CSV ファイルなど、世の中は大量のスモールデータで溢れています。効率的なスモールデータの扱い方を知らないまま、ビッグデータの技術だけを学んでも十分ではありません。両者は適材適所で使い分けるのが理想的です(**図C1.1**)。

図C1.1　ビッグデータとスモールデータ

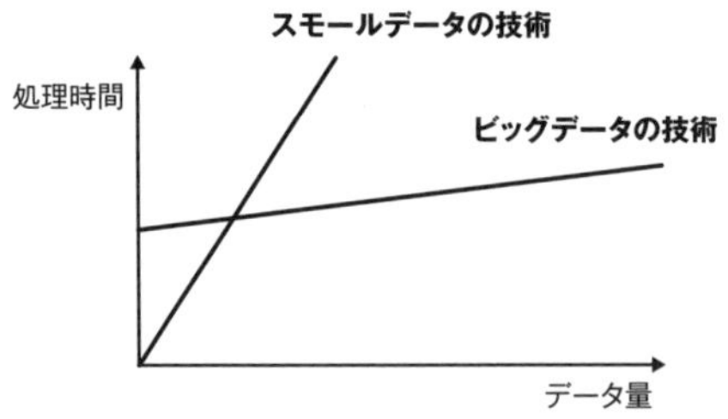

スモールデータの技術では、データ量が増えると処理時間が急速に増加する。ビッグデータの技術であれば時間の増加は抑えられるが、データ量が少ないうちはスモールデータの技術の方が優れている。

データディスカバリの基礎知識 セルフサービスのBIツール

時を同じくして、データウェアハウスに蓄えたデータを可視化するための手法として**データディスカバリ**（*data discovery*）が人気を集めるようになりました。データディスカバリとは「対話的にデータを可視化することで価値ある情報を見つけようとするプロセス」のことを指して、2012年頃から使われるようになった言葉です[注1]。

データディスカバリは「セルフサービスのBIツール」とも呼ばれます。**BIツール**（*business intelligence tool*）とは、古くからデータウェアハウスと組み合わせて利用されてきた経営者向けの可視化システムで（**図1.3**）、大企業のIT部門によって導入されるような大掛かりなものでした。セルフサービスのBIツールは、それを個人でも導入できるくらいに単純化しており、それによってますます多くの人が自分でデータを見るようになりました。本書で「BIツール」と言うときには、データディスカバリのためのセルフサービスのBIツールを意味するものとします。

注1　2021年現在では、データディスカバリとは言わずに単に「BIツール」とだけ呼ぶことが多いです。

図1.3 BIツールによるダッシュボードの例※

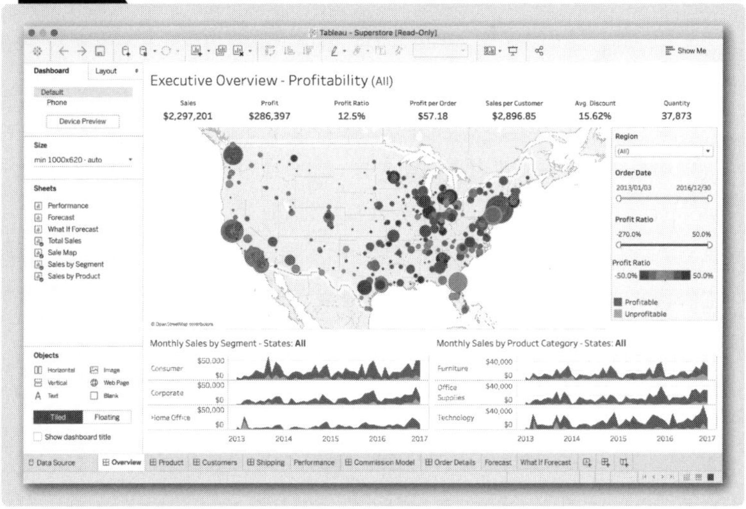

※Tableau Desktop 10.2、および付属のサンプルデータ

新しい分散データ処理システムの台頭 Hadoopからの脱却

ビッグデータを代表するシステムとして発展してきたHadoopでしたが、その問題点も認識されるようになりました。当時のHiveは日常的なデータ分析に利用するにはあまりにも遅く、多くのエンジニアが不満を抱いていました。2013年になると、Hiveに代わる技術として「Impala」や「Presto」のようなSQLに特化した分散型のクエリエンジンが相次いでリリースされました(**表1.4**)。また、MapReduceよりも効率の良いデータ処理の実現を目指して「Apache Spark」(第3章で後述)のような新しい分散データ処理のフレームワークも登場しました。

表1.4 Hadoop後の分散データ処理システム(2013年以降)

時期	イベント	製品の種類
2013年5月	Apache Impala 1.0 リリース	クエリエンジン
2013年11月	Presto リリース	クエリエンジン
2014年5月	Apache Spark 1.0.0 リリース	分散データ処理
2015年4月	Google Cloud Dataflow リリース	分散データ処理
2016年11月	Amazon Athena リリース	クエリエンジン(Prestoを利用)

こうした新しいソフトウェアの登場により、2015年頃をピークとしてビッグデータの技術はHadoopに依存しない方向へとシフトします。ほとんどの人はデータ分析のためにSQLが使えれば十分であり、Hadoopのような汎用的なフレームワークを必要とはしていません。保守管理の難しいHadoopに頼るのではなく、SQLにはSQLに適したクエリエンジンやデータウェアハウスを用いる方が理にかなっています。

本書執筆の時点では、ビッグデータを扱うシステムは**図1.4**のような構成になることが多くなっています。

データベースの高速化

まず一つのアプローチとして、図1.4❶のように業務用のデータベースを高速化する形でビッグデータに対応しようとする流れがあります。この場合、Hadoopやデータウェアハウスなどは用いられず、単一のデータベースだけでデータ処理が完結します。

たとえば、2014年に登場した「Amazon Aurora」では、MySQLやPostgreSQLのストレージ部分を分散することで大量のデータを読み書きできるようになっており、ストレージが64TB(*terabyte*)まで自動的に拡張されます。ビッグデータのために特別なシステムを導入しなくても、従来どお

図1.4 Hadoopに頼らないビッグデータのシステム構成

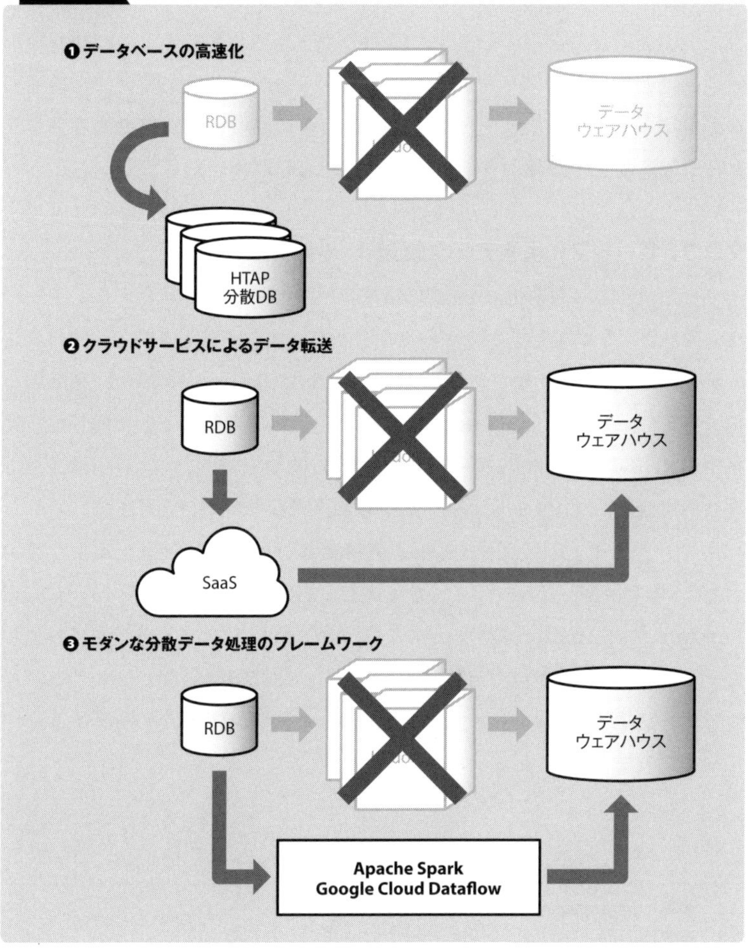

りのやり方を変えずに大量のデータを扱えるようになっています。

2017年になると**HTAP**(*Hybrid Transaction/Analytical Processing*)と呼ばれる処理に対応したデータベースも発表されるようになりました。HTAPに対応したデータベースではアプリケーションからオンライン接続したときのトランザクション性能と、データウェアハウス並みの大規模な集計機能の両立を目指して開発が進められています(p.74のコラム「データを取り出さずに集計する」を参照)。

こうした技術を活用することで、「データウェアハウスは構築しない」のも一つの選択肢になっています。最新のデータをリアルタイムに知りたいときには、業務データベースを直接参照するのが一番です。データの増加が穏やかなシステムや、データの集計そのものが業務の一部であるアプリケーションなどでは検討する価値があるかもしれません。

クラウドサービスによるデータ転送

データベースの高速化にも限界があるので、多くの場合は何らかのデータウェアハウスを構築してからデータを分析します。そのときによく使われるのが、図1.4❷のようなクラウドサービス(SaaS/*Software as a Service*)を活用したデータウェアハウスの構築です。どこからデータを集めるかに応じて、業務用のRDBから定期的にデータを取り出す方式や、あるいはWebサイトに埋め込んだJavaScriptからデータを集める方式などが用いられます。

スマートフォンのアプリや、IoTデバイスからデータ収集するような場合(第4章で後述)であっても、たとえば、Googleのサービスなら「Cloud Firestore」[注2]、Amazonのサービスなら「AWS IoT」[注3]など、各分野に特化したデータ収集のしくみが提供されています。比較的簡単なセットアップだけでデータを集められるようになり、自分で分散システムを構築する必要はなくなりました。

注2 URL https://firebase.google.com/products/firestore/
注3 URL https://aws.amazon.com/iot/

モダンな分散データ処理のフレームワーク

データをそのままではうまく取り込めず、事前に加工が必要となるような場合にも、Hadoopに代わって図1.4❸のような新しい分散データ処理のフレームワークが用いられるようになりました。2015年に発表された「Google Cloud Dataflow」注4では、JavaやPythonを用いた分散データ処理をクラウド上で実行できます。また、「AWS Glue」注5であれば、Apache Sparkによるデータ処理を実行できます。そうして加工したデータをデータウェアハウスに投入することでSQLによる集計が可能となります。

かくして現在のクラウド環境では、Hadoopの存在を意識することはほとんどなくなり、データウェアハウスの構築と運用に集中できるようになってきています。

ビッグデータを活用した応用分野の広がり
レポーティング、デジタルマーケティング、人工知能

今も毎年のように次々と新しいサービスがリリースされているものの、現在使われているビッグデータの技術はおおむね2016年頃には確立され、データ量に左右されないデータ分析の基盤が完成しました。それに伴い応用分野も広がり続けています。

筆者の知る限り、ビッグデータはおもに3つの目的で利用されています。意思決定者に向けた「レポーティング」、顧客獲得のための「デジタルマーケティング」、そして大量のデータを活用する「人工知能」の分野です。

レポーティング　BIツール、モニタリング、ダッシュボード

従来のデータウェアハウスでは、集めたデータはBIツールと組み合わせることで**レポーティング**（*reporting*）のために使われてきました。この場合、

注4　URL https://cloud.google.com/dataflow/
注5　URL https://aws.amazon.com/glue/

レポートを作るのは企業のIT部門やコンサルタントであり、レポートを見るのは経営者やマネージャーでした。

ビッグデータの技術も、初期の頃はレポーティングに使われることが多く、Webサービスやモバイルアプリなどの利用動向が分析されていました。外部の専門家にデータ分析を依頼する必要性はなくなり、サービスやアプリの企画、開発チームが自分たちでレポートを作成し、意思決定するようになりました。

レポートの作成にはいくつかのパターンがあります。一つは手作業による方法で、SQLでクエリを書いてデータを集計し、その結果をスプレッドシートやプレゼン資料などにまとめます。前述したBIツールが使われるときもあります。複雑なデータ分析は今でも手作業でレポートを作成するのが一般的です。

日次レポートや月次レポートのような定期的なレポート作成は**モニタリング**(*monitoring*)とも呼ばれます。モニタリングの代表的な方法は**ダッシュボード**(*dashboard*)を作成することで、毎日確認したい指標を1つの画面に集めます(第2章で後述)。ダッシュボードだけでは把握しきれない詳細な情報は、表形式のレポートにまとめるときもあります。ダッシュボードや表形式のレポート作成にはBIツールが使われます。

デジタルマーケティング　マーケティングオートメーション

インターネットを使ったデジタルマーケティングが普及したことで、オンライン広告やWebプロモーションなどの成果がデータとして収集されるようになりました。そうして集めたデータを分析し、より効果的な販促活動を行うことが現在のマーケティング担当者には求められます。

2016年頃から、顧客の一人ひとりに対して個別対応をする**マーケティングオートメーション**(*marketing automation*)が広まりました。たとえば、Webサイトでメールアドレスを登録したら、数日ごとにサービスの案内が送られてきた経験のある人も多いでしょう。マーケティングオートメーションツールを活用すると、顧客の新規登録や商品購入などを起点として、あらかじめ設定したルールに従ってアクションを起こす(たとえば、メールを送る)ことを自動化できます。

マーケティングオートメーションを実現するには、顧客の一人ひとりについての詳しいデータが必要です。デジタルマーケティングの世界では、自社で集めた顧客データは**CDP**(*Customer Data Platform*)と呼ばれるデータストアに統合されます。顧客データをデータウェアハウスに集めた後、毎日加工、集計することで「顧客IDをキーとしてすべての属性データを結合」します。そうして作り上げた属性データで顧客を分類し、顧客ごとのマーケティング活動へと役立てます。

マーケティングオートメーションは自社開発するよりも、既存のクラウドサービスを活用することが多いかもしれません。しかし、自社の顧客データは自社のデータベースに入っているので、うまくデータ連携しなければ使うことができません。そのため業務システムやデータウェアハウスから日々の取引データを取り出して、顧客中心のデータ処理を行うような自動化されたシステムが構築されます。

人工知能　特徴量エンジニアリング、MLOps

人工知能の分野では、機械学習のためにビッグデータが用いられます。機械学習ではしばしば**特徴量**(*feature*)という形式でデータを表現します。たとえば、顧客ごとに過去の訪問回数、問い合わせ回数、購入金額など、何百もの数値データを用意して、それを分析することで顧客の傾向を学習します。このようなデータ処理を**特徴量エンジニアリング**(*feature engineering*)と呼びます。

どのような特徴量を作成すれば良い結果が得られるかは事前にはわからないため、満足いく結果が出るまで何度も特徴量の作成と機械学習を繰り返します。特徴量というものは同じデータからいくらでも作り出せます。商品の購入履歴があれば、「これまでの購入回数の合計」や「最後に購入してからの経過日数」など、考えられる特徴量は無数にあります。

2017年には機械学習のために「特徴量に特化したデータストアを構築する」という考え方が広まり、ビッグデータの技術を活用した**特徴量ストア**(*feature store*)が作られるようになりました(第6章で後述)。2018年になると**MLOps**(*Machine Learning Operations*)という言葉も誕生し、機械学習の開発から運用までのプロセスを自動化する取り組みが続けられています。

Column

ビッグデータの技術と機械学習の技術

機械学習で利用される技術は、ビッグデータの技術とはまったくの別物です。どちらも大量のデータ処理をするので一部で共通する部分はあるものの、本書で取り上げるような大規模な分散データ処理は、機械学習ではあまり使われません。

ビッグデータの技術 多種多様なデータを扱う

ビッグデータというのは単に**データ量が多い**だけでなく、**多種多様なデータを扱う**ところに特徴があります。データの書式や転送方法もばらばらで、それらを1ヵ所に集めることでデータを分析しやすくします。

ビッグデータの技術ではおもにテキストデータが扱われます。Webサイトのアクセスログや、データベースから抽出した取引データ、あるいはCSVファイルやJSONファイルなどには、どれも大量のテキストが含まれます。そのようなデータを標準的なフォーマットに加工し、データ量を減らすために圧縮し、そうして長期にわたって蓄えたデータを集計するのが「ビッグデータの技術」です。

機械学習の技術 プロセッサの性能を限界まで引き出す

一方、機械学習とはおもに数値計算をするものです。各種の統計解析や、画像や音声の解析、あるいはディープラーニングのような行列演算を繰り返すことでデータを分析します。機械学習ではプロセッサによる計算時間が支配的であり、計算速度を上げるために工夫が必要です。

GPUを使った並列計算などはその代表的なものであり、すべてのデータを数値化して小さなメモリに詰め込んでから一気にまとめて計算します。つまり、メモリ上に載せられた**大量の数値データ**に対して、**プロセッサの性能を限界まで引き出す**ことで実行時間を短縮しようとするのが「機械学習の技術」です。

技術の組み合わせ 適材適所で技術を使い分ける

分析の元となるデータは最初から数値化されているわけではなく、大量のテキストデータ等を集計することで得られます。したがって「ビッグデータの技術で加工、集計したデータを機械学習の技術で分析する」といった風に組み合わせて利用されます。

本書のテーマはビッグデータで、機械学習の技術については詳しくは取り上げていませんが、機械学習の分野でも便利なツールが次々と開発されているので、データを扱う機会の多いエンジニアはそちらも学んでおきましょう。

データオーケストレーション

複雑化するデータ処理を滞りなく実行するために、管理ツールの開発も続いています。日々のレポーティング、マーケティング活動、そして機械学習の改善のためには、毎日データウェアハウスで大量のクエリを実行し、その結果を次のシステムへと送り出す必要があります。データ処理に必要な計算リソースを確保し、各工程を自動化することを**データオーケストレーション**(*data orchestration*)と呼びます。音楽のオーケストラに優秀な指揮者が必要なのと同様に、データオーケストレーションのためにも全体の流れを指揮する優れたツールが必要です。

2015年以降、データオーケストレーションに使われる「ワークフロー管理」(後述)のためのソフトウェアがいくつも開発されるようになりました。機械学習であれば、集めたデータから将来を予測するモデルを作成し、そのモデルが妥当であるかを評価し、そして完成したモデルを本番環境へとデプロイします。そのような一連の作業を自動化するためにワークフローが記述されます。

2017年頃からはDockerを用いた「ワークフローのコンテナ化」も進められるようになりました(第7章で後述)。データ収集やクエリの実行、そして機械学習といった一連のタスクは、それぞれが独立したコンテナとして実装され、それらが次々と実行されることでデータ処理が前に進むようになりました。

便利なソフトウェアやクラウドサービスが次々と開発される一方で、APIなどを駆使してそれらのサービスを結び付けるしくみがますます重要になっています。ビッグデータをどう集計するかが問題であった時代はすでに終わり、日々の業務をいかに効率化して生産性を高められるかというチャレンジが現在も続いています。

以上のように、ビッグデータの技術というのは一つではなく、目的に応じて多数の技術を組み合わせることで実現されています。以前と比べると技術上の制約は少なくなり、知識さえあれば誰にでも扱えるものになったとはいえ、あまりにも多くの選択肢があるために何が自分にとって必要なツールなのかわからない人も多いかもしれません。

本書ではなるべく基礎となるビッグデータの技術を取り上げることで、どの技術が何のために存在するのかを体系的に理解できるように解説を進めます。HadoopやNoSQLを含めた基盤システムの概要についても説明し、その強みや問題点についても取り上げるようにしています。各技術の役割を知ることで、自分にとって必要なものが何かを理解し、欲しい情報をいつでも取り出せるようにしていきましょう。

1.2 ビッグデータ時代のデータ分析基盤

ビッグデータの技術が従来のデータウェアハウスと異なるのは、多数の分散システムを組み合わせて拡張性の高いデータ処理のしくみを作るところです。ここでは両者の違いについて説明します。

[再入門]ビッグデータの技術 分散システムを活用してデータを加工していくしくみ

本書で取り上げる「ビッグデータの技術」とは、分散システムを活用しながらデータを次々と加工していく一連のしくみです。これは実際には**図1.5**

図1.5 ビッグデータのためのデータパイプライン

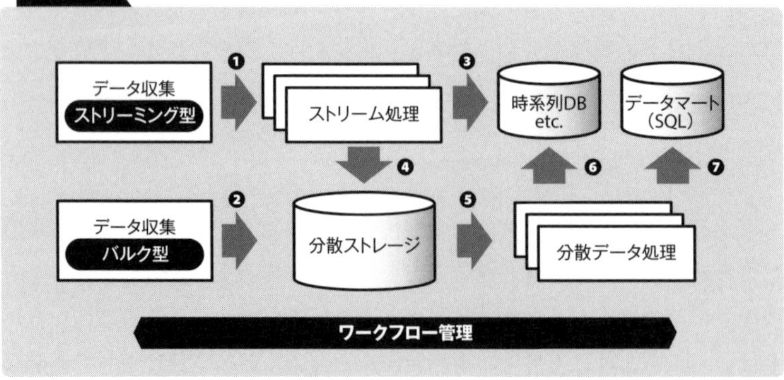

のように、複数のサブシステムを組み合わせることで実現されます。

データパイプライン　データ収集からワークフロー管理まで

一般に、次々と受け渡されていくデータによって構成されるシステムのことを**データパイプライン**(*data pipeline*)と呼びます。

ビッグデータのデータパイプラインは、どこからデータを集めて何を実現したいのかによって変化します。最初の頃は単純な構成でも済みますが、やりたいことが増えるにつれてシステムは徐々に複雑化し、それをどのように組み合わせるかが問題となってきます。

データ収集　バルク型とストリーミング型のデータ転送

データパイプラインは、データを集めるところから始まります。データはさまざまな場所で生成され、それぞれが異なる形をしています。データベースに書き込まれた取引データ、ファイルサーバーに蓄積されたログファイル、スマートフォンなどのモバイルアプリから集めるイベントデータや、あるいは組み込み機器から送られてくるセンサーデータなど、それぞれが異なる技術でデータを転送します。

データ転送(*data transfer*)の方法には、大きく分けて

- **バルク型(*bulk*)**
- **ストリーミング型(*streaming*)**

の2種類があります(図1.5❶❷)。バルク型とは、すでにどこかにあるデータをまとめて取り出す方法であり、データベースやファイルサーバーなどから定期的にデータを集めるのに使います。一方、ストリーミング型とは、次々と生成されるデータを絶え間なく送り続ける方法であり、モバイルアプリや組み込み機器などから広くデータを集めるのに用いられます。

ストリーム処理とバッチ処理

従来であれば、データウェアハウスで扱うようなデータにはおもにバルク型の方法が用いられてきました。しかし、モバイルアプリなどの増加に

よって、ビッグデータの世界ではむしろストリーミング型の方法が主流となってきています。そうすると受け取ったデータをリアルタイムに処理したくなります。これを**ストリーム処理**(*stream processing*)と呼びます。

たとえば、過去30分間に届いたデータを集計してグラフを作るには、**時系列データベース**(*time-series database*)のようなリアルタイム処理に向いたデータベースがよく利用されます(図1.5❸)。ストリーム処理の結果を時系列データベースに格納することで、今何が起きているのかをただちに知ることができるようになります。

その一方で、ストリーム処理は長期的なデータ分析には向かない、という問題があります。たとえば、過去1年分のデータを分析しようとすると、データ量は一気に何千倍、何万倍にも増加します。リアルタイムのデータ処理と、長期的なデータ分析とを一つのシステムで実現するのは、不可能ではないにしても、そう簡単なことではありません。

長期的なデータ分析のためには、より大量のデータを保存して処理するのに適した分散システムが導入されます(図1.5❹❺)。そこで必要なのはストリーム処理ではなく、ある程度まとまったデータを効率良く加工するための**バッチ処理**(*batch processing*)のしくみです。

分散ストレージ　オブジェクトストレージ、NoSQLデータベース

集めたデータは**分散ストレージ**(*distributed storage*)に格納されます(図1.5❷❹)。ここで言う分散ストレージとは、多数のコンピュータとディスクから成るストレージシステムの総称です。データの格納方法にはいくつかの選択肢があります。代表的なのは**オブジェクトストレージ**(*object storage*)で、ひとまとまりのデータに名前を付けてファイルとして保存します。クラウドサービスであるAmazon S3などが有名です。

NoSQLデータベースを分散ストレージとして用いることもあります。アプリケーションから多数のデータを読み書きするには、NoSQLデータベースが性能的に優れています。ただし、データ容量を後からいくらでも増やせるようなスケーラビリティの高い製品を選ぶ必要があります。

分散データ処理 クエリエンジン、ETLプロセス

分散ストレージに蓄えたデータを処理するには、**分散データ処理**(*distributed data processing*)のフレームワークが必要です(図1.5❻❼)。MapReduceが使われてきたのはこの部分であり、データの量や処理の内容に応じて多くのコンピュータリソースが必要とされます。分散データ処理のおもな役割は、後から分析しやすいようにデータを加工し、その結果を外部のデータベース等へと書き出すことです。

多くの人は、データの集計にSQLを使うことに慣れています。ビッグデータをSQLで集計するには二つの方法があります。

一つは、分散ストレージ上のデータをSQLで集計するための**クエリエンジン**(*query engine*)を導入することです。Hiveはその一つの例ですが、今ではHiveよりも高速な**対話型クエリエンジン**(*interactive query engine*)も開発されるようになってきています。

もう一つは、外部のデータウェアハウス製品を利用することです。そのためには分散ストレージから取り出したデータを、データウェアハウスに適した形式に変換します。この一連の手順を**ETL**(*extract-transform-load*)**プロセス**と呼びます。つまり、データを「取り出し」(*extract*)、それを「加工」(*transform*)し、そしてデータウェアハウスに「読み込み」(*load*)ます(**図1.6**)。

ワークフロー管理

データパイプライン全体の動作を管理するために、**ワークフロー管理**(*workflow management*)と呼ばれる技術が用いられます。毎日決まった時間にバッチ処理をスケジュール実行したり、エラーが発生した場合に管理者に通知したりするといった目的で利用されます。

データパイプラインが複雑化するにつれて、それを1ヵ所からコントロールしなければ、全体の動きを把握するのが困難になってきます。ビッグデータの処理には大なり小なりシステムの障害がつきものなので、エラー発生時に処理をやり直すためのしくみ作りが欠かせません。

図1.6 ETLプロセス

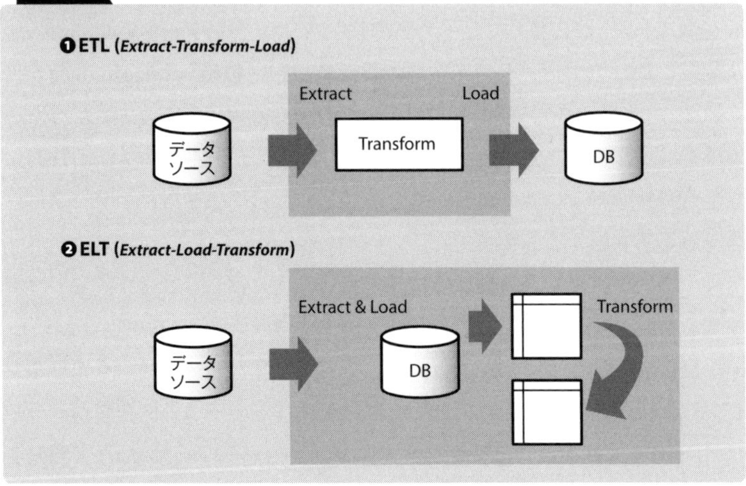

ETLプロセスには、❶のようにデータベースの外でデータを加工する場合と、❷のようにデータを読み込んだ後から加工する場合とがある。厳密には前者を「ETL」、後者を「ELT」と呼んで区別するが、本書では両者を特に分けることはせずに、このような一連の流れ全体をETLプロセスと呼ぶ。

以上のように、ビッグデータのデータパイプラインを実現するには多くの技術とソフトウェアが利用されます。そのすべてが必要というわけではありませんが、より良いデータ分析環境を構築するには、それぞれの特徴を理解しておくことが必要です。

Note

個々の技術については、以下の章で詳しく取り上げます。

- **第3章 ➡分散データ処理のフレームワーク、クエリエンジン**
- **第4章 ➡バルク型、ストリーミング型のデータ収集、分散ストレージ**
- **第5章 ➡ワークフロー管理、バッチ処理、ストリーム処理**

データウェアハウスとデータマート データパイプラインの基本形

まずは「データパイプラインの基本形」として、従来どおりのデータウェアハウスを構築するプロセスから見ていきます(**図1.7**)。

図1.7 データウェアハウスを中心とするデータパイプライン

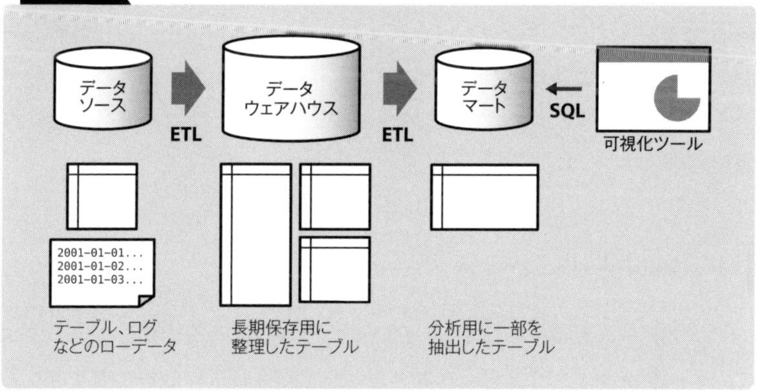

データウェアハウスは、Webサーバーや業務システムで利用される一般的なRDBとは異なり「大量のデータを長期保存する」ことに最適化されています。まとまったデータを一度に転送することには優れている一方で、少量のデータを頻繁に読み書きするのには向いていません。典型的な使い方としては、業務システムから取り出したデータを1日の終わりにまとめて書き込んで、それを夜間のうちに集計してレポートを作成したりします。

業務システムのためのRDBや、ログなどを格納したファイルサーバーは、データウェアハウスから見ると**データソース**(*data source*)と呼ばれます。そこに保存された**ローデータ**(*raw data*、**生データ**)を取り出して、必要に応じて加工し、そしてデータウェアハウスに格納するまでの流れがETLプロセスです。データウェアハウスの構築では**ETLツール**と呼ばれる専用のソフトウェアがよく利用されます。

データウェアハウスは業務にとって重要なデータ処理に用いられるので、あまり好き勝手に利用してシステムの負荷を上げるのは困りものです。そのためデータ分析のような目的には、データウェアハウスから必要なデータだけを取り出して**データマート**(*data mart*)を構築する場合があります。データマートはBIツールと組み合わせる形で、データを可視化するためにも利用されます。

データウェアハウスもデータマートも、SQLでデータの集計を行います。そのため最初にテーブルの設計をきちんと定めてからデータを投入します。特にBIツールでデータを見る場合には、あらかじめ可視化に適した形でテーブルを用意しなければなりません。そのため、データウェアハウスを中心とするパイプラインでは、事前のテーブル設計やETLプロセスが比較的重要です。

データレイク　あらゆるデータをそのまま貯蔵

ビッグデータの時代になると、ETLプロセス自体が複雑化します。すべてのデータがデータウェアハウスを想定して作られているわけではありません。他社から受け取ったテキストファイルやバイナリデータなど、そのままではデータウェアハウスに取り込めないものもあります。まず先にデータがあり、後からテーブルを設計するのがビッグデータです。

あらゆるデータをそのままの形で蓄えておいて、それを後から必要に応じて加工するしくみが必要です。ビッグデータの世界では、あちこちから流れ込んでくる「データを蓄えた湖」になぞらえて、データの貯蔵場所を**データレイク**(*data lake*)と呼びます(**図1.8**)。

具体的には、任意のデータを保存できる分散ストレージが「データレイク」として利用されます。データの書式は自由ですが、多くの場合はCSVやJSONなどの汎用的なテキスト形式が用いられます。

データレイクによってデータウェアハウスを置き換えると、**図1.9**のようなデータパイプラインを構築することになります。先の図1.7と比較すると、未加工のローデータをそのままストレージに保存するという点が異なります。

図1.8 データレイクのイメージ※

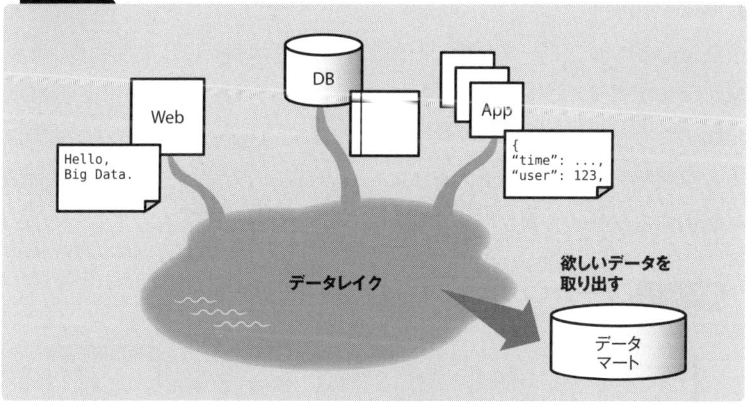

データレイクではあらゆるデータをそのまま蓄えて、後から必要なものだけを取り出して利用する。

※ 参考「Big Data Requires a Big, New Architecture」 URL https://www.forbes.com/sites/ciocentral/2011/07/21/big-data-requires-a-big-new-architecture/

図1.9 データレイクを中心とするデータパイプライン

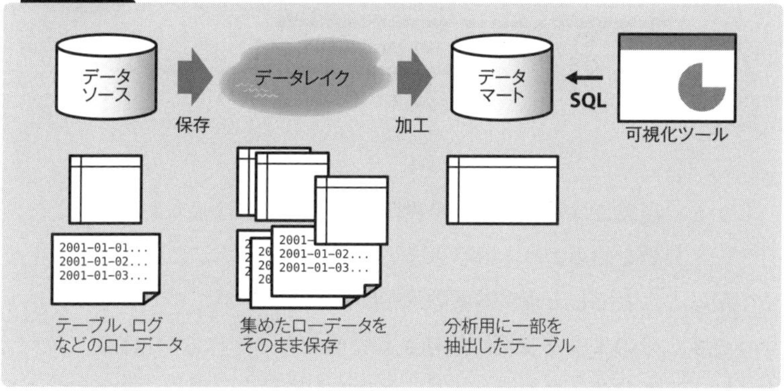

データレイクとデータマート 必要なデータはデータマートにまとめる

データレイクは単なるストレージであり、それだけでデータを加工できるわけではありません。そこで利用されるのがMapReduceなどの分散データ処理の技術です。データ分析に必要なデータを加工、集計してデータマートとして取り出すことで、そこから先はデータウェアハウスの場合と同じようにデータ分析を進められます。

データ分析基盤を段階的に発展させる

チームと役割分担、スモールスタートと拡張

前述のとおり、データ分析に必要となる技術は多岐にわたるため、それはしばしばチームによる仕事となります。とりわけシステムの構築と運用、自動化などを担当する**データエンジニア**(*data engineer*)と、データから価値ある情報を引き出す**データアナリスト**(*data analyst*)とでは、求められる知識も利用するツールも異なります(**図1.10**)。

図1.10 データエンジニアとデータアナリストの役割分担

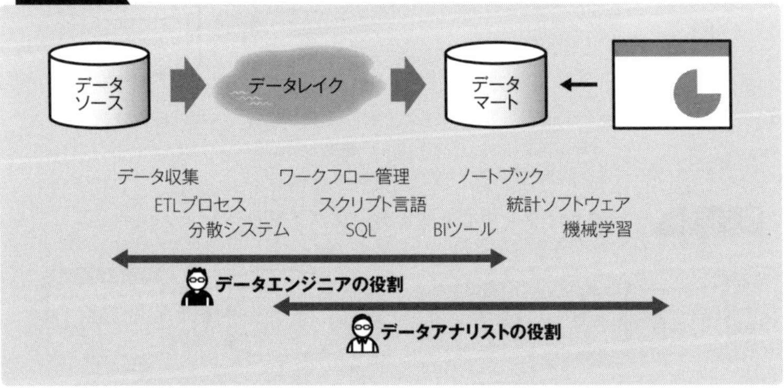

しかし、現実には常にチームで役割分担できるとは限りません。これからデータ分析を始めようというときには、最初は一人か二人でスタートするのがほとんどでしょう。本業の片手間にデータを見ている人も多いかと思います。そのような状況で最初から完璧なものを作るのは難しいので、なるべく小さなシステムからスタートして、後から段階的に拡張していくことになります。

アドホック分析とダッシュボードツール

本書では最終的にデータパイプラインの自動化について説明しますが、最初は自動化のことなどは考えずに、手作業でデータを集計できれば十分です。これを「その場限りのデータ分析」という意味で**アドホック分析**(*ad hoc analysis*)と呼びます。SQLのクエリを手で書いて実行することや、スプ

レッドシート(表計算ソフトウェア)でグラフを作ることまで含めて、あらゆる手作業がアドホック分析には含まれます。

図1.11 データ分析基盤の発展

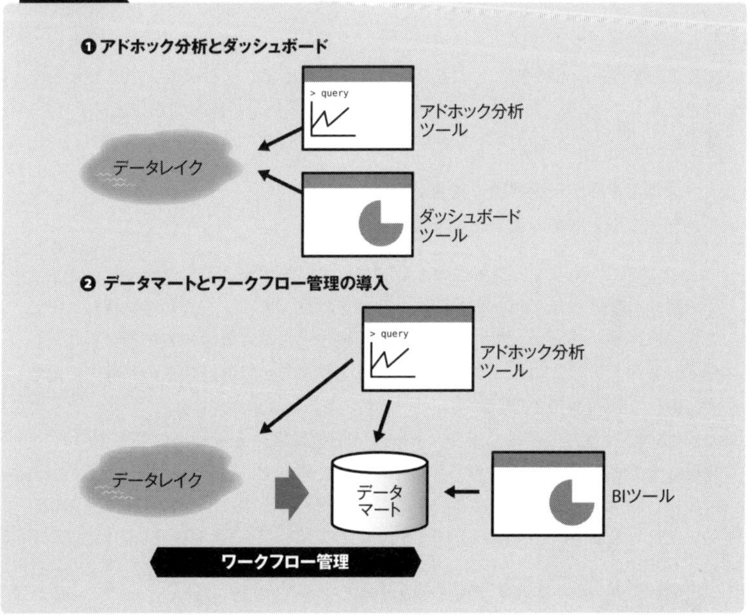

アドホック分析ではデータマートのようなものは作らずに、データレイクやデータウェアハウスに直接接続することが多くなります(**図1.11❶**)。ここでは人にとって作業しやすい環境が好まれます。クエリを実行してすぐに結果を確認できるような対話型の分析ツールが利用されます。

手作業でデータ分析するだけではなく、定期的にグラフやレポートを作りたいときもあるでしょう。そのような場合に導入されることが多いのが、**ダッシュボードツール**(*dashboard tool*)です(第2章で後述)。いくつかのダッシュボードツールはデータマートがなくても動作するように設計されており、設定したスケジュールでデータレイクやデータウェアハウスに接続してクエリを発行し、その結果からグラフを生成します。

Column

データパイプラインの大きな流れは変わらない

ツール選びの2つのヒント

ビッグデータを扱うには多数の選択肢があり、ツール選びにはどうしても迷ってしまいます。とはいえ、どれを選んでも実際にやることはそう大きく変わるわけではありません。達成したいゴールが同じなら、後は手順の問題に過ぎません。基本的には、次の2点さえ押さえておけば大きな問題になることはないでしょう。

- **保存できるデータ容量に制約がないこと**
- **データを効率良く取り出す手段があること**

新しいツールやサービスが次々と開発されていますが、データパイプライン全体の基本的な流れは変わりません。本書であれば、データを集めて蓄積し、それを集約してデータマート化し、そして可視化ツールから接続するのが大きな流れです。重要なのはこのようなデータの流れを作ることであり、その過程で使われる技術は交換可能です(**図C1.2**)。

技術は時代と共に変わります。データ分析の環境は発展し続けるものなので、まずはできるところから始めて、徐々に不足を補っていけば良いでしょう。最終的には、全体の流れを統括するワークフロー管理が重要になってきます。これについては第5章で詳しく取り上げます。

図C1.2 データパイプラインの大きな流れは変わらない

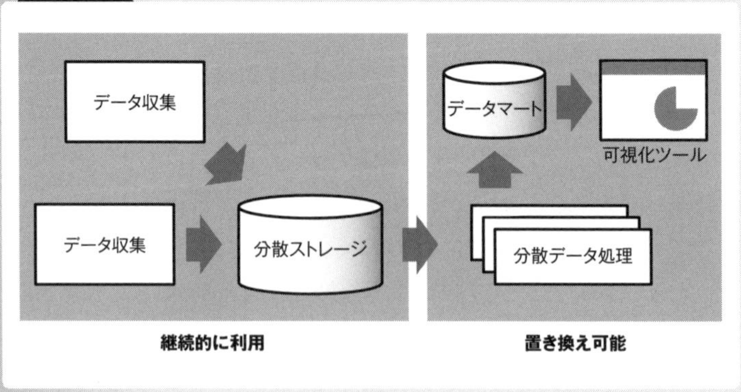

データマートとワークフロー管理

複雑なデータ分析では、最初にデータマートを構築してから分析したり可視化したりするようになります(図1.11❷)。とりわけ可視化にBIツールを使う場合は、集計速度を上げるためにデータマートがほぼ欠かせません。データマートの構築はバッチ処理として自動化されることが多いため、その実行管理のためにワークフロー管理ツールを利用します。

ワークフロー管理を導入する段階になると、データ分析というよりもエンジニアリングの作業が多くなるため、人手が足りないうちは必要ありません。しかし、データ処理を自動化して長期的に運用していくためには、安定したワークフロー管理は欠かせないものとなります。

データを集める目的 「検索」「加工」「可視化」の3つの例

データを集めてから何を行うかは、達成したい目的が何なのかによって変わります。

ここでは例として**図1.12**のような3つのパターンを考えます。

図1.12 **データ利用の目的の例**

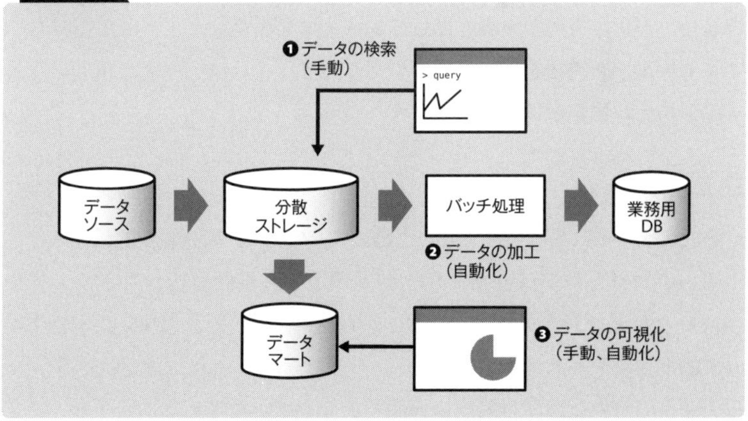

データの検索

まずは「データの検索」(図1.12❶)として、大量のデータの中から条件に合うものを見つけたい場合があります。たとえば、何かシステム障害が発生したときにその原因を特定するとか、顧客から問い合わせがあった場合にログを確認するようなケースです。いつ何が必要かもわからないので、システムログや顧客の行動履歴など取れるデータはすべて取っておくようにします。

データの検索にあまり時間が掛かるのでは意味がなく、必要なときに素早く取り出せるようでなくてはなりません。そのためシステムにはリアルタイムなデータ処理や、あるいは検索エンジンを使ってキーワードを見つけるような機能が求められます。

データの加工

次に「データの加工」(図1.12❷)として、業務システムの一部としてデータ処理の結果を利用したい場合があります。Webサイトでお勧め商品を提案するとか、センサーデータの異常を検知して通知するといったケースです。この場合は目的がはっきりしているので、必要なデータを計画的に集めてデータパイプラインを設計します。

データの加工には自動化が欠かせません。そのためワークフロー管理を導入し、入念にテストを繰り返してシステムを構築します。SQLではなくプログラミング言語を用いる場合もあります。これはデータ分析というよりはシステム開発の世界となります。

データの可視化

そして「データの可視化」(図1.12❸)として、データを視覚的に見ることによって知りたい情報を得る場合があります。統計解析ソフトウェアやBIツールなどでグラフを作り、そこから洞察を得たり意思決定に役立てたりするようなケースです。

データの可視化は試行錯誤の連続であり、確かな答えはありません。アドホック分析の環境を整えて、何度もデータの集計を繰り返します。可視化を高速化するにはデータマートも必要です。集計結果をダッシュボードにまとめて、継続的に変化をモニタリングしたいときもあります。

このうちどれを優先するかによってシステム構成は変わります。本書ではおもに「データの可視化」を題材として、アドホックなデータ分析環境の整備や、データマートを構築するパイプラインの自動化に取り組みます。可視化だけがデータを活用する手段ではありませんが、可視化のために必要な基礎知識の多くは他の用途のためにも応用できるでしょう。

Column

基幹系システムと情報系システムを分離しよう

コンピュータシステムはしばしば**基幹系システム**（*mission-critical system*）と**情報系システム**（*information system*）とに区別されます。

前者はビジネスの根幹に関わる重要なシステムで、これが停止すると業務が止まるため、入念にテストを繰り返して慎重に運用されます。一方、後者は社内コミュニケーションや意思決定などのために利用されるシステムで、こちらは停止したとしてもその影響範囲は限られるため、基幹系システムほど厳しい運用ポリシーにはなりません。

データを扱うシステムでは、それが基幹系システムなのか情報系システムなのかを区別し、両者を混在しないようにします。社内でしか必要とされない機能を基幹系システムに組み込むと、その運用ポリシーに縛られて後から更新するのが難しくなります。データを効率良く分析するには、それを情報系システムとして分離しなければなりません。

「データ」というのは基幹系システムと情報系システムとを繋ぐものです。基幹系システムは、その実行過程をログファイルやデータベースなどに記録します。情報系システムは、そのデータをコピーするところから始まります。データをコピーすることなしに、情報系システムが基幹系システムに接続してはなりません。基幹系システムに想定外の負荷が掛かると、業務に悪影響を及ぼす可能性があります。

基幹系システムの一部としてビッグデータを組み込むのでもない限り、データ分析システムは原則として「情報系システム」として扱います。そのため、あらゆるデータは最初にコピーすることから始まります。同じデータを何度も取り出せるとは限らないので、一度コピーしたデータは消さないように注意します。その上で、分析に必要なデータだけを加工して利用します。

確証的データ解析と探索的データ解析

一般にデータ分析とは、仮説を立ててそれを検証する**確証的データ解析**（*confirmatory data analysis*）と、データを見ながらその意味を読み取ろうとする**探索的データ解析**（*exploratory data analysis*）とに分けられます。

前者がおもに統計学的なモデル作成によるデータ分析であるのに対して、後者はデータを可視化することによって人の力でその意味を読み取ろうとします。人の感覚とは優れたもので、過去の推移をグラフにするだけでも、今何が起きていて今後どうなるのかをある程度は予測できたりするものです。

本書ではこの探索的データ解析のプロセスをざっくりと「データの探索」と呼んで、対話的にデータを集計し、可視化するための環境を作ります。具体的には、スクリプト言語を使ったデータ処理や、BIツールを使ったダッシュボードの作成などです。

一方、本書では確証的データ解析については意図的に説明していません。統計解析や機械学習などは、残念ながら本書で扱える範囲を超えています。本書のゴールはデータパイプラインを自動化するところまでであり、そこから先のデータ分析はまた次の課題です。

第2章からは、ビッグデータを探索するプロセスについて説明します。しかし、その前にまず準備段階として、以下では「スモールデータの探索」について説明します。つまり、分散システムをまったく使わない、1台のコンピュータによるデータの探索です。

スモールデータの技術は、本来ならそれだけでも1冊の本で学ぶべき内容ですが、本章ではその基本となる考え方だけを簡単に取り上げます。実際にスモールデータを扱うかどうかは別として、「何ができるのか」を知っておくことがまずは重要です。もし自分の解決したい問題がスモールデータの技術で十分なら、それを覚える方が遥かに時間を節約できるでしょう。

1.3 [速習]スクリプト言語によるアドホック分析とデータフレーム

「データ」はさまざまな場所に存在しており、それを集める過程でスクリプト言語がよく用いられます。本節では、Pythonによるデータ処理の考え方について説明します。

データ処理とスクリプト言語　人気のPythonと、データフレーム

データを分析するには、まずはデータを集めなければなりません。とりわけアドホックなデータ分析では、はじめて見るデータを扱うことも珍しくありません。ファイルサーバーからダウンロードする場合もあれば、インターネット経由のAPIで取得するものもあります。そのままではBIツールには読み込めず**前処理**(*preprocessing*)が必要なデータもあります。

このとき、よく用いられるのがスクリプト言語です。データ分析の分野でよく使われるスクリプト言語はいくつかありますが、中でも人気があるのは「R」(R言語)と「Python」の二つです。Rは元々統計解析のために開発された言語で、データ分析の専門家の間で人気があります。一方、データエンジニアの間ではPythonの人気が高く、その背景には次のような理由があります。

- 統計解析に特化したRと比べると、Pythonは汎用のスクリプト言語として発展してきた歴史があり、幅広い分野のライブラリが入手できる。特に外部システムのAPIを呼び出したり、複雑な文字列処理が必要となったりするようなデータの前処理に向いている
- Pythonは科学技術計算の分野で長年使われてきた実績があり、NumPyやSciPyといった数値計算のライブラリや、機械学習のフレームワークが充実している。データ処理の分野では、Rにおける「データフレーム」(後述)のモデルをPythonで実装したライブラリ**pandas**がよく使われる

とりわけ「データフレーム」のプログラミングモデルは効果的で、データ処理のスクリプト化を考える上で欠かせない存在となっています。これはデータエンジニアとしては最初に覚えておきたいツールなので、その基本的な考え方を簡単に説明します。以下ではいくつかのサンプルコードを挙げますが、まずは何ができるのかだけ把握できれば十分です。

Note

Python環境の構築については、以下の章で詳しく取り上げます。

- **第7章 ➡ノートブックとアドホック分析**

データフレーム、基礎の基礎 「配列の配列」から作成

データフレーム（*data frame*）は、表形式のデータを抽象化したオブジェクトです。スプレッドシートにおける1つのシート、あるいはデータベースにおける1つのテーブルを、まるごと1つのオブジェクトにしたものと思えば良いでしょう。

表形式のデータは縦と横の2次元の配列から成るので、「配列の配列」を用意すればデータフレームを作成できます。

配列の配列からデータフレームを作る

```
In [1]: import pandas as pd
      : pd.DataFrame([['2021-01-01', 'x', 1], ['2021-01-02', 'y', 2]])
Out[1]:
            0  1  2
0  2021-01-01  x  1
1  2021-01-02  y  2
```

データフレームを使うと、スクリプト言語の中でデータの加工や集計ができるようになります。そのままでは分析しづらいJSONデータやテキストデータなどでも、一度データフレームに変換してしまえば、後は表計算と変わりありません。

Webサーバーのアクセスログの例 pandasのデータフレームで簡単処理

ここでは例として、**リスト1.1**のようなWebサーバーのアクセスログを考えましょう。このようなデータをデータウェアハウスやBIツールにそのまま読み込むことはできません。

リスト1.1 Webサイトのアクセスログ※

```
x.x.x.x - - [01/Jul/1995:00:00:01 -0400] "GET /history/apollo..." 200 6245
x.x.x.x - - [01/Jul/1995:00:00:06 -0400] "GET /shuttle/countd..." 200 3985
...
```

※ サンプルデータ「NASA-HTTP - The Internet Traffic Archive」
URL ftp://ita.ee.lbl.gov/html/contrib/NASA-HTTP.html

そこでPythonの正規表現を用いてパースします。次のようにファイルの各行を分解してカラム名を付けます。

```
In [2]: import re
      : import pandas as pd
      :
      : ログの各行にマッチする正規表現
      : pattern = re.compile('^\S+ \S+ \S+ \[(.*)\] "(.*)" (\S+) (\S+)$')
      :
      : 正規表現でパースする関数（一致しない行は読み捨てる）
      : def parse(path):
      :     for line in open(path, 'rb'):
      :         for m in pattern.finditer(line.decode(errors='ignore')):
      :             yield m.groups()
      :
      : ログファイルを読み込んでデータフレームに変換
      : columns = ['time', 'request', 'status', 'bytes']
      : pd.DataFrame(parse('NASA_access_log_Jul95'), columns=columns)
Out[2]:
                         time                  request status bytes
0  01/Jul/1995:00:00:01 -0400  GET /history/apollo...    200  6245
1  01/Jul/1995:00:00:06 -0400  GET /shuttle/countd...    200  3985
...
[1891714 rows x 4 columns]
```

これで約189万レコードから成るデータフレームが完成しました。pandasのデータフレームはメモリ上に展開されるため、数百万行くらいのスモールデータなら極めて高速にデータ処理が可能です。

少しデータを加工しましょう。Out[2]の出力を見ると、"time"カラムの値が扱いにくい書式なので、標準的な時間のフォーマットに変換します。これにはto_datetime()関数が使えます。

```
データフレームを変数に格納
In [3]: df = pd.DataFrame(parse('NASA_access_log_Jul95'), columns=columns)
"time"カラムを上書き（タイムゾーン切り捨て）
In [4]: df.time = pd.to_datetime(df.time, format='%d/%b/%Y:%X', exact=False)
結果を確認
In [5]: df.head(2)
Out[5]:
                  time                    request status bytes
0  1995-07-01 00:00:01  GET /history/apollo...    200  6245
1  1995-07-01 00:00:06  GET /shuttle/countd...    200  3985
```

期待する結果が得られたので、CSVファイルに保存します。これでBIツールに読み込めば可視化するのも簡単です。

```
CSVファイルとして保存
In [6]: df.to_csv('access_log.csv', index=False)
結果を確認
In [7]: !head -3 access_log.csv
time,request,status,bytes
1995-07-01 00:00:01,GET /history/apollo/ HTTP/1.0,200,6245
1995-07-01 00:00:06,GET /shuttle/countdown/ HTTP/1.0,200,3985
```

データの前処理で使えるpandasの関数

表1.5に、データの加工に便利なpandasの関数をいくつかまとめます。このような一連のデータ処理は、データ分析の前処理としてよく実行されます。とりわけ時間の書式を合わせるといった標準化を最初に済ませることで、後々のデータ分析が楽になります。

表1.5 データの前処理で使えるpandasの関数

名前	説明
loc	条件に一致するデータだけに絞り込む
drop	指定した行(またはカラム)を削除する
rename	インデックス値(またはカラム名)を変更する
dropna	値のない行(またはカラム)を取り除く
fillna	値のないセルを指定した値で置き換える
apply	各カラム(または各行)に関数を適用する

時系列データを対話的に集計する　データフレームをそのまま用いてデータ集計

データフレームを用いて、そのままデータを集計することもできます。pandasには**時系列データ**(*time-series data*)を扱うための豊富な機能があり、時間をインデックス指定することで時系列データ分析を行えます。先ほどのCSVファイルを読み込んで、1日ごとのアクセス数を数えてみましょう。

Column

スモールデータの技術をうまく使っていく

pandasは分散システムではないので、それ自体ではスモールデータは扱えてもビッグデータには対応できません。あまり大量のデータを読み込もうとするとメモリ不足でエラーになるか、そうでなくとも長時間待たされることになるでしょう。

pandasはビッグデータの技術と使い分ける形で利用されます。ビッグデータを集計するには、分散ストレージから大量のデータを読み込むことが必要です。そのためネットワーク通信が発生し、どうしても一定の待ち時間があります。アドホックなデータ分析の効率を高めるには、ある程度データ量を削減できたところで、そこから先はスモールデータとして処理するのも一つの方法です。

pandasを使えば、複数のデータソースからデータを読み込んで結合したり、SQLとスクリプト言語を使い分けたりして処理を進めるのも難しくありません。スモールデータにはスモールデータの技術を使う方が効率的であり、無理にビッグデータの技術を使う必要はありません。

```
CSVファイルの読み込み（時間をパース）
In [1]: import pandas as pd
      : df1 = pd.read_csv('access_log.csv', parse_dates=['time'])
時間をインデックス指定
In [2]: df2 = df1.set_index('time')
インデックスによる時間の絞り込み
In [3]: df3 = df2['1995-07-01' : '1995-07-03']
1日ごとのアクセス数をカウント
In [4]: df3.resample('1d').size()
Out[4]:
time
1995-07-01    64714
1995-07-02    60265
1995-07-03    89584
Freq: D, dtype: int64
```

データフレームの分析では、上記のように新しい変数に次々と値を代入しながらデータを加工します。そうすると前の状態に戻って処理をやり直したり、複数の値を比較したりするのも簡単だからです。

アドホック分析では、試行錯誤しながら何度もデータ処理を繰り返すものなので、このように変数をうまく使って少しずつデータ分析を進めます。

SQLの結果をデータフレームとして活用する

データフレームの欠点は、慣れるまではどうしても学習に時間を取られることです。SQLに慣れた人であれば、データの集計にはSQLを使いたいと思うかもしれません。

データフレームはクエリを実行した結果からでも作れます。それによって複雑なデータの集計にはSQLを使いながら、データフレームによる対話的なデータ処理の恩恵を受けられます。

先ほどと同じ集計をSQLで実行してみましょう。ここではSQLiteを利用して、**図1.13**のようにテーブルを作成しておきます。SQLの実行結果を読み込むには、次のようにread_sql()関数を利用します。先ほどのOut[4]の結果と一致していることがわかります。

```
データベースに接続
In [1]: import pandas as pd
      : import sqlalchemy
      : engine = sqlalchemy.create_engine('sqlite:///sample.db')
クエリを実行してデータフレームに変換
In [2]: query = '''
      : SELECT substr(time, 1, 10) time, count(*) count
      : FROM   access_log
      : WHERE  time BETWEEN '1995-07-01' AND '1995-07-04'
      : GROUP BY 1 ORDER BY 1
      : '''
      : pd.read_sql(query, engine)
Out[2]:
         time  count
0  1995-07-01  64714
1  1995-07-02  60265
2  1995-07-03  89584
```

実行結果を確認するところではデータフレームを使う

以上のように、データフレームは表形式のあらゆるデータを手軽に扱えることから、アドホックなデータ分析からスクリプトによるデータ処理に至るまで、幅広く利用されています。

図1.13 SQLiteによるテーブル作成

```
$ sqlite3 sample.db  # データベースに接続
SQLite version 3.16.0 2016-11-04 19:09:39
Enter ".help" for usage hints.
テーブルを作成
sqlite> CREATE TABLE access_log (
   ...>   time timestamp,
   ...>   request text,
   ...>   status bigint,
   ...>   bytes bigint
   ...> );
区切り文字を指定
sqlite> .separator ,
CSVファイルからロード
sqlite> .import access_log.csv access_log
```

ビッグデータのアドホック分析も、基本となる考え方はpandasでSQLを実行するのと変わりありません。データを集計するところではデータウェアハウスやデータレイクを利用しつつ、その実行結果をデータフレームに変換してしまえば、後はスモールデータと同じように対話的なデータの確認や加工ができるようになります。

1.4 BIツールとモニタリング

「データの探索」において重要なのは、まず全体像を捉えた上で徐々に細部へと深めていくことです。本節では、全体を知るためのレポート作成と、細部を知るためのBIツールの使い方を説明します。

スプレッドシートによるモニタリング　プロジェクトの現状を把握する

データを見たいときに見るのがアドホック分析であるとすれば、より計画的にデータの変化を追い掛けるのが**モニタリング**(*monitoring*)です。たとえば1ヵ月ごと、あるいは1週間ごとといった定期的なスケジュールで同じ集計を繰り返し、その推移を定点観測することで何が起きているのかが見えてきます。

データというのは現状を把握するための一つのツールとして使えます。もしそこに異常を示すサインがあれば、何か行動を起こす必要があるかもしれません。つまり、自分の次の行動を決めるための材料としてデータを見るという考え方です。

ここでは例として、あるプロジェクトの収支をモニタリングすることを考えます。店舗でいくつかの商品を販売しており、その結果どれだけの利益が出ているか知りたいと思ったとしましょう。過去3ヵ月間の収入と支出、そして利益をまとめたところ、**図1.14**のようになったとします。

図1.14 **月次収支レポート**

	2021年1月	2021年2月	2021年3月
収入	59,900	63,300	72,400
支出	44,300	47,500	56,500
利益	15,600	15,800	15,900
利益率	26%	25%	22%

これを見ると、収入は順調に伸びているにもかかわらず、利益はほとんど増えておらず、利益率が徐々に減少していることに気が付きます。なぜ利益が増えないのかを知るために、支出の内訳を調べると**図1.15**のようになったとします。おもに商品の仕入れが増加しているようなので、利益のないまま売上を伸ばしているのだとわかります。

図1.15 **支出の内訳**

	2021年1月	2021年2月	2021年3月
仕入れ	17,000	20,000	29,000
人件費	12,300	12,300	12,300
その他	15,000	15,200	15,200
支出合計	44,300	47,500	56,500

データの集計結果から読み取れるこうした数字に対して、どんな行動を起こすべきかは自明ではありません。数字の持つ意味を正しく理解するには、「その背景で何が起きているのか」という数字には出ない予備知識が必要です。たとえば、利益率の低下は商品の値引きによる結果であり、予定されたものかもしれません。

データの変化をモニタリングし、もし予想と異なる動きがあれば、そのときには行動を起こさなければなりません。これには人の判断が必要です。まずは全体の数字から現状を把握し、そこで得られた洞察に従って詳細を調べることで、データに対する理解が深まります。それを何度も繰り返すことで、今何が起きているのかが見えるようになってきます。

データに基づく意思決定 KPIモニタリング

プロジェクトの現状を把握するための数字として、業界ごとに重要な指標とされる**KPI**(*key performance indicator*)がよく用いられます。**図1.16**は、いくつかの業界で用いられるKPIの例です。ビッグデータを集計することで、このようなKPIを定期的にモニタリングしている人も多いでしょう。

図1.16 業界別KPIの例

❶WebサービスのKPI

略称	正式名称	意味
DAU	*Daily Active User*	サービスを利用した1日のユーザー数
継続率	*Customer Retention*	サービスを続けて利用しているユーザーの割合
ARPPU	*Average Revenue Per Paid User*	有料顧客1人あたりの平均売上

❷オンライン広告のKPI

略称	正式名称	意味
CTR	*Click Through Rate*	広告の表示回数に対してクリックされた割合
CPC	*Cost Per Click*	1回のクリックに対して支払われた広告費
CPA	*Cost Per Acquisition*	1件の顧客獲得のために支払われた広告費

KPIのモニタリングで意識したいのは、それが**行動可能**(*actionable*)であるかということです。つまり、その結果次第で自分の次の行動が決まるかどうかです。行動可能な数字を作るには、それが良いのか悪いのかという判断基準が必要です。簡単なのは目標を定めることです。良くも悪くも目標と比べて結果が異なるなら、行動を起こさなければなりません。

自分の行動を決めるときに直感に頼るのではなく、客観的なデータに基づいて判断することを「**データドリブン**(*data-driven*)な意思決定」と言います。以下では、意思決定の材料としてデータを用いる一つの方法を紹介します。

月次レポート スプレッドシートによるレポート作成とその限界

目標と実績をモニタリングするために、月に1回の「月次レポート」を作りましょう。ここには自分にとって重要な指標をまとめます。Webサイトのアクセス数でも、エラーの発生率でも何でもかまいません。仮に収支を把握したいのであれば、**図1.17**のようなレポートが考えられます。こうして見ると原価率が目標を上回っていることが一目瞭然です。

図1.17 **売上目標/実績レポート**

	2021年1月	2021年2月	2021年3月
目標			
売上	60,000	70,000	80,000
原価率	30%	30%	30%
…			
実績			
売上	59,900	63,300	72,400
原価	17,000	20,000	29,000
原価率	28%	32%	40%
…			

今も昔も、このようなレポート作成に用いられるのはスプレッドシートです。原始的ではありますが、手入力で数字を打ち込めるくらいの方が柔軟性があります。下手にこれをシステム化すると、後から手を加えるのが難しくなります。

スプレッドシートでは難しいことが二つあります。一つは、レポートに入力する数字をどこかで計算しなければなりません。そのために用いられるのがデータウェアハウスであり、そこで実行されるバッチ処理です。これはワークフローとして自動化できます(第5章で後述)。もう一つは、詳細な内訳を調べられるようにすることです。今の例であれば、商品別の売上や原価をすぐに確認できるようでなければ、変化の原因に辿り着けません。そのために利用されるのが「BIツール」です。

変化を捉えて詳細を理解する BIツールの活用

BIツールがどのようなものかを知るには、実際に使ってみるのが一番です。もしも使ったことがなければ、無償で使えるものがいくつもあるので試してみると良いでしょう(**表1.6**)。

表1.6 無償で使えるBIツールの例

名称	種類
Tableau Public	デスクトップ+Webサービス
Qlik Sense	デスクトップ+Webサービス
Microsoft Power BI	デスクトップ+Webサービス
Googleデータポータル	Webサービス

ここでは例として「Googleデータポータル」[注6]を使います。Googleデータポータルはおもに社内レポートやダッシュボードの作成などに使われるサービスですが、個人でもGoogleアカウントさえあれば無償で利用できます。

図1.18は、先ほどpandasで作ったCSVファイル[注7]をGoogleデータポータルで開いたところです。グラフの種類を選んで表示項目を選択すると、集計結果がグラフとして表示されます。ここではログの時間(`"time"`)とバイト数(`"bytes"`)を選択しているので、毎日のデータ転送量の推移が集計されています。

BIツールはExcelなどと比べると大量のデータ集計に適しており、数百万レコード程度のスモールデータならわずかな時間で結果を表示してくれます。作成したグラフをダッシュボードにまとめて共有するのも簡単です。

BIツールに読み込ませる情報を増やすことで、可視化できる範囲が広がります。たとえば、どのページのアクセスが増えていたのか知りたいとしましょう。**図1.19**は、毎日のデータ転送量をリクエスト(`"request"`)ごとに再集計して色分けしたところです。これによってアクセスの急増したページが一目でわかります。

注6 URL https://datastudio.google.com

注7 GoogleデータポータルにアップロードできるCSVファイルは100MB(*megabyte*)が上限となるため、行数を半分程度に減らしています。

図1.18 Googleデータポータルによる可視化

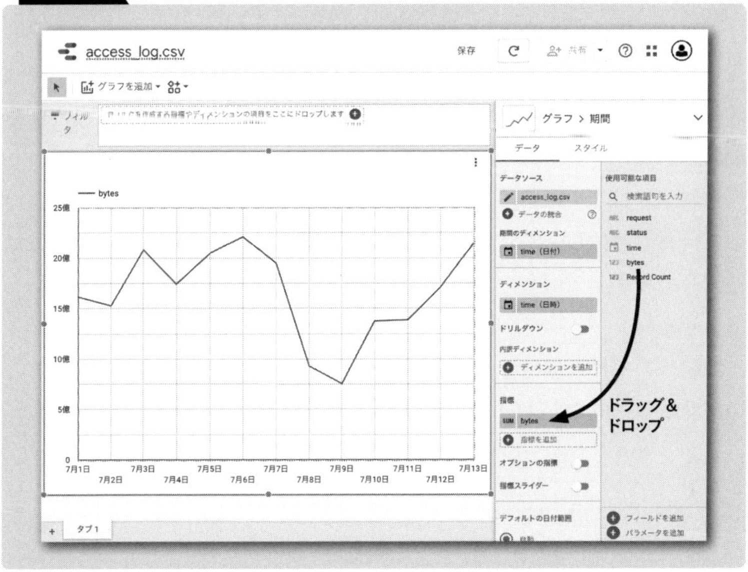

図1.19 リクエストごとに色分けする※

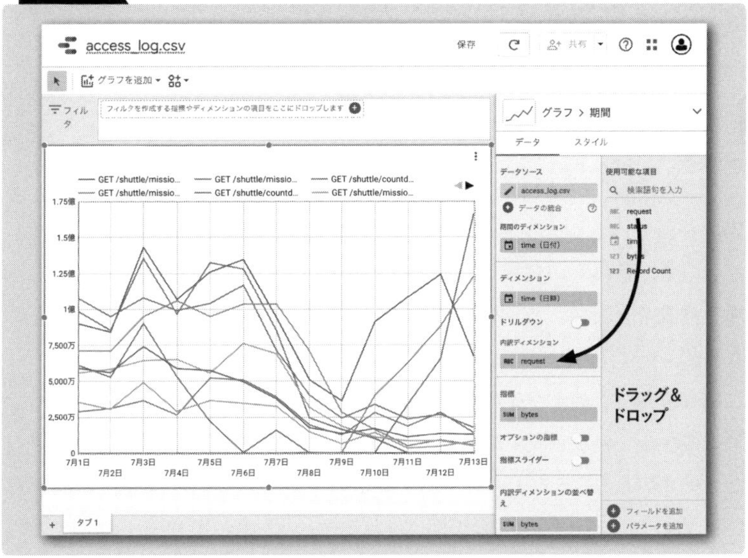

※実際の画面はカラー。

モニタリングの基本戦略とBIツール 定期的なレポートによる変化の把握と再集計

データの動きをモニタリングするための基本的な戦略は、まずは定期的なレポートによって重要な変化を捉えることです。そして、その原因を知りたくなったときには、元となるデータに戻って再集計を繰り返しながら詳細を見ていきます。

BIツールはそのためのソフトウェアであり、データを詳しく探索したいときに力を発揮します。とりわけ「セルフサービスのBIツール」であれば、適切なデータさえ用意できれば、それを可視化するのは難しいことではありません。

問題は、常に理想的なデータがあるとは限らないことです。思いどおりの集計結果を得るには「可視化しやすいデータ」を作らなければなりません。

> **Tip BIツールは、自分でデータを見るために。**
>
> 自分の知りたい情報は、最終的には自分で調べる以外にありません。データの可視化というのは恣意的なものなので、他人が作ったレポートからわかるのは断片的な情報に過ぎません。BIツールは「自分でデータを見る」ためのソフトウェアであり、集計の切り口をさまざまに切り替えながら知りたい情報を探り出します。

手作業と自動化すべきこととの境界を見極める

一つ具体的な例として、先に図1.14で取り上げた「月次収支レポート」をBIツールで作ることを考えましょう。「収入」や「支出」を一つの表にして見たいので、それらの数字をまとめたデータさえあれば、**図1.20**のような画面を作成できます。支出の内訳まで表示できているので、細部を見るという目的も達成しています。

BIツールでこのような画面を作るには、元となるデータは**図1.21**のような形式になっている必要があります。しかし、最初からこう都合良く整理されたデータがあることなど、まずありません。きちんと設計されたデータがない限りは、自分の思うような画面は作れないというのがBIツールの限界です。

図1.20 Googleデータポータルで支出の内訳を表示する

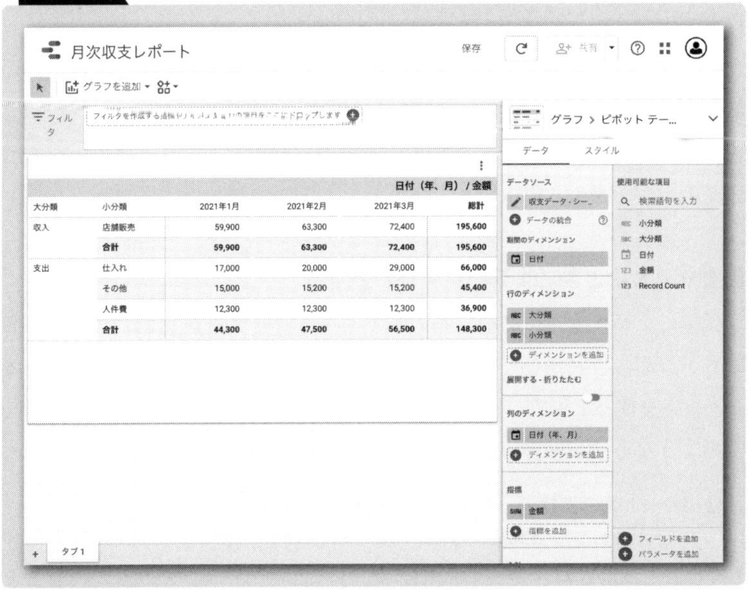

図1.21 収支データ

日付	大分類	小分類	金額
2021/1/1	収入	店舗販売	59900
2021/1/1	支出	仕入れ	17000
2021/1/1	支出	人件費	12300
2021/1/1	支出	その他	15000
...			

手作業で済むことは手作業で済ませる

大企業であれば、その道の専門家がデータウェアハウスのテーブルを設計し、さらにレポートの作成に必要なデータをバッチ処理で集計し、その上でBIツールの画面を作ります。しかし、専門家でもない人間が同じことをするのは大変です。

自分が知りたい情報を知るだけなら、見た目のことは一切考えずに、すでにあるデータをそのまま使って画面を作るので十分です。たとえば、もし「収入」と「支出」が別々のデータベースに書き込まれているなら、それぞれ別の画面を作って確認すれば良いことです。

「月次レポート」のように一覧性の高いものが必要なときは、各画面から数字を拾ってきて、スプレッドシートに手作業で転記すれば済みます。BIツールのために新しくテーブルの設計から始めるよりも、月に一回の手作業の方がおそらく簡単でしょう。

自動化したいときにはデータマートを作る

頻繁に更新するデータや、多人数で共有されるデータなど、重要性の高いものは順に自動化していきます。可視化の元となるデータを、SQLやスクリプトを使って生成し、それをBIツールから読み込みます。具体的には、次のような方法が考えられます。

❶BIツールから直接データソースに接続する
- 利点 ➡システム構成が単純になる
- 欠点 ➡BIツール側で対応していないデータソースには接続できない

❷データマートを用意して、それをBIツールから開く
- 利点 ➡どのようなテーブルでも自由に作成できる
- 欠点 ➡データマートの設置や運用に手間が掛かる

❸Web型のBIツールを導入し、CSVファイルをアップロードする
- 利点 ➡スクリプトで自由にデータを加工できる
- 欠点 ➡データの作成やアップロードにプログラミングが必要

本書ではこのうち、最も汎用性が高い❷の方法、つまりデータマートを経由する可視化の方法を中心に説明していきます。データマートを作るのには手間が掛かりますが、一度わかってしまえば、結局はそれが一番覚えることが少なくて済みます。

1.5 まとめ

本章では、ビッグデータの歴史とその周辺技術を駆け足で紹介しました。2011年までに、**Hadoop**や**NoSQLデータベース**のような**分散システム**の技術が確立し、既存の**データウェアハウス**を補完、ないし置き換えるものとして広がり始めました。これが「ビッグデータ」の名前でビジネスとなり、現在へと至ります。

クラウドサービスや**BIツール**の普及もあって、ここ数年でビッグデータの技術はずいぶん身近なものになりました。それは実際には「多数の技術の集合体」であり、**データ収集**から**クエリエンジン**、**ワークフロー管理**に至るまでさまざまな選択肢が提供されています。利用者はその中から自分に必要な技術を選択しなければならず、その一つ一つを少しずつでも説明することが本書の主たる目的となります。

ビッグデータでは多様なデータが扱われるため、それを蓄えるストレージを「データが流れ込む湖」に喩えて「**データレイク**」と呼びます。蓄えられたデータは分散システムで加工、集計され、**データマート**へと書き出されます。そこにBIツールなどからアクセスし、欲しいときに欲しい情報へと辿り着けるようにします。

Pythonなどのスクリプト言語を用いると、**データフレーム**を用いて表形式のデータを処理できます。これは特に**ローデータ**(生データ)を扱う機会の多いデータエンジニアにとって有用です。**SQL**で集計した結果をスクリプトで処理したいときにも役立ちます。ビッグデータの分析も、最終的にはこれと同じことをいかに大規模に実行するかという問題です。

究極的には、**ビッグデータ**も**スモールデータ**も同じように分析できるのが理想です。しかし現実には、ビッグデータを扱うのはまだまだスモールデータほど簡単ではありません。本章ではまず予備知識として、スモールデータの技術を簡単に取り上げました。次章からはこれをビッグデータへと展開していきます。

第2章
ビッグデータの探索

本章ではデータを可視化する環境を整えることで、大量のデータを効率良く探索できるように準備します。

2.1節では「クロス集計」の考え方を説明します。最初にスプレッドシートの「ピボットテーブル」の機能を取り上げ、それと同じことをBIツール、SQL、そしてPythonから実行する方法を説明します。2.2節では「列指向ストレージ」の考え方を説明します。大量のデータを「圧縮」して「分散」し、それを多数のCPUコアで集計する「MPPデータベース」のしくみも説明します。2.3節では、いくつかの「可視化ツール」の特徴を取り上げます。対話的なデータ分析に用いる「ノートブック」や、定期的にグラフを更新してくれる「ダッシュボードツール」、そして対話的なダッシュボードのための「BIツール」について説明します。2.4節では、データマートの設計について説明します。BIツールでは「OLAP」と呼ばれるデータ分析の考え方が取り入れられており、それに適した「非正規化テーブル」を作ることでデータを可視化しやすくなります。

図2.A **Googleデータポータルによるダッシュボード※**

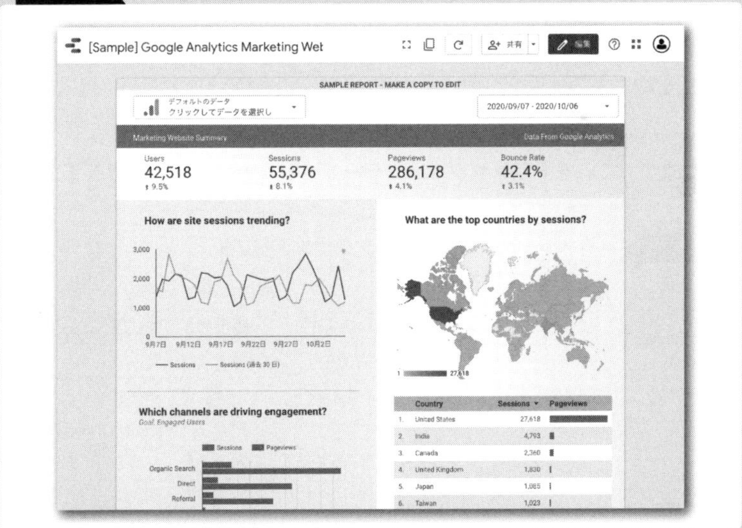

一つのデータソースを複数の異なる視点から集計してダッシュボードにまとめる。複数のクエリが一度に実行されるため、データマートには即座に集計を完了させられるだけの性能が求められる。

※Googleデータポータルに付属のサンプルデータから作成。

2.1 基本のクロス集計

データの可視化において、まず基本となるのが「クロス集計」です。ここではスプレッドシートを用いたクロス集計の概念を理解し、BIツールやSQLで同じことをできるようにしていきます。

トランザクションテーブル、クロステーブル、ピボットテーブル
クロス集計の考え方

図2.1❶は、ある商品の売上をまとめたレポートです。行方向（縦）には商品名が並び、列方向（横）には売上月が並びます。行と列が交差（*cross*）するところに数値データが入ることから、これを**クロステーブル**（*cross table*）と呼びます。Excelなどのスプレッドシートでこうしたレポートを手作りしている人も多いでしょう。

クロステーブルは人にとって見やすいレポートですが、データベースでは扱いにくいデータ形式です。データベースに新しい行を追加するのは簡単ですが、列を増やすのは大変です。そのためレポートの元となるデータは図2.1❷のように行方向にのみ増加するようにして、列方向にはデータを増やさないようにします。これを**トランザクションテーブル**（*transaction table*）と呼びます。

図2.1 クロステーブルとトランザクションテーブル

❶クロステーブル

	2021年1月	2021年2月	2021年3月
商品A	57,500	57,500	60,000
商品B	2,400	5,800	12,400

❷トランザクションテーブル

売上月	商品名	金額
2021年1月	商品A	57,500
2021年1月	商品B	2,400
2021年2月	商品A	57,500
2021年2月	商品B	5,800
2021年3月	商品A	60,000
2021年3月	商品B	12,400

トランザクションテーブルからクロステーブルへと変換する処理を**クロス集計**(*cross tabulation*)と呼びます。少量のデータをクロス集計するのに便利なのが、スプレッドシートの**ピボットテーブル**(*pivot table*)の機能です。もしも使ったことがなければ今すぐに覚えましょう。Excelを使うのが一般的ですが、Googleスプレッドシートでも使えます。ここでは例としてGoogleスプレッドシートを利用します。

ピボットテーブル機能によるクロス集計

サンプルデータとして**図2.2❶**の販売データを使います。データを多角的に集計できるように「店舗ID」や「商品ID」「顧客ID」を追加しています。クロス集計したいデータを範囲選択して、メニューの[データ]から[ピボット テーブル]を選択して新しいシートを作成します。このときピボットテーブルの[行]として「店舗ID」と「商品ID」、[列]として「売上日」、[値]として「金額」をセットすると、図2.2❷のようなクロステーブルが表示されます。

図2.2　ピボットテーブルによるクロス集計

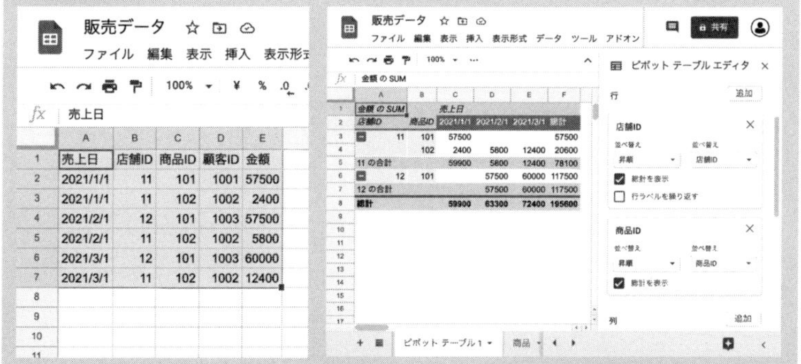

❶範囲選択して、[データ]から[ピボット テーブル]を選択　❷売上日、店舗ID、商品ID、金額を使って集計

ピボットテーブルでは行と列がクロスした部分の「値」が自動的に集計されます。何も指定しなければ数値の合計(SUM)が計算されますが、他にも平均値(AVERAGE)や「総計に対する割合」などが計算できます。ピボットテー

ブルの[行]や[列]にセットする項目を変えることで、自分の興味ある項目についての集計結果をすぐに得られるのがピボットテーブルの魅力です。

ピボットテーブルをグラフとして可視化したものを**ピボットグラフ**(*pivot graph*)といいます。Googleスプレッドシートでは、ピボットテーブルを選択してグラフを挿入することで作成できます。BIツールなどのグラフも内部的には同じことをしており、クロス集計はデータを可視化する上での基礎となります。

ルックアップテーブル　テーブルを結合して属性を増やす

トランザクションテーブルに新しい項目を追加するのではなく、別のテーブルと結合したい場合もあります。たとえば、「商品ID」を使って「商品名」や「商品カテゴリ」を参照するような形です。

このとき用いられるのが**ルックアップテーブル**(*lookup table*)です。たとえば**図2.3**のように商品情報を1つのテーブルにまとめておけば、後から属性を追加したり変更したりするのも簡単になります。

図2.3　ルックアップテーブルで商品情報を参照する

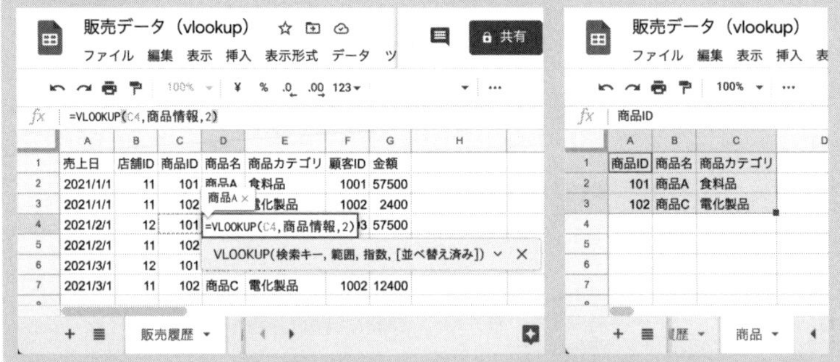

❶シート1：VLOOKUP()関数でテーブルを参照する　❷シート2：メニューの[データ]-[名前付き範囲]で名前を付ける

トランザクションテーブルとルックアップテーブルとは互いに独立して管理できます。トランザクションテーブルは業務データベースなどから取り出してくるのに対して、ルックアップテーブルはデータ分析の都合で作り替えてもかまいません。たとえば、商品カテゴリなどは自由に変えられる方が分析しやすくなります。

BIツールによるクロス集計

BIツールを使うことでもルックアップテーブルを結合できます。**図2.4**❶は、先程のスプレッドシートをGoogleデータポータルのエクスプローラで結合しているところです。一つめのデータソースとして「販売履歴」シートを選択し、別のデータソースとして「商品」シートを結合します。これでデータベース上でテーブルを結合するのと同様に、2つのシートが結合されます。

この状態でグラフの種類として[ピボット テーブル]を選択すると、結合した属性(ここでは「商品名」)を用いてクロス集計を行えます(図2.4❷)。一度こうしてグラフやテーブルを作ってしまえば、後からルックアップテーブルを更新して集計をやり直すのも簡単です。たとえば、商品のカテゴリを変更して再集計したいと思ったときには、スプレッドシートを修正してリロードするだけで済みます。

pandasによるクロス集計

スクリプトでクロス集計を実行したければ、pandasを利用するのが簡単です。ここでは例として、先ほどの図2.3のスプレッドシートをExcel形式でダウンロードしたファイル(販売データ.xlsx)があるとします。2つのテーブルを結合するには`merge()`を実行します。

```
In [1]: import pandas as pd
トランザクションテーブルを読み込む
In [2]: df1 = pd.read_excel('販売データ.xlsx', '販売履歴')
ルックアップテーブルを読み込む
In [3]: df2 = pd.read_excel('販売データ.xlsx', '商品')
テーブルを結合する
In [4]: df3 = pd.merge(df1, df2, on='商品ID')
```

図2.4 Googleデータポータルでテーブルを結合する

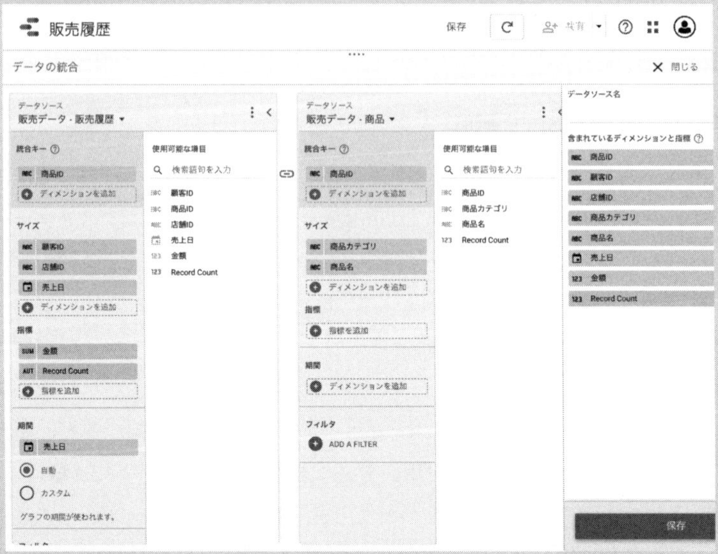

❶「商品ID」をキーとして2つのシートを結合する

❷[グラフ]-[ピボット テーブル]を選択するとテーブル形式で表示される

```
In [5]: df3
Out[5]:
        売上日 店舗ID 商品ID 顧客ID    金額   商品名 商品カテゴリ
0 2021-01-01      11     101    1001  57500  商品A  食料品
1 2021-02-01      12     101    1003  57500  商品A  食料品
2 2021-03-01      12     101    1003  60000  商品A  食料品
3 2021-01-01      11     102    1002   2400  商品B  電化製品
4 2021-02-01      11     102    1002   5800  商品B  電化製品
5 2021-03-01      11     102    1002  12400  商品B  電化製品
```

期待どおりにカラムが追加されたので、これをpivot_table()でクロス集計します。

```
In [6]: df3.pivot_table('金額', ['店舗ID', '商品名'], '売上日',
      :                 aggfunc='sum')
Out[6]:
売上日          2021-01-01  2021-02-01  2021-03-01
店舗ID 商品名
11     商品A      57500.0         NaN         NaN
       商品B       2400.0      5800.0     12400.0
12     商品A          NaN     57500.0     60000.0
```

pandasではデータフレームさえ作成できれば、どのようなデータであっても結合できます。read_csv()でCSVファイルを読み込んだり、read_clipboard()でクリップボードからコピーしたりすることもできます。あるいはスクリプトで動的にカラムを作ることも可能です。次のコードは独自に定義したPython関数で商品カテゴリを生成しています。

商品カテゴリを関数でセット

```
In [7]: def category(row):
      :     return {101: '食料品'}.get(row['商品ID'], 'その他')
      : df1['商品カテゴリ'] = df1.apply(category, axis=1)

In [8]: df1.head(2)
Out[8]:
        売上日 店舗ID 商品ID 顧客ID    金額  商品カテゴリ
0  2021-01-01      11     101    1001  57500  食料品
1  2021-01-01      11     102    1002   2400  その他
```

SQLによるテーブルの集約　大量データのクロス集計の事前準備

ピボットテーブルによるクロス集計は手軽ですが、あまり大量のデータを扱うことはできません。BIツールやpandasなら数百万レコードは集計できますが、それ以上になると遅過ぎて使いものにならなくなります。大量のデータをクロス集計するには、SQLを使ってデータの**集約**（*aggregation*）、つまりsum()などの**集約関数**（*aggregate functions*）を用いたデータ量の削減を考える必要があります。

たとえば、業務データベースに販売履歴が保存されているとします。そのすべてを取り出してクロス集計するのではなく、最初にSQLで集計を行います。仮に月次の販売履歴を知りたいのであれば、**図2.5**のようにして月ごとにデータを集約します。元となるデータがどれほど多くても、こうして集約してしまえばデータ量は大幅に少なくなります。

図2.5　SQLによるデータの集約

date_trunc('month', ...)で月初日に切り上げて金額を合計する

```
postgres=# SELECT date_trunc('month', "売上日")::DATE AS "売上日",
postgres-#        "店舗ID",
postgres-#        "商品ID",
postgres-#        "顧客ID",
postgres-#        sum("金額") AS "金額"
postgres-# FROM   "販売履歴"
postgres-# GROUP BY 1, 2, 3, 4
postgres-# ;
   売上日   | 店舗ID | 商品ID | 顧客ID | 金額
------------+--------+--------+--------+-------
 2021-03-01 |     12 |    101 |   1003 | 60000
 2021-01-01 |     11 |    101 |   1001 | 57500
 2021-01-01 |     11 |    102 |   1002 |  2400
 2021-02-01 |     11 |    102 |   1002 |  5800
 2021-02-01 |     12 |    101 |   1003 | 57500
 2021-03-01 |     11 |    102 |   1002 | 12400
(6 rows)
```

SQLの実行結果を見ると、クロステーブルではなくトランザクションテ

ーブルの形になっていることがわかります。したがって、これをさらにクロス集計することで任意のクロステーブルが得られます。

データを集約するのに優れたSQLと、クロス集計に優れた可視化ツールとを組み合わせることで、理屈の上ではどれほどデータ量があったとしてもクロス集計は可能です。そのため本書では**図2.6**のように、データをまず「SQLで集約」し、そして「可視化ツールでクロス集計」するという二段階のステップで考えます。ここで前者を**データ集約のプロセス**、後者を**可視化のプロセス**と呼ぶことにしましょう。

図2.6 データを集約してから可視化する

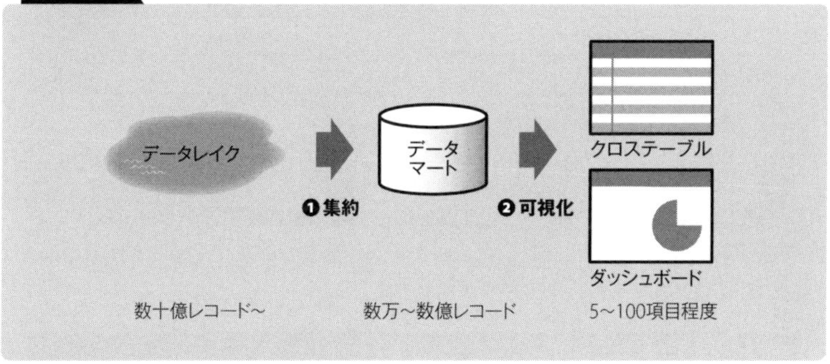

❶SQLなどを用いて大量のデータを集約する。
❷❶のデータを可視化ツールでクロス集計する。

Column

テーブルの縦横変換❶[SQL編]

ExcelやBIツールなどに頼ることなく、どうしてもSQLでクロス集計したいときもあります。たとえば、クロステーブルを中間テーブルに書き出したいとか、あるいはSQLの実行結果をメールに貼り付けて送りたい、といった場合です。これは少し手間がかかりますが、できないことではありません。

図C2.1❶のように多数の行から成るテーブルを**縦持ち**(*vertical*)、図C2.1❷のように多数のカラムから成るテーブルを**横持ち**(*horizontal*)と言います。縦持ちが「トランザクションテーブル」、横持ちが「クロステーブル」であると考えるなら、この2つのテーブルは「クロス集計」によって変換可能であるとわかります。

図C2.1 縦持ちのテーブルと横持ちのテーブル

❶縦持ちのテーブル(vtable)

uid	key	value
101	c1	11
101	c2	12
101	c3	13
102	c1	21
102	c2	22
102	c3	23

❷横持ちのテーブル(htable)

uid	c1	c2	c3
101	11	12	13
102	21	22	23

ピボット

一般に、縦持ちと横持ちの相互変換をテーブルの**縦横変換**、あるいは**ピボット**(*pivot*)と呼びます。詳しい説明は省きますが、標準のSQLでピボットするには、次のようなクエリを実行する必要があります。

```
postgres=# SELECT uid,
postgres-#        sum(CASE WHEN key = 'c1' THEN value END) AS c1,
postgres-#        sum(CASE WHEN key = 'c2' THEN value END) AS c2,
postgres-#        sum(CASE WHEN key = 'c3' THEN value END) AS c3
postgres-# FROM vtable
postgres-# GROUP BY uid
postgres-# ;
 uid | c1 | c2 | c3
-----+----+----+----
 101 | 11 | 12 | 13
 102 | 21 | 22 | 23
(2 rows)
```

カラムの数だけ記述を繰り返すことになるので、どうしても冗長な感じになってしまいます。中にはピボットのために特別な構文を備えているデータベースもありますが、基本的にSQLはピボットには向いていないので、特別な理由がない限りは外部のアプリケーションを使う方が簡単です。

アンピボット

上記のクエリは縦持ちを横持ちに変換することはできますが、その逆は実行できません。横持ちから縦持ちへと変換する操作は**アンピボット**(*unpivot*)と呼ばれます。次のクエリは、SQLでアンピボットを実行したところです。これもやはりカラムの数だけ記述を繰り返すことになるので、なるべく避けたい書き方です。

```
postgres=# SELECT uid, 'c1' AS key, c1 AS value FROM htable
postgres-# UNION ALL
postgres-# SELECT uid, 'c2' AS key, c2 AS value FROM htable
postgres-# UNION ALL
postgres-# SELECT uid, 'c3' AS key, c3 AS value FROM htable
postgres-# ;
 uid | key | value
-----+-----+-------
 101 | c1  |    11
 102 | c1  |    21
 101 | c2  |    12
 102 | c2  |    22
 101 | c3  |    13
 102 | c3  |    23
(6 rows)
```

次のようにunnest()を用いる方法もあります。この場合もカラム名を列挙する必要はありますが、UNION ALLを何度も繰り返す必要はなくなるのですっきりします。unnest()を使った書き方は、カラムの中に最初から配列としてデータが格納されている場合などにも用いられます。

```
postgres=# SELECT t1.uid, t2.key, t2.value FROM htable t1
postgres-# CROSS JOIN unnest(
postgres-#   array['c1', 'c2', 'c3'],
postgres-#   array[c1, c2, c3]
postgres-# ) t2 (key, value)
postgres-# ;
 uid | key | value
-----+-----+-------
 101 | c1  |    11
 101 | c2  |    12
 101 | c3  |    13
 102 | c1  |    21
 102 | c2  |    22
 102 | c3  |    23
(6 rows)
```

Column

テーブルの縦横変換❷[pandas編]

pandasを利用できるようであれば、そちらでピボット/アンピボットする方が簡単です。SQLでデータを集約すると、次のように縦持ちのテーブルが返されるので、これを「データフレーム」として操作します。

SQLで集約した結果は縦持ちのテーブルとなる

```
In [1]: query = '''
      : SELECT uid, key, sum(value) value FROM vtable GROUP BY 1, 2
      : '''
      : vtable = pd.read_sql(query, engine)
      : vtable
Out[1]:
    uid  key  value
 1  101   c1     11
 2  101   c2     12
 3  101   c3     13
 4  102   c1     21
 5  102   c2     22
 6  102   c3     23
```

ピボット

ピボットにはpivot()を利用します。カラム名などは自動生成され、SQLと比べるとかなりシンプルになります。ただし、カラムの値があまりにも多いと、巨大なクロステーブルを作ろうとして大量のメモリとCPUを消費し、最終的にはプロセスが停止することもあるので注意が必要です。

pivotで横持ちのテーブルに変換

```
In [2]: vtable.pivot('uid', 'key', 'value')
Out[2]:
key  c1  c2  c3
uid
101  11  12  13
102  21  22  23
```

pivot_tableで複雑なクロス集計も可能

```
In [3]: vtable.pivot_table('value', ['uid'], ['key'], aggfunc='sum')
```

```
Out[3]:
key  c1  c2  c3
uid
101  11  12  13
102  21  22  23
```

アンピボット

アンピボットにはmelt()を利用します。

```
In [1]: htable
Out[1]:
   uid  c1  c2  c3
0  101  11  12  13
1  102  21  22  23

In [2]: htable.melt('uid', var_name='key', value_name='value')
Out[2]:
   uid  key  value
0  101   c1     11
1  102   c1     21
2  101   c2     12
3  102   c2     22
4  101   c3     13
5  102   c3     23
```

データ集約➡「データマート」➡可視化

システム構成はデータマートの大きさで決まる

データ集約と可視化の間に入るのが「データマート」です。一般に、データマートが小さくなるほど可視化するのは簡単ですが、同時に元データに含まれていた情報が失われてしまい、可視化のプロセスでできることが少なくなります。ピボットテーブルやBIツールで対話的にデータを探索したい場合には、それだと都合が良くありません。

データ集約のプロセスではなるべく多くの情報を残したいところですが、そうするとデータマートが巨大化し、結局はうまく可視化できなくなる恐れがあります。これはトレードオフの関係にあり、必要に応じてどの程度の情報を残すか決めなければなりません。

最終的には「データマートの大きさ」によってシステム構成が決まります。データ量を数百万件程度にまで削減できるなら、すべてのデータを可視化ツールに取り込めるので、特別なシステムは必要ありません。しかし、そこまで小さくすることができないのであれば、後述するように遅延の小さいデータベースを用いてデータマートを作ることが必要です。

2.2 列指向ストレージによる高速化

メモリに載り切らないほどの大量のデータを短時間で集計するには、あらかじめデータを集計に適した形に変換しておくことが必要です。本節では集計効率の高いデータベースのしくみを見ていきます。

データベースの遅延を小さくする

データ量が増えるにつれて、集計に掛かる時間は長くなります。数秒で終わっているうちは気にならなかったデータの集計が、何分も待たされるようになると作業効率はそれ以上に悪化します。待ち時間が増えると作業の手が止まったり、複数の作業を並行するようになって思考が中断されてしまったりして、あらゆる作業が遅くなります。

秒単位でデータを集計するには、最初からそれを想定したシステムを用意しなければなりません。データを集める段階ではそこまでのことを考えたりはしないので、しばしば**図2.7**のように三階層のシステムを作ります。

元となるデータは、容量的な制約が少なくて大量のデータを処理できるデータレイクやデータウェアハウスに格納します。そこから欲しいデータを抽出してデータマートを構築し、ここでは常に秒単位の応答が得られるようにします。

図2.7 三階層のデータ集計システム

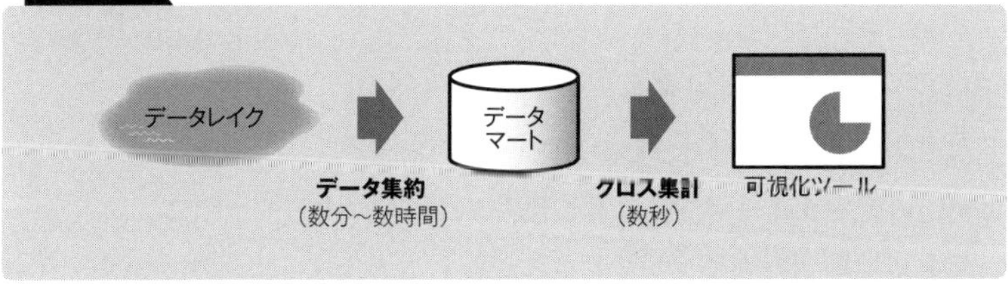

データ処理の遅延 遅延の小さいデータマート作成のための基礎知識

データ処理の応答が早いことを「遅延が小さい」、あるいは「**レイテンシ**(*latency*)が小さい」と言います。データマートを作るときにはなるべく遅延の小さいデータベースを必要としますが、それには大きく分けて二つの選択肢があります。

簡単なのは、すべてのデータをメモリに載せることです。最近であれば数GBから数十GBのメモリを用意するのも難しくありません。それに収まるくらいのデータ量であれば遅延もそう大きくはなりません。

仮に1レコードの大きさが500バイトだとすると、1千万レコードで5GBになります。その程度のデータ量なら、MySQLやPostgreSQLなどの一般的なRDBがデータマートに適しています。RDBは元々遅延が小さく、さらに多数のクライアントが同時接続しても性能が悪化しにくいため、大勢のユーザーが利用する本番環境のデータマートとして特に優れています。

一方、RDBはメモリが不足すると急速に性能が悪化します。数億レコードを超えるようなデータの集計では、常にディスクI/Oが発生することを想定して、それをいかに効率化するかが鍵となります。

「圧縮」と「分散」によって遅延を小さくする MPPの技術

高速化のために用いられる手法が「圧縮」と「分散」です。データを可能な限り小さく圧縮し、それを複数のディスクへと分散することで、データの読み込みに伴う遅延を小さくします。

分散されたデータを読み込むには、マルチコアを活用しつつディスクI/Oを並列化するのが効果的です。そのようなアーキテクチャを**MPP**(*massive* *parallel processing*/大規模並列処理）と呼び、大量のデータを分析するためのデータベースで広く採用されています。たとえば、Amazon RedshiftやGoogle BigQueryなどがその例です。

MPPはデータの集計に最適化されており、データウェアハウスやデータ分析用のデータベースで特によく利用されます。少し前までは、MPPデータベースは専門のコンサルタントに依頼して導入するような大掛かりなものでしたが、クラウドサービスの普及などもあり、今では導入するのも簡単になり広く利用されるようになってきました。

以下では、MPPの技術をデータマートにも活用することを想定して、その基本的なしくみを簡単に説明します。

列指向データベースのアプローチ　カラムを圧縮してディスクI/Oを減らす

データの圧縮を考える上で覚えておきたいのが**列指向**（*column-oriented*）の概念です。ビッグデータとして扱われるようなデータの多くはディスクに置かれているので、クエリに必要な最小限のデータだけを読み込むことで遅延が小さくなります。

そのために用いられる方法が「カラム単位でのデータ圧縮」です。一般に、業務システムなどで用いられるデータベースはレコード単位の読み書きに最適化されており**行指向データベース**（*row-oriented database*）と呼ばれます。たとえば、Oracle DatabaseやMySQLなどの一般的なRDBはどれも行指向データベースです。

これに対して、データ分析に用いられるデータベースはカラム単位の集計に最適化されており、**列指向データベース**（*column-oriented database*）、または**カラムナーデータベース**（*columnar database*）と呼ばれます。たとえば、TeradataやAmazon Redshiftなどが列指向データベースの例です。

行指向データベース　各行がディスク上で一連のデータとして書き込まれる

行指向データベースでは、テーブルの各行を一つの塊としてディスクに保存します（**図2.8**）。そうすると新しいレコードを追加するときにファイ

図2.8 行指向データベースにおけるデータのイメージ

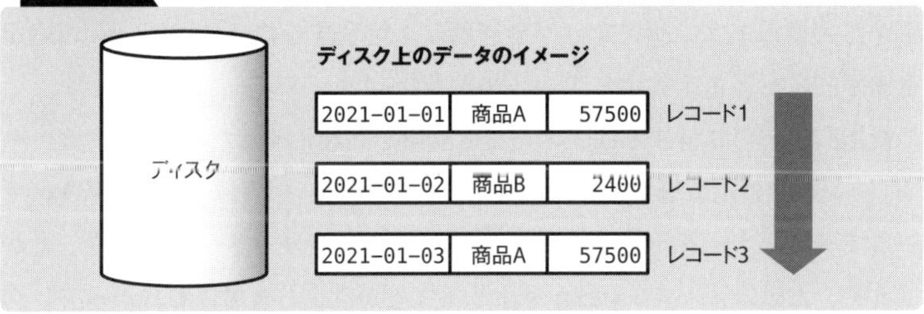

テーブルの各行が、ディスク上で一連のデータとして書き込まれる。新しいレコードを追加する場合は末尾に追記されるため、高速な書き込みが可能となる。

Column

スループットとレイテンシ

データ処理の性能はよく二つの数字によって示されます。

一つは「一定時間に処理できるデータの総量」(=**スループット**/*throughput*)で、これはおもにバッチ処理などの大規模なデータ処理で重視されます。もう一つは「データ処理が終わるまでの待ち時間」(=**レイテンシ**)で、これはおもにアドホックなデータ分析などで重視されます。

スループットとレイテンシは両立するとは限りません。一部のシステムは非常に高いスループットを実現しますが、レイテンシも大きくアドホック分析には向きません。逆にレイテンシを小さくすることに特化したシステムでは、スループットを高めることには力を入れていないものもあります(**図C2.2**)。

データウェアハウスやデータレイクは大量のデータを扱うために、どちらかと言うとスループットを重視した設計となっています。一方、データマートに求められるのはレイテンシの短縮です。そのためには十分なメモリを用意するか、あるいはディスクI/Oの削減が欠かせません。

図C2.2 スループットとレイテンシの関係

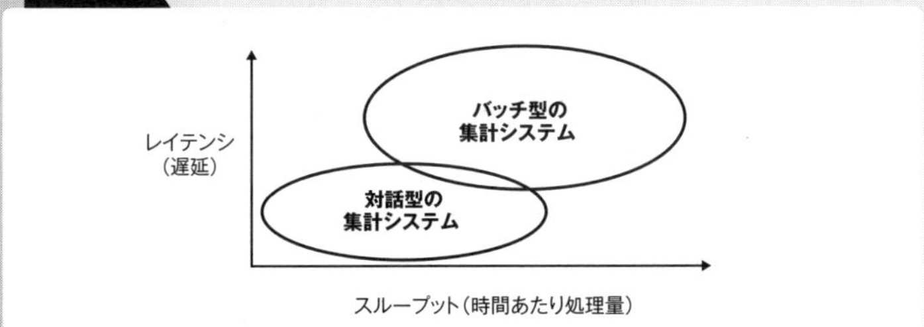

ルの末尾にデータを書き込むだけなので、高速な追記が行えます。日々発生する大量のトランザクションを遅延なく処理するために、データの追記を効率的に行えるようにしているのが行指向データベースの特徴です。

行指向データベースでは、データの検索を高速化するために「インデックス」(*index*)を作成します。もしインデックスがないとしたら、保存されているすべてのデータを読み込まなければ目的のレコードを見つけることができず、大量のディスクI/Oが発生して性能が低下します。したがって、適切なインデックスが使われるようチューニングすることが重要とされます。

一方、データ分析ではどのカラムが使われるかは事前にはわからないので、インデックスを作成したとしてもほとんど役に立ちません。必然的に、大量のデータ分析は常にディスクI/Oを伴います。そのため、インデックスに頼らない高速化の手法が必要です。

列指向データベース　カラムごとにデータをまとめておく

データの分析では、しばしば一部のカラムだけが集計の対象になります。たとえば、ある店舗の総売上を知りたいときに顧客情報は必要ありません。行指向データベースではレコード単位でデータが保存されているために、必要のないカラムまでディスクから読み込まれます。

一方、列指向データベースではデータをあらかじめカラム単位にまとめておくことにより、必要なカラムだけを読み込むことでディスクI/Oを減らします(**図2.9**)。

図2.9 列指向データベースにおけるデータのイメージ

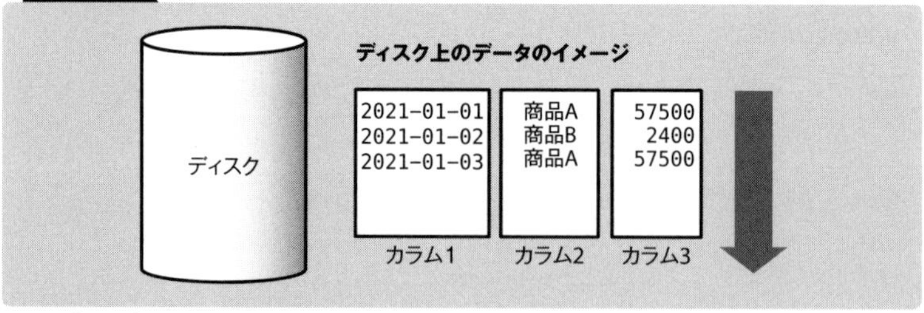

カラムごとにデータをまとめておき、集計時には関連するカラムだけを読み込む。列指向データベースはそのデータ構造上、集計するのは高速だが、書き込むのには時間が掛かる。

列指向データベースは、データの圧縮効率でも優れています。同じカラムには、しばしば同じようなデータが並びます。とりわけ同じような文字列の繰り返しは非常に小さく圧縮できます。データの種類にもよりますが、列指向データベースは無圧縮の行指向データベースと比べると1/10以下に圧縮できることもあります。

MPPのアーキテクチャ　並列化によってマルチコアを活用する

クエリの遅延を減らすもう一つの工夫が、MPPのアーキテクチャによるデータ処理の並列化です(**図2.10**)。

図2.10　MPPによる分散処理

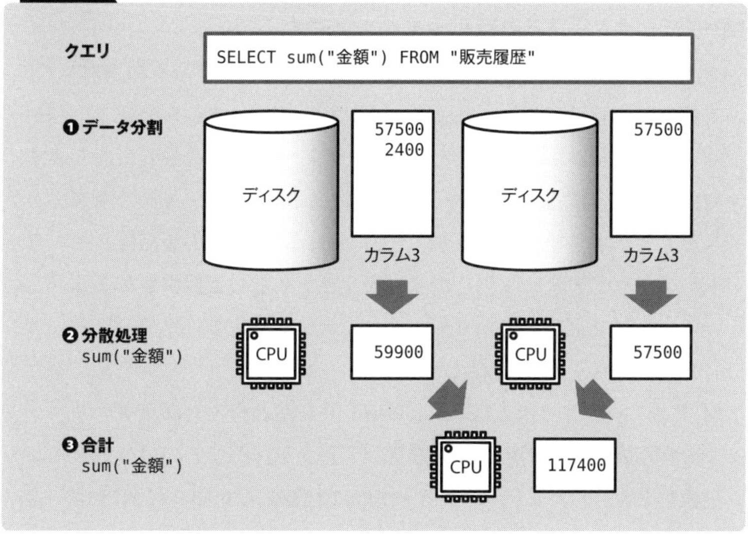

MPPでは多数のディスクに分散されたデータが、それぞれ異なるCPUコアによって読み込まれ、部分的なクエリの実行が行われる。それらの結果は1ヵ所に集められ、最終的な結果が出力される。このような一連の処理は可能な限り同時並列で実行される。

行指向データベースでは通常、1つのクエリは1つのスレッドで実行されます。多数のクエリを同時実行することで複数のCPUコアを活用できますが、それでも個々のクエリが分散処理されるわけではありません。行指向データベースでは、各クエリは十分に短い時間で終わることが期待されており、1つのクエリを分散処理するような状況は想定されません。

一方、列指向データベースでは話が変わります。ディスクから大量のデータを読み込むので、どうしても1回のクエリの実行時間は長くなります。加えて、圧縮されたデータの展開などにCPUリソースを必要とするため、マルチコアを活用して高速化しようという話になります。

MPPでは、1つのクエリを多数の小さなタスクに分解し、それらをできる限り並列に実行します。たとえば、1億レコードから成るテーブルの合計(`sum()`)を集計するために、それを10万レコードで区切って1,000個のタスクに分けるなどです。各タスクはそれぞれが独立して10万レコードの合計を集計し、最後にすべての結果が集められて総合計が計算されます。

MPPデータベースと対話型クエリエンジン

クエリがうまく並列化できるなら、MPPを使ったデータの集計はCPUコア数に比例して高速化されます。ただし、ディスクからの読み込みがボトルネックにならないよう、データは均等に分散される必要があります。

MPPではそのしくみ上、高速化のためにCPUとディスクの両方をバランス良く増やす必要があります。そのため、いくつかの製品はハードウェアとソフトウェアが一体化したアプライアンスとして提供されます。このようにハードウェアレベルでデータの集計に最適化されたデータベースを「MPPデータベース」と呼びます。

MPPのアーキテクチャは、Hadoopと共に使われる対話型クエリエンジンでも採用されています。その場合、データを保存するのは分散ストレージの役割です。ただし、データを列指向で圧縮しない限りはMPPデータベースと同等の性能にはなりません。そのため、Hadoop上で列指向のストレージを作るためのライブラリがいくつか開発されています(第3章で後述)。

「MPPデータベース」と「対話型クエリエンジン」のどちらを選ぶかはケー

スバイケースです。システムの安定性やサポート体制といった点では商用のMPPデータベースの方が長年の実績がありますが、Hadoopとの相性という点では対話型クエリエンジンの方が利便性で勝ります。

いずれにしても、数億レコードを超えるようなデータマートの遅延を小さく保つには、データを列指向のストレージ形式で保存することが必要です(**表2.1**)。そのため、特に区別が必要ない限りは、MPPデータベースと対話型クエリエンジンのどちらを使う場合にでも「列指向ストレージに変換する」という表現を本書では使用します。

表2.1 データマートに使われるおもな技術

集計システムの種類	ストレージの種類	最適なレコード数
RDB	行指向	～数千万程度
MPPデータベース	列指向(ハードウェア一体型)	数億～
対話型クエリエンジン	列指向(分散ストレージに保存)	数億～

Column

リソース消費を制限する　列指向ストレージ×MPPによる高速化と注意点

列指向ストレージとMPPの考え方を組み合わせることで、データの集計は大幅に高速化されます。ただし、それに伴ってクエリのリソース消費量も増大します。1つのクエリが多数のコアを活用するということは、システムのすべての計算リソースを簡単に使い切ってしまえるということでもあります。誰か一人が不用意に巨大なクエリを実行すると、他のユーザー全員がその影響を受けます。

一部の商用MPPデータベースでは、そのような過剰な負荷が発生することのないように、ユーザーごとにシステムリソースを制限できるものもあります。もしそのような機能がないのであれば、システムに想定外の負荷が発生していないか注意深く監視しなければなりません。たとえば、長時間動き続けているクエリがあれば管理者に通知したり、強制終了したりするようなルールが必要です。

想定外の過剰な負荷は、しばしばクエリの書き間違いといった簡単なミスから生じます。そのような問題には早めに対処しなければ、後からより大きな問題に繋がりかねません。

Column

データを取り出さずに集計する　HTAP、並列クエリ

一般に「データベースにオンライン接続して1レコードずつ書き込む処理」を**OLTP**（*online transaction processing*）と呼び、「大量のレコードをデータ分析のために集計する処理」を**OLAP**（*online analytical processing*）と呼びます。一般的なRDBはOLTPに適しており、MPPデータベースはOLAPのために設計されています。OLTPとOLAPは大きく性質が異なるため、従来のデータベースはどちらか一方に特化するのが普通でした。

2017年頃から、両者の性質を併せ持つデータベースが多数開発されるようになり、**HTAP**（*Hybrid transaction/analytical processing*）と呼ばれています。

なぜHTAPが必要なのか？　ETLの負荷をなくす

MPPデータベースを利用するには、業務データベースから定期的にデータを転送する「ETLプロセス」が不可欠です。扱うデータの性質によっては、それが大きな負荷となる場合があります。

たとえば、商品の情報を記録したマスタテーブルがあるとして、数千万点の商品が登録されているとします。毎日新しく登録される商品データを転送するだけなら大きな負荷にはなりませんが、商品の価格が変更になるなどして、過去に登録されたデータも上書きされるとしたらどうでしょうか。毎日すべての商品データをスナップショットするとしたら、日々何千万件ものレコードを転送することになります。結果として、ETLプロセスには何時間も掛かることが珍しくありません。

ETLプロセスはどうしても時間が掛かるものなので、実行できるのはせいぜい一日に1回です。一方、近年のアプリケーションにはリアルタイム性が求められるようになっており、データを集計するためだけにNoSQLデータベースが使われるときもあります。もし業務データベースからデータを取り出すことなく高速に集計できるなら、ETLプロセスそのものをなくすことができるし、リアルタイムなデータの集計も簡単になります。

HTAPのしくみ　TiDBのアーキテクチャ

HTAPは特定の技術ではなく「OLTPとOLAPとを両立させる」という概念に付けられた名称なので、具体的な実装の方法は製品によって異なります。いくつかの製品は大量のメモリを活用することでディスクI/Oを削減します。別の製品では多数のノードに負荷分散することで高速化を実現します。

一例として、オープンソースのHTAPデータベースとして開発されている

「TiDB」[注a]では、**図C2.3**のようなアーキテクチャが採用されています。アプリケーションから接続するときにはMySQL互換のプロトコルが利用され、OLTPに適したトランザクション処理が行われます(図中の「TiDBクラスタ」)。一方、データを分析するときにはSparkから接続することで、OLAPに適したデータ処理を実現しています(図中の「TiSpark」)。

TiDBに書き込まれたデータは分散ストレージへと格納されます(図中の「Storageクラスタ」)。その分散ストレージにSparkから直接アクセスすることで、ETLプロセスの必要なしにデータ分析を始められるのがTiDBの特徴となります。

並列クエリ実行

既存のデータベースでも集計速度の高速化は実現されています。たとえば、「Amazon Aurora」はデータベースのストレージ部分を分散することでディスクI/Oを高速化していますが、それに加えて「Parallel Query」を有効にすることで、クエリの実行が複数のノードに分散されます[注b]。

クエリ実行の並列化は、2016年にリリースされたPostgreSQL 9.6以降でもサポートされており[注c]、1つのクエリが複数のCPUコアを活用できるようになりました。

クエリを並列化するだけでは、データの圧縮まで行うMPPデータベースには性能的に及ばないものの、以前と比べて大量のデータを集計できるようになってき

注a URL https://pingcap.com/products/tidb
注b URL https://aws.amazon.com/rds/aurora/parallel-query/
注c URL https://www.postgresql.org/about/news/postgresql-96-released-1703/

図C2.3 TiDBのアーキテクチャ※

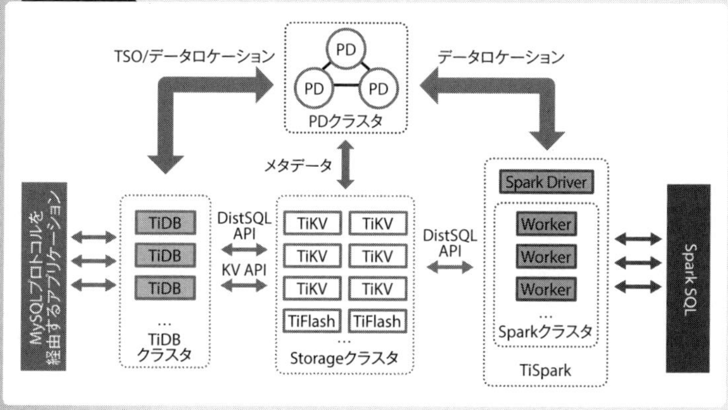

出典：URL https://github.com/pingcap/tidb

ているのは確かです。データ量が100倍、あるいは1000倍になってもスケールするシステムを考えるならビッグデータの技術は欠かせませんが、そうでなければ既存技術の延長でシステムを構築した方が良い場合もありそうです。

業務データベースは後から置き換えるのが困難なだけに、データ量がどれくらいまで増えても大丈夫なのかを見積って、自分にとって必要なシステムは何なのかを慎重に見極めたいものです。

2.3 アドホック分析と可視化ツール

データを可視化するためのソフトウェアは多種多様であり、それぞれが異なる特徴を備えています。本節では可視化のプロセスで用いられる機会の多い、いくつかの可視化ツールの特徴を説明します。

Jupyter Notebookによるアドホック分析 ノートブックに分析過程を記録する

どのようなデータ分析でも、最初はアドホック分析から始まります。欲しいデータがどこにあるのかもわからなかったり、集計時間がまるで予測もできなかったりするうちは、何度も試行錯誤を繰り返しながらデータを見ていくものです。そのような過程では、対話型の実行環境がよく使われます。

ここではオープンソースの対話型ツールとして人気のある「Jupyter Notebook」[注1]について説明します。科学の分野ではよく実験ノートの重要性が言われますが、アドホック分析の過程も後から再現できるようにノートに留めておくと役立ちます。Jupyter Notebookはそのために利用されるツールの一つで、PythonやRuby、R言語などのスクリプト言語を実行するのに用いられます。

Jupyter Notebookを起動するとWebブラウザが立ち上がるので、利用す

注1 URL https://jupyter.org

る言語を選んで新しい**ノートブック**(*notebook*)を作成します。ノートブックの中では、Pythonスクリプトや外部コマンドを実行できます(**図2.11**)。実行の内容はすべて記録され、過去に遡って編集したり再実行したりすることも可能です。Markdown形式で注釈を入れて見栄えを良くしたり、画像や数式を埋め込んだりすることもできるようになっています。

図2.11 Jupyter Notebookの中でクロス集計を実行する

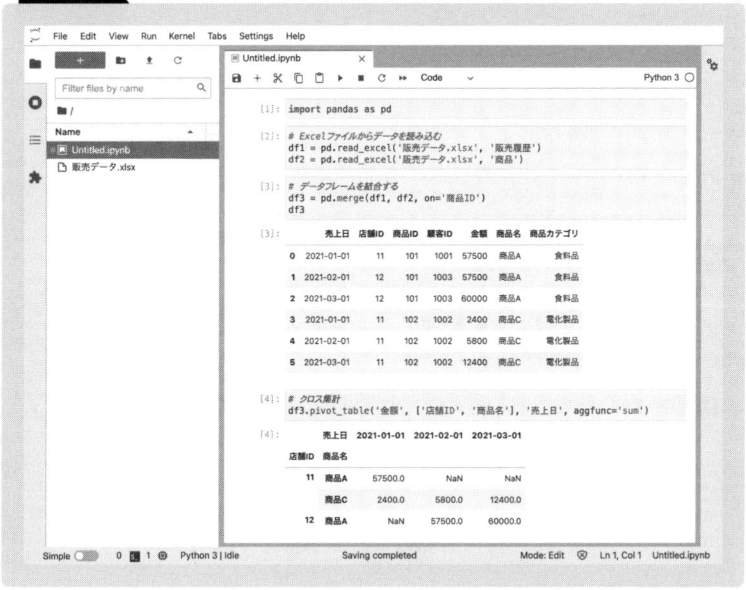

アドホック分析でクロス集計の結果を見たいときには、スプレッドシートやBIツールを立ち上げるまでもなく、ノートブックの中から実行できます。特に、SQLの結果をクロステーブルに変換したいだけなら、この方法で何度でもクエリ実行とクロス集計を繰り返せます。

Jupyter NotebookはWebアプリケーションですが、しばしばローカルホストで起動します。アドホック分析ではCSVやExcelなどのファイルを読み書きすることも多いため、リモートで起動するとファイルのアップロードやダウンロードに手間が掛かります。ノートブックを他の人と共有したいときには、「Google Colab」[注2]のようなクラウドサービスを使うのが簡単です。

> **Note**
>
> Jupyterのインストール方法等については、以下の章で詳しく取り上げます。
>
> **・第7章 ➡ノートブックとアドホック分析**

ノートブック内での可視化

Jupyter Notebookでは、作業中のデータフレームからグラフを作成してノートブックに組み込むことができます。これにはいくつかのライブラリがありますが、中でも有名なのが「matplotlib」です(**図2.12**)。

図2.12 matplotlibを用いたグラフの例※

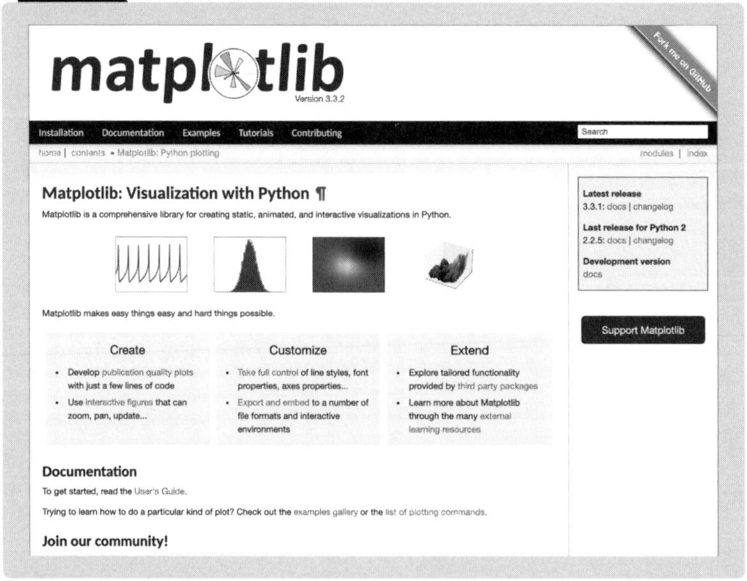

※URL https://matplotlib.org

注2 URL https://colab.research.google.com

matplotlibは科学技術計算などの分野で使われる可視化ライブラリの一つで、学術論文などでよく見かける複雑なグラフを、Pythonを使って生成します。可視化のためにプログラミングが必要で、最初はどうしても手間が掛かりますが、データ分析の過程で同じようなグラフを何度も作り直す場合には非常に有用です。

一方、マウス操作だけで対話的にグラフを作りたいときには、無理にノートブックを使うよりも、スプレッドシートやBIツールなどの可視化ツールに切り替える方が簡単です。データフレームを可視化ツールに受け渡すには、一度CSVファイルに保存して読み込みます。第7章では、ノートブックとBIツールを組み合わせる具体的な例を取り上げます。

ノートブックによるワークフロー　一連のタスクをまとめて実行

ノートブックは「簡易的なワークフローの実行」にも使えます。データ処理のための一連のタスクをノートブックにまとめておいて、メニューの[Kernel]から[Restart & Run All]を選ぶと、すべてのセルが最初から順に実行されます。たまに手作業で実行するだけのワークフローならこれで十分です。

ノートブックの中では、次のように感嘆符(!)でコマンドを始めることにより、任意の外部コマンドを実行できます。そのため特別なプログラミングの知識がなくとも、あらゆるデータ処理を一つのノートブックという形にまとめておくことができます。

外部コマンドを実行する

```
In [1]: !cp source.csv target.csv
```

手作業によるアドホック分析と、定期的なデータ処理の自動化とでは、必要となる知識もツールもまったく異なります。どうしても自動化したい強い理由がない限りは、ノートブックを中心とするアドホック分析の環境を整える方が先決です。手作業では面倒だと思うようになったら、それから自動化に取り組むのでも遅くはありません。

ダッシュボードツール　定期的に集計結果を可視化する

アドホック分析とは対照的に、定期的にクエリを実行してレポートを作成したり、グラフを集めてダッシュボードを作ったりしたいときには、専用のダッシュボードツールやBIツールなどが使われます。

ダッシュボードツールとBIツールの違いはそれほど厳密なものではありませんが、前者では複数のデータソースに接続して一つずつグラフを追加するように設計されているのに対して、後者ではデータマートやインメモリデータベースに大量のデータを取り込んでから対話的なデータ探索を行えるように設計されています。たとえば、グラフをクリックして詳細な表示に切り替えたり、集計の元となったローデータを表示したりするなど、時間を掛けてじっくりとデータを見たいときにはBIツールが適しています。

一方、ダッシュボードツールでは最新のデータを網羅的に確認できることが期待されます。何百ものグラフを少なくとも毎日の自動更新、場合によってはリアルタイムに更新し、それを大勢が見ることのできるようにキャッシュを活用して表示を高速化します。決まった指標の日々の変化をモニタリングしたいときにはダッシュボードツールが最適です。

ここではオープンソースのダッシュボードツールである「Metabase」、リアルタイムの可視化ツールである「Kibana」、そしてクラウドサービスである「Googleデータポータル」について説明します。

Metabase　SQLによるクエリの実行結果をそのまま可視化

「Metabase」[注3]は、**表2.2**のような複数のデータソースに対応したオープンソースのダッシュボードツールで、おもにSQLで実行したクエリの結果を可視化するのに使われます。MetabaseはWebベースのアプリケーションですが、単体でインストール可能なパッケージやDockerコンテナの形式でも配布されており、ラップトップにインストールして動かすこともできます(第7章で後述)。

注3　URL https://www.metabase.com/

表2.2 Metabaseが標準で対応するデータソース

Amazon Redshift	H2	Presto	SQL Server
BigQuery	MongoDB	Snowflake	
Druid	MySQL	Spark SQL	
Google Analytics	PostgreSQL	SQLite	

Metabaseでは最初に管理者が接続先のデータソースを登録しておけば、利用者はいつでも自由にクエリを発行できます。完成したダッシュボードをただ見るのではなく、利用者が自分でデータを探索するためのインターフェースとして適しています。

Metabaseには「X-ray」と呼ばれる機能があり、登録済みのデータソースを自動的に解析して、データの性質に合わせたダッシュボードを自動生成してくれます(**図2.13**)。そのためBIツールやSQLの知識がない人であっても、テーブルの一覧を開いて画面をクリックしていくだけで大まかにデータの内容を把握できます。

図2.13 Metabaseが自動生成したダッシュボード

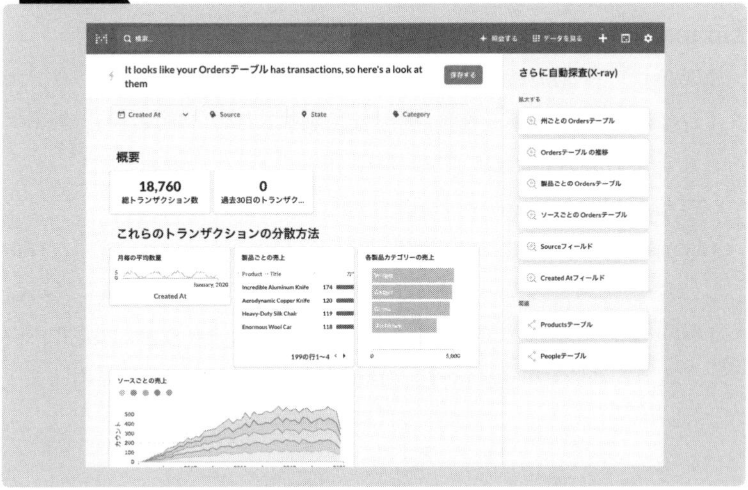

Metabaseはデータソース上ですべての集計を実行する。X-rayによるデータ解析では、データソースに大きな負荷が掛かる可能性があるので注意する。

Metabaseは**対話的なダッシュボード**(*interactive dashboard*)を作るのにも使えます。時間等でデータを絞り込むためのフィルタをダッシュボードに追加すると、フィルタを選択するだけで集計をやり直して画面が更新されます。ただし、Metabase自体にはデータを取り込むような機能はなく、すべての集計はバックエンドのデータソースで実行されます。そのため、接続するデータソースには即座に集計を完了させられるだけの高い性能が求められます。

Metabaseではブラウザから直接SQLを入力してクエリを実行し、その場でグラフにすることも可能です。SQLに慣れた人であれば、ちょっと気になったことをSQLで書いて可視化したり、毎日チェックしたいことをクエリに書いておいて確認したりという、日々のデータ集計の基本となるインターフェースとして利用できます。

社内にデータに興味を持つ人が何人もいて、その人たちがいつでもデータを集計して結果を共有できるようなツールを求めている場合には、Metabaseは1つの選択肢になるでしょう。

Kibana　Elasticsearchと組み合わせてリアルタイムに可視化

「Kibana」[注4]はJavaScript製の対話的な可視化ツールで、とりわけリアルタイムなダッシュボードを作る目的でよく利用されます(**図2.14**)。検索エンジンである「Elasticsearch」[注5]のフロントエンドとして開発されているため、導入にはElasticsearchが必須です。

KibanaはElasticsearch以外のデータソースには対応しておらず、可視化したいデータはすべてElasticsearchに格納しなければなりません。そのため、RDBなどに格納されたデータを見るのには使えませんが、可視化用のデータストアとしてElasticsearchを採用する場合にはベストな選択肢となります。

注4　URL https://www.elastic.co/kibana
注5　URL https://www.elastic.co/elasticsearch/

図2.14 Kibanaによるリアルタイムダッシュボード※

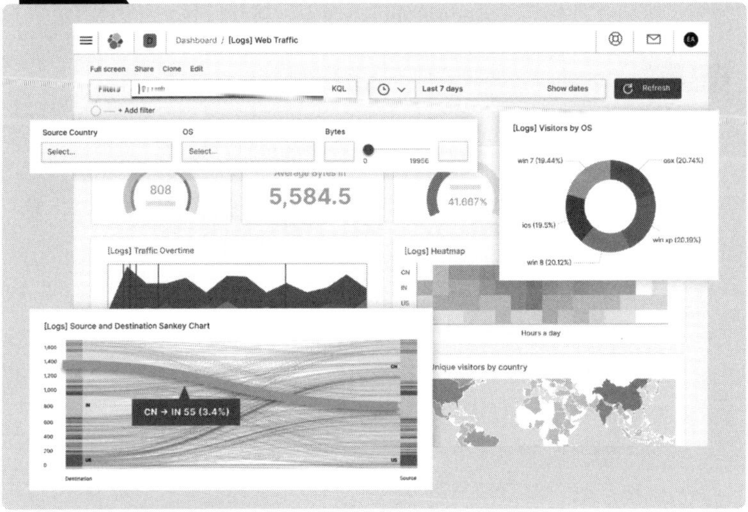

※URL https://www.elastic.co/kibana

Elasticsearchは**全文検索**(*full-text search*)に対応したデータストアです(第4章で後述)。そのためキーワードでテキストデータを検索したい場合にとくに力を発揮します。その一方で、SQLを使ったデータ分析のためにElasticsearchを使うことはできません。じっくり時間を掛けてデータを探索するというよりは、検索条件に合うデータを素早く可視化するのに向いたツールです。

IoTデバイスやモバイルアプリから集めたデータをリアルタイムに可視化したり、サーバーのログを集めて障害検知やセキュリティ対策に役立てたりすることが目的であれば、Kibanaは1つの選択肢になります。

Googleデータポータル　大勢が参照する定期的なレポートを作成

「Googleデータポータル」はオンラインで使える無償の可視化サービスです(**図2.15**)。BIツール機能も備えていますが、データ分析に使うというよりはダッシュボードの作成や共有に適しています。Googleデータポータルは非常に多くのデータソースに対応しており、とりわけ「Google Workspace」

や「Google Cloud Platform」のようなGoogleのクラウドサービスからデータを取り込んで可視化することが簡単にできるようになっています。

図2.15 Googleデータポータルによる対話的なダッシュボード

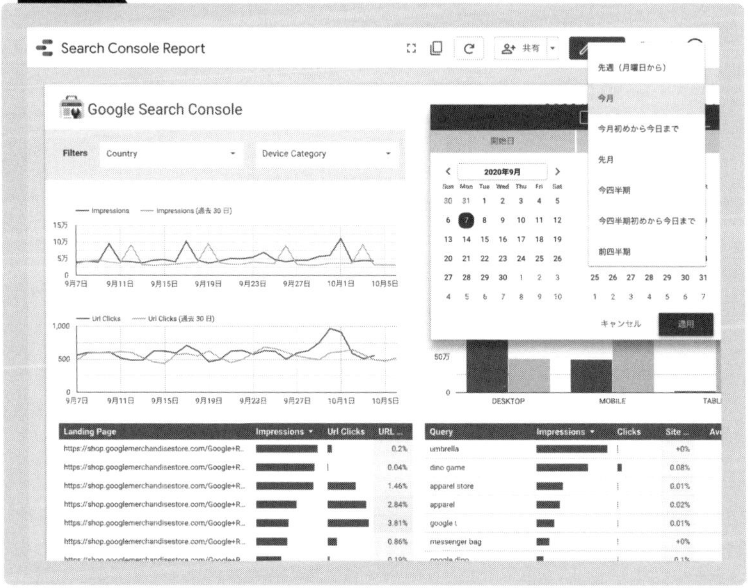

Googleデータポータルは時間によるフィルタを簡単にセットでき、週次や月次の変化をモニタリングしやすいようにデザインされている。

ビッグデータを扱う場合には、「BigQuery」注6と組み合わせることで集計から可視化までの流れをスムーズに実現できます。BigQueryには「BI Engine」注7と呼ばれるインメモリのデータ集計エンジンが備わっており、Googleデータポータルから接続したときにはデータがメモリ上で集計されて表示が高速化されます。

Googleデータポータルも対話的なダッシュボードに対応しており、時間によるフィルタを簡単にセットできるようにデザインされています。月次や週次のレポートを作り、定期的にモニタリングするような用途に適して

注6 URL https://cloud.google.com/bigquery
注7 URL https://cloud.google.com/bi-engine/docs/overview

います。その一方で、アドホックにデータを探索するような使い方にはとくに向いているということもなく、自分でデータを見るときよりも他人のためにレポートを作るときに使いたいツールです。

Googleデータポータルで作成したダッシュボードはメールアドレスだけで簡単に共有できるため、Google Workspaceを導入している企業にとっては、全社員が参照する月次レポートや週次レポートなどを作成するツールとして1つの選択肢になるでしょう。

Column

データマートは必要なくなるか？

コンピュータの性能向上によりデータの集計速度は年々向上しており、データマートを作らずとも済むケースが増えています。極論すれば、無限に大量の計算リソースを使えるならデータウェアハウスさえあれば十分であり、データマートは不要です。毎回すべてのデータを集計し直せば済むからです。

このまま性能の向上が続けば、いずれデータマートは不要になるのかもしれません。現時点でそれに近いと思えるのが「BigQuery＋BI Engine」の組み合わせで、大量のデータを集計するときにはBigQueryのパワーを使いつつ、ダッシュボードを表示するときにはBI Engineのインメモリ集計による高速化がシームレスに統合されています。

もっとも本書の執筆時点では、BI EngineはGoogleデータポータルにしか対応しておらず、他のBIツールからは利用できません。BI Engineのために確保できるメモリの量は有限であり、データ量が増えるとBigQueryに大きな負荷を与えてしまいます。メモリに収まるほど小さいデータを扱うのでもない限り、結局のところ「データの大きさを無視して可視化することなどできない」のが現状です。

それなら、最初から正しいデータマートの作り方を覚える方が建設的です。何も難しいことをしなくても、データウェアハウスの内部に中間テーブルを作って、それをデータマートとして使うのであればそう手間でもありません。

後は、性能との兼ね合いでシステム構成が決まります。対話的なダッシュボードではフィルタの条件を変えるたびに多数のクエリが発行されるため、そこから接続するデータマートには早い応答が求められます。仮にGoogleデータポータルを使うなら、可視化に必要なデータはすべてBI Engineに乗せるつもりで、そこに収まるくらいに小さくしたデータマートをBigQuery上に作成すると良いでしょう。可能であるなら、ダッシュボードのように多人数から参照されるデータマートは、なるべく専用のデータベースに分離する方が性能的に安定します。

BIツール 対話的なダッシュボード

数ヵ月単位の長期的なデータの推移を可視化したり、集計の条件を細かく切り替えられるダッシュボードを作るには、BIツールの利用が適しています。

BIツールでは、すでにあるデータをそのまま読み込むだけではなく、時間を掛けてデータを分析しやすく加工することがよくあります。たとえば、同じような商品を一つのグループにまとめたり、IPアドレスを位置情報に変換するなどです。そのため、可視化に適したデータマートを作ってから読み込むことを前提とします。

BIツールではしばしば1つ、または少数のデータソースから多数のグラフを作ります。クロス集計のところでも見たように、データというのはクロステーブルの行と列に何を選ぶか、つまり集計の軸をどう取るかによって無数の見方があります。

1つのダッシュボードに表示できる情報量には限界があるので、いくつかの主要な画面だけを先に作った上で、後は画面上で集計の条件を変えられるようにします。**図2.16**は、商用BIツールである「Tableau Desktop」に付属のサンプルから対話的なダッシュボードを表示したところです。画面上で地域や商品カテゴリを絞り込むと、それに応じて詳細が表示されていることがわかります。

BIツールでは何を見たいかに応じて多数のダッシュボードを作りますが、そこに表示するデータは画面上で絞り込めるようにデザインします。同じようなグラフをいくつも作る必要はありません。最初に1つテーブルを用意し、その詳細を辿れる対話的なダッシュボードを提供する形となります。

1つのデータを多角的に分析する

対話的なダッシュボードを作るには、その元となるデータをすべて含んだ1つのテーブルを作成します。テーブルからは多数のダッシュボードを作ります。全体の数字を俯瞰できるものが少なくとも一つと、それを分解して主要な指標をまとめたものがいくつかあると良いでしょう（**図2.17**）。

図2.16 Tableau Desktopによる対話的なダッシュボード※

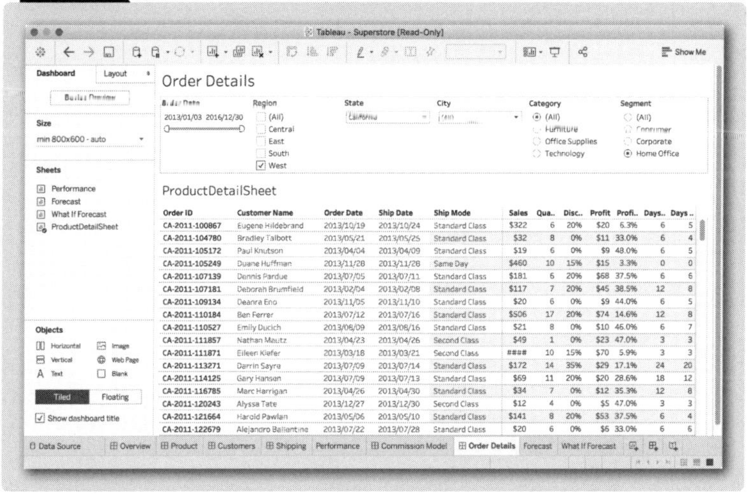

※Tableau Desktop 10.2、および付属のサンプルデータ

図2.17 1つのテーブルから多数のダッシュボードを作成する

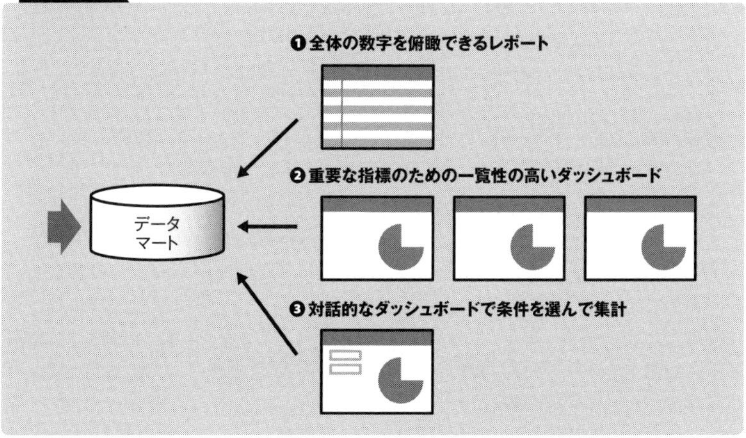

ダッシュボードの元となるテーブルを1つにまとめることで、大量のクエリ実行を繰り返す必要がなくなりバッチ処理の負荷が安定する。1回のバッチ処理ですべてのグラフが更新されるため、間違いも起こりにくくなる。

BIツールで可視化できる内容を増やそうとすると、データウェアハウスにすでにあるテーブルをそのまま使おうとしてもうまくいかず、バッチ処理によるデータマート作りが欠かせなくなってきます。知りたいことが増えるたびにデータマートにテーブルを作り、そこから派生して多数のダッシュボードが生まれるのがBIツールにおける可視化の流れです。

Column

可視化ツールの選択の指針　どれを使う?

可視化のためのソフトウェアやサービスには有償無償を問わず多くのものがあるため、何を選べば良いのか迷います。これから新しくシステムを導入しようという場合には最初に次の3つを試してみてはいかがでしょうか。

❶スプレッドシート　Googleスプレッドシートなど

オンラインのスプレッドシートとして、たとえばGoogleスプレッドシートなどが利用できます。スプレッドシートは導入が簡単で、ピボットテーブルを使ったクロス集計やグラフ作成も難しくありません。KPIモニタリングのように、多数の指標を定期的に更新するには表形式のレポートの方がわかりやすいときもあります。クラウドサービスであれば他のチームメンバーとも共有しやすく、APIなどでデータを自動更新することも可能です。

スプレッドシートの欠点は、大量のデータを扱えないことと、複雑なダッシュボードを作るのが難しいことでしょうか。そこに不都合を感じることさえなければ、スプレッドシートを中心とするレポート作成は最初の選択肢となります。

❷ダッシュボードツール　MetabaseやGoogleデータポータルなど

ダッシュボードツールとして、MetabaseのようにSQLを実行するタイプのものを導入します。これにはSQLの知識が必要ですが、逆にそれ以外の知識は必要ありません。BIツールのためにデータマートを設計するよりも、1つずつSQLを書いてグラフを作る方が良い、という人はとくにダッシュボードツールが向いています。

Googleデータポータルのようなクラウドサービスもダッシュボードに向いています。ダッシュボードは大勢が参照するものなので、OAuthなどでユーザー認証しやすいものを使うと運用が楽になります。

ダッシュボードツールはアドホックにデータを分析するよりは、どちらかと言うと継続的なモニタリングのために利用します。同じクエリを定期的に繰り返すことで現状を把握したいときに導入すると良いでしょう。

❸ノートブック　Jupyterなど

ノートブックを中心とするアドホック分析の環境としてJupyterを導入します。

これにはプログラミングの知識が必要ですが、基本的にはクエリの実行とクロス集計、そしてCSVファイルの読み書きくらいを覚えれば十分です。可視化のためにはExcelやBIツールを組み合わせるのが簡単です。

この方法のメリットは、手元のラップトップ1つで実行できるのでサーバーを用意する必要もなく、データを見ることそのものに集中しやすいことです。作業の過程を記録に残し、後から確認できることも重要です。

本格的なデータ分析チームであれば、「AI Platform Notebooks」[注a]のようなクラウドサービスを導入することで、データ分析環境をコンテナ化して他のメンバーと共有するという選択肢もあります。

あらゆる用途に適した万能のツールは残念ながらありません。まずは以上の3つの中から自分に合うものを見つけて、そこから発展させていくと良いのではないでしょうか。

なお、リアルタイム性が重視される場合には、Kibanaのようなリアルタイム処理を想定したダッシュボードツールが欠かせません。これには時系列データに適したデータストアが必要となるため、システム運用の負担は相対的に大きくなります。よほど特別な理由がない限りは、定期的なデータ処理から取り組むことをお勧めします。

BIツールは使う人を選ぶので、万人向けではありません。毎日データばかり見る人にとっては生産性を上げるツールとなり得ますが、それにはBIツールに固有の知識が不可欠であり、慣れないうちは思うようなダッシュボードを作れずにかえって苦労するかもしれません。最初は簡単なダッシュボードツールから始めてみて、それに不満を感じるようになってから覚えるのでも良いかもしれません。

注a URL https://cloud.google.com/ai-platform-notebooks

2.4 データマートの基本構造

BIツールで対話的にデータを見ようとすると、可視化に必要な情報だけを集めたデータマートが欠かせなくなってきます。本節ではデータマートの設計において基本となる考え方を整理します。

可視化に適したデータマートを作る OLAP

BIツールにおいて中心となる概念の一つに**OLAP**(*online analytical processing*)と呼ばれるしくみがあります[注8]。最近のBIツールはOLAPの概念を知らなくても使えるように工夫されているため、その存在を意識することはほとんどありませんが、データマートを構築するときにはいくらか予備知識があると助けになります。

多次元モデルとOLAPキューブ

OLAPはデータの集計を効率化するアプローチの一つです。一般に、業務システムにおけるRDBでは表形式にモデル化されたデータをSQLで集計します。一方、OLAPでは「多次元モデル」(後述)のデータ構造を**MDX**(*multidimensional expressions*)などのクエリ言語で集計します。データ分析のために作られた多次元データを**OLAPキューブ**(*OLAP cube*)と呼び、それをクロス集計するしくみがOLAPです(**図2.18**)。

図2.18 多次元モデルにおけるクロス集計

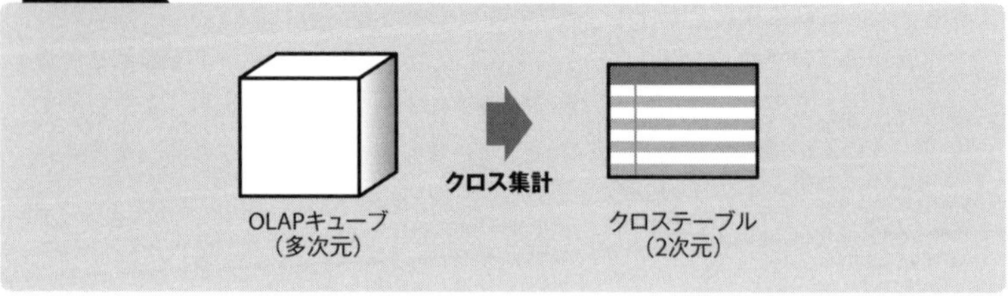

コンピュータの性能がまだそれほど高くなかった頃、データの集計には長い時間が掛かったため、OLAPを高速化するには工夫が必要でした。たとえば、クロス集計のあらゆる組み合わせを事前に計算してデータベース内にキャッシュしておき、クエリが実行されると集計済みの結果を返す、といったしくみが用意されていました。

BIツールは元々OLAPのしくみを使ってデータを集計するためのソフト

注8 URL https://en.wikipedia.org/wiki/Online_analytical_processing

ウェアです。したがって、データマートも以前はOLAPキューブとして作成されていました。

MPPデータベースと非正規化テーブル

しかし、近年ではMPPデータベースやインメモリデータベースなどの普及によって、事前に計算を済ませる必要はなくなってきています。そのため、OLAPキューブのために特別なしくみを用意するのではなく、BIツールとMPPデータベースを組み合わせてクロス集計することが増えています。

BIツールで思ったとおりのグラフを作るには、すでにあるテーブルをそのまま可視化しようとするのではなく、作りたいグラフに合わせて「多次元モデル」を設計します。ただし、MPPデータベースに多次元モデルの概念はないので、それに代わる「非正規化テーブル」(後述)を用意します。そうして作成した非正規化テーブルをBIツールから開くことで、従来からのOLAPと同等の可視化を実現できるようになります。

「可視化に適したデータマートを作る」とは、このように「BIツールのための非正規化テーブルを作る」というプロセスです。以下では、このプロセスをもう少し具体的に説明します。

テーブルを非正規化する

データベースの設計では、しばしばテーブルを「マスタ」や「トランザクション」に区別します。時間と共に生成されるデータを記録したのが**トランザクション**(*transaction*)で、トランザクションから参照される各種の情報が**マスタ**(*master*)です。トランザクションは一度記録したら変化しないのに対して、マスタの方は状況に応じて書き換えられます。

ここでは例として、**図2.19**のようなテーブルの関係を考えます。「販売履歴」のみがトランザクションで、他はすべてマスタとして扱います。これはRDBでは一般的な**リレーショナルモデル**(*relational model*)です。テーブルを分解するために**正規化**(*normalization*)の概念を学んだ人も多いでしょう。

図2.19 リレーショナルモデルによるテーブル設計

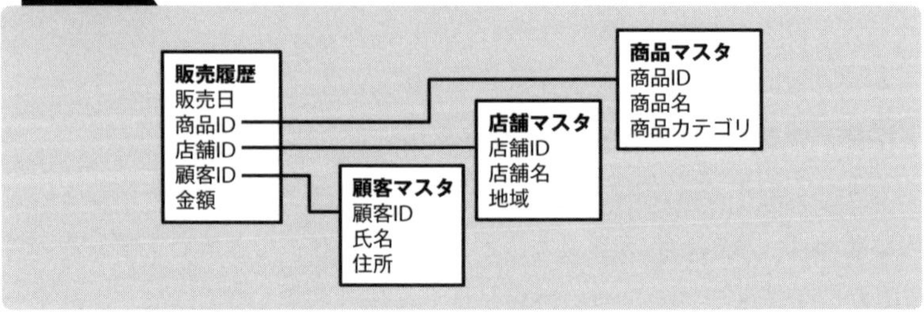

データ分析の場面では、このように正規化されたリレーショナルモデルから出発して、それとは逆のことを行います。

ファクトテーブルとディメンションテーブル

データウェアハウスの世界では、トランザクションのように事実が記録されたものを**ファクトテーブル**(*fact table*)、そこから参照されるマスタデータなどを**ディメンションテーブル**(*dimension table*)と呼びます。集計の元になる数値データ、たとえば販売額などはおもにファクトテーブルに記録され、ディメンションテーブルはおもにデータを分類するための属性値として利用されます。

スタースキーマと非正規化　ファクトテーブルを中心に複数のディメンションテーブルを結合

データマートを作成するときには、**図2.20❷**のようにファクトテーブルを中心として複数のディメンションテーブルを結合するのが良いとされます。

図2.20 データマートのスキーマ

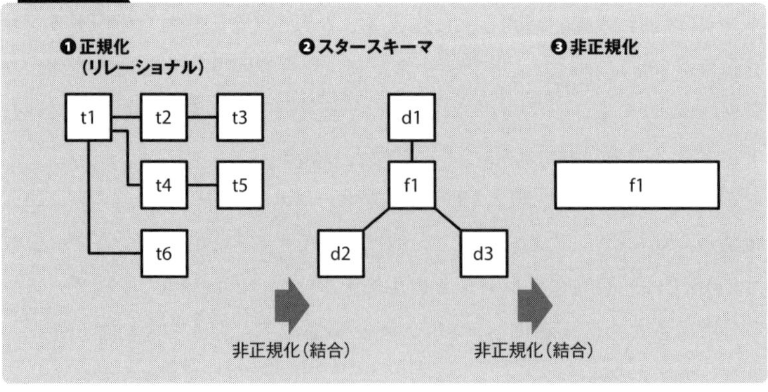

図にすると星型になるので、これを**スタースキーマ**(*star schema*)と呼びます。

ディメンションテーブルを作成するには、正規化によって分解されているテーブルをなるべく結合して1つのテーブルにまとめます。その結果としてデータが冗長になってもかまいません。正規化とは逆のことを行うので、これを**非正規化**(*denormalization*)と呼びます。

データマートでスタースキーマが用いられるのには二つの理由があります。一つは単純であるため理解しやすく、データ分析が簡単になることです。**リスト2.1**は、スタースキーマのテーブルをSQLで結合するクエリです。クエリの書き方が決まっているのでSQLを自動生成しやすく、BIツールはスタースキーマのテーブルに対して効率良くクエリを発行できるようにデザインされています。

リスト2.1 スタースキーマにおけるテーブル結合

```
SELECT ...
FROM 販売履歴
LEFT JOIN 商品 ON 商品.商品ID = 販売履歴.商品ID
LEFT JOIN 店舗 ON 店舗.店舗ID = 販売履歴.店舗ID
;
  売上日    | 商品ID | 店舗ID |  金額 | 商品名 | 商品カテゴリ | 店舗名
-----------+--------+--------+-------+--------+--------------+--------
2021-01-01 |    101 |     11 | 57500 | 商品A  | 食料品       | 店舗A
2021-01-01 |    102 |     11 |  2400 | 商品B  | 電化製品     | 店舗A
...
```

もう一つは性能上の理由です。データ量が増えるにつれて、ファクトテーブルはディメンションテーブルよりも遙かに大きくなり、そのデータ量が集計の時間を左右します。ファクトテーブルがメモリ量を超えた時点でディスクI/Oが発生し、その待ち時間がクエリの遅延となります。そのためファクトテーブルをなるべく小さくすることが高速化のために重要となり、ファクトテーブルにはIDのようなキーだけを残して、それ以外はディメンションテーブルに追い出してきたわけです。

非正規化テーブル データマートに正規化は必要ない

以上の話は、以前であれば納得いくものでしたが、MPPデータベースのような列指向ストレージを持つシステムが普及したことで事情が変わりました。列指向ストレージではカラム単位でデータが保存されるため、カラムの数がいくら増えても性能には影響しません。それなら最初からファクトテーブルにすべてのカラムを含めてしまって、クエリの実行時にはテーブルの結合などしない方が簡単です。

加えて、列指向ストレージにはカラム単位でのデータ圧縮があります。文字列をそのまま格納したとしても十分に小さく圧縮されるので、ディスクI/Oの増大は抑えられます。かくしてデータをディメンションテーブルに追い出す理由はほとんどなくなり、「1つの巨大なファクトテーブル」さえあれば十分だという話になります注9。

データマートにスタースキーマが用いられたのは過去の話であり、少なくとも性能上の問題は列指向ストレージによって解決されます。図2.20❸のように、スタースキーマからさらに非正規化を進めて、すべてのテーブルを結合したファクトテーブルを**非正規化テーブル**（*denormalized table*）と呼びます。多くの場合、データマートは非正規化テーブルにするのが最も単純であり、そして十分に効率的な方法です。

列指向でないデータベースを使う場合には、非正規化テーブルはデータ量が増大するので好ましくありませんが、それでも数百万レコード程度のスモールデータなら問題になることはないでしょう。もしメモリを大幅に上回るデータ量になるなら、列指向ストレージを使うべきです。したがって、「データマートは非正規化テーブルとして作る」ことを本書では想定します注10。

Tip データウェアハウスとスタースキーマ

データマートではなく、「データウェアハウスのテーブル構造」としてはスタースキーマは優れています。データを蓄える段階ではファクトテーブルとディメンションテーブルとに分離しておいて、それを分析する（データマートを作る）段階になってから結合して非正規化テーブルを作ります。

注9 「Using the right data model in a data mart」
URL https://www.slideshare.net/datamgmt/using-the-right-data-model-in-a-data-mart

注10 スタースキーマにした方が良い場合もあります。多数のファクトテーブルから共通して参照されるテーブルがある場合などはスタースキーマで良いでしょう。

多次元モデル 可視化に備えてテーブルを抽象化する

非正規化テーブルを用意したら、それを**多次元モデル**(*multidimensional model*)によって抽象化します。これはBIツールの基本となるデータモデルで、テーブルとカラムの集合をわかりやすく整理して名前を付けたものです。

多次元モデルではカラムを**ディメンション**(*dimension*)と**メジャー**(*measure*)とに分類します。数値データとその集計方法を定義したのがメジャーであり、クロス集計における行や列に用いるのがディメンションです(**図2.21**)。

図2.21 多次元モデルにおけるテーブルとクエリの関係

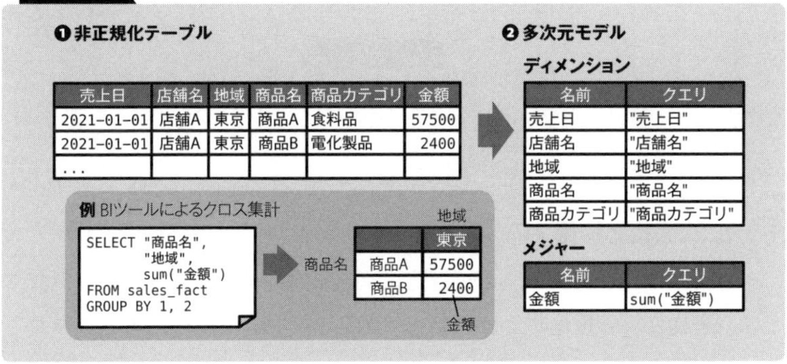

ディメンションはおもに日付や文字列の値となり、クロス集計における行や列として利用される。メジャーはおもに数値となり、sum()やmax()などの集約関数と組み合わせて利用される。多次元モデルによるデータの集計では、ディメンションとメジャーを使ってSQLのクエリが自動生成される。

図2.22は、Googleデータポータルでディメンションやメジャーがどのように扱われるかを示しています。Googleデータポータルではメジャーのことを**指標**(*metrics*)と呼びます。ディメンションを行や列に指定すると、それらの組み合わせに対して指標が計算されます。ここでは「金額」の合計(SUM)を計算しています。

多次元モデルにおけるディメンションとは、「2次元」などの言葉で用いられる**次元**(*dimension*)のことです。元となるデータを多数のディメンションから成る多次元空間であると考えると、それを行と列から成る2次元の表へと写像するのがクロス集計です。言葉で説明すると難しいですが、基本となる考え方はピボットテーブルと変わりありません。

図2.22 Googleデータポータルにおけるディメンションとメジャー

モデルの定義を拡張する

BIツールを用いたデータの可視化は、典型的には次のような手順になります。最初に、可視化したいメジャーとディメンションを決めます。たとえば、毎月の商品の売上を知りたければ、「金額」がメジャーであり、「売上日」や「商品名」がディメンションとなります。

データマートに非正規化テーブルを作り、それをBIツールで可視化します。グラフを見ているうちに、商品をグループ分けして集計したくなったとしましょう。そのときは非正規化テーブルに新しいカラムを追加し、そこに商品グループを書き込みます。これで新しいディメンションが追加されるので、それを使って新しいグラフを作ります。

このように多次元モデルの定義は、後から拡張することが可能です。データ分析のニーズに応じて、非正規化テーブルには多数のカラムが追加され、そこから多数のグラフが生成されるようになります。

こうして作られる非正規化テーブルを集めたものが、BIツールのためのデータマートです。一度グラフを作ってしまえば、後は非正規化テーブルを更新するだけで、それを参照するすべてのグラフが更新されます。ワークフロー管理ツールなどを利用して、データマートを定期的に自動更新することで、日々のデータの動きを確認できるようになります。

Column

ブレイクダウン分析

BIツールでデータを見るときに、ある数字がどこから来ているのか、その内訳を把握したいときがよくあります。複雑なデータを分析しやすくするには、データをいくつかのグループ(あるいはカテゴリ、クラスタなど)に振り分けて、それぞれのグループごとに内容を整理するのが効果的です。これを**ブレイクダウン分析**(*breakdown analysis*)と呼びます。

ブレイクダウン分析では、データを振り分けるために専用のディメンションをファクトテーブルに追加して、そこにグループ名を書き込みます。たとえば、**図C2.4**では「属性1」をグループ名、「属性2」をサブグループ名として、グループごとに個別のダッシュボードを作成しています。

具体的には、ダッシュボードを作るときにフィルタリングの条件として「属性1='A'」のような式を指定することで、そのグループに属するレコードだけが確実にダッシュボードの集計に含まれるようにします。そうすると、各レコードは必ずどこか一つのグループに属することになるため、すべてのレコードを漏れなく一つのダッシュボードに振り分けられます。

図C2.4 ファクトテーブルをブレイクダウンして分析する

	・・・	属性1	属性2
		A	a1
		B	b1
		C	c1
		A	a2
		A	a1
		C	c1
		B	b1
		C	c2
		C	c3

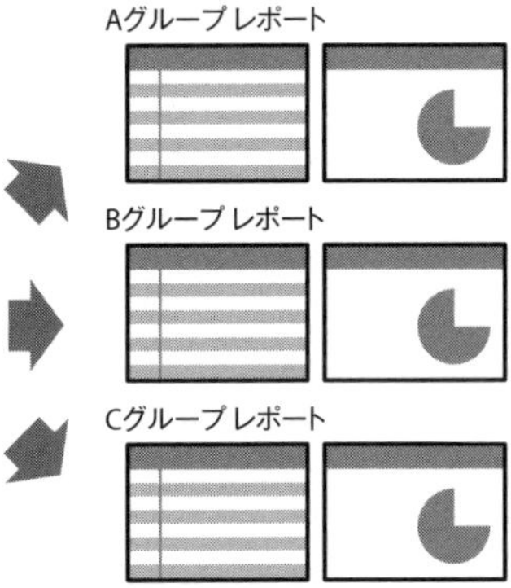

2.5 まとめ

本章ではビッグデータを**探索**するための基礎知識として、**可視化**のシステムを中心に説明しました。とりわけ**ピボットテーブル**を使った**クロス集計**の考え方は、データを探索的に見ていく上で基本となる概念なので、実際に手を動かしながら感覚として理解することをお勧めします。

対話的にデータを可視化し、その詳細を知るためには**秒単位での高速な集計**が求められます。データ量が十分に少ないうちは、すべてのデータをBIツールに取り込むことも可能ですが、メモリに載り切らないほどの大量のデータを扱うには**列指向ストレージ**が必要です。**MPPデータベース**を利用すると、クエリの並列化による高速化が実現できます。

可視化に利用されるツールとしては、おもに**アドホック分析**で用いる**ノートブック**や、**継続的なモニタリング**に使われる**ダッシュボード**、あるいは**対話的にデータを可視化**するための**BIツール**などがあります。BIツールを使う場合には、見たいデータを1ヵ所に集めて**データマート**を構築します。

データマートを作るときには、トランザクションのように事実が記録された**ファクトテーブル**に、マスタデータなどの**ディメンションテーブル**をすべて結合した**非正規化テーブル**を作成します。テーブルの内容がメモリに載るくらい小さければ**RDB**をデータマートとして使えますが、そうでなければ**MPPデータベース**などを利用して、**列指向**でデータが格納されるようにした方が良いでしょう。

BIツールで非正規化テーブルを開くことで、伝統的な**OLAP**によるデータの集計と同じように**多次元モデル**を用いたデータ分析が可能となります。多次元モデルではデータを**メジャー**と**ディメンション**に振り分けて定義することで、ピボットテーブルと同様のクロス集計を大量のデータに対して実行できるようになります。

以上で可視化の準備が整ったので、次章からはデータレイクを中心とするビッグデータの技術を用いて、データマートを作る手順を見ていきます。

Column

Amazon RedshiftとGoogle BigQueryの違い

データウェアハウスのためのクラウドサービスとして比較されることの多いAmazon RedshiftとGoogle BigQueryですが、両者の内部的なしくみはまったく異なります。中でも最大の違いは、Redshiftが**専有リソース**(*dedicated resource*)であるの対して、BigQueryは**共有リソース**(*shared resource*)であるところでしょうか(**図C2.5**)。

図C2.5　❶Redshiftと❷BigQueryの相違点

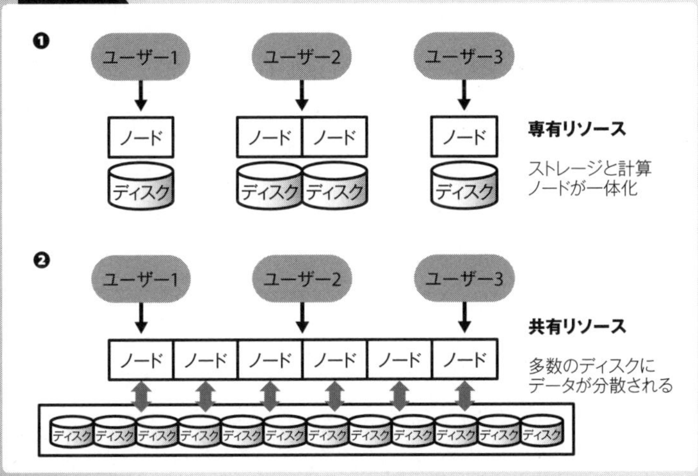

❶Redshiftは伝統的なMPPデータベースの流れを汲んでおり、ストレージと計算ノードが一体化された環境で効率良くクエリが実行されるようになっています。リソースは専有されており、他のユーザーに利用されることはないので性能的に安定します。ノード数を増やすとストレージ容量と計算能力がどちらも増加し、データ量に対して一定の性能が維持されます[注a]。

一方、❷BigQueryはその設計思想として、数千台ものハードディスクにデータを分散することで高速化を実現します[注b]。それを一社で専有するには多過ぎるので、必然的に共有型のシステムとなります。結果として、自分でノードを管理する必要のないフルマネージド型のサービスとなっています。

注a　「Amazon Redshift Clusters」
URL https://docs.aws.amazon.com/redshift/latest/mgmt/working-with-clusters.html

注b　「BigQuery under the hood」
URL https://cloud.google.com/blog/products/gcp/bigquery-under-the-hood

第3章 ビッグデータの分散処理

本章では分散システムの代表的なフレームワークである「Hadoop」と「Spark」を用いたデータ処理について説明します。

3.1節では、「構造化データ」と「非構造化データ」の違いを取り上げた上で、Hadoopで構造化データを作って集計するまでの流れを説明します。また、HadoopとSparkの違いについても説明します。

3.2節では、Hadoop上で構造化データを集計するための「クエリエンジン」について説明します。とりわけバッチ型のクエリエンジンである「Hive」と、対話型クエリエンジンである「Presto」とを比較し、それらの使い分けについても説明します。

3.3節では、データウェアハウスやデータマートを構成する各種のテーブルについて説明します。SQLの集約関数を使ってレコード数を削減した「サマリーテーブル」、マスタ情報を定期的にコピーした「スナップショットテーブル」などの役割を取り上げ、それらを結合して非正規化テーブルを作るまでの流れを説明します。

図3.A 分散ストレージからデータマートまで

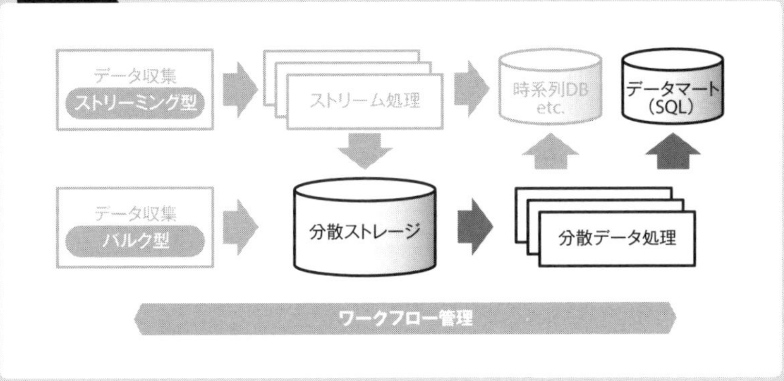

3.1 大規模分散処理のフレームワーク

多数のコンピュータでデータ処理を分散するためには、その実行を管理するためのフレームワークが欠かせません。本節ではHadoopとSparkを中心とする分散システムのしくみを見ていきます。

構造化データと非構造化データ

SQLでデータを集計する場合、最初にテーブルのカラム名やデータ型、テーブル間の関係などを**スキーマ**(*schema*)として定めます。スキーマが明確に定義されたデータを**構造化データ**(*structured data*)と呼びます。従来のデータウェアハウスでは、データは常に構造化データとして蓄積することが普通でした。

一方、ビッグデータは構造化データであるとは限らず、自然言語で書かれたテキストデータや、画像や動画などのメディアデータも含まれます。そのようなスキーマを持たないデータは**非構造化データ**(*unstructured data*)と呼ばれ、そのままではSQLでうまく集計することができません(**図3.1**)。

図3.1 構造化データ、非構造化データ、スキーマレス(半構造化)データ

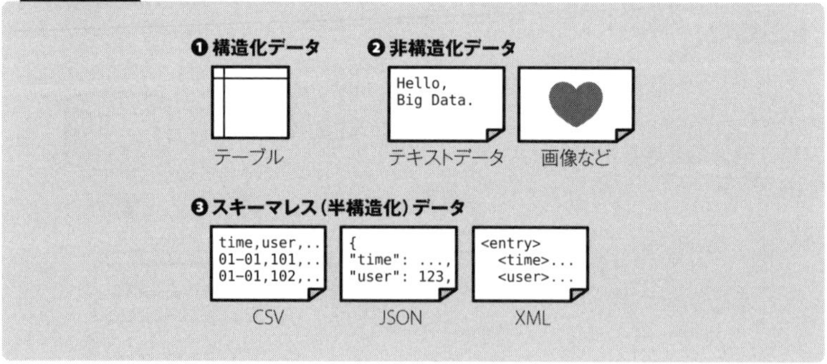

非構造化データを分散ストレージなどに格納し、それを分散システムで加工しようというのがデータレイクの考え方です。データを加工する過程でスキーマを定義し、構造化データへと変換することで他のデータと同じように分析できるようになります。

スキーマレスデータ　基本書式はある、スキーマは定めない

CSVやJSON、XMLなどのデータは、書式こそ決まっているもののカラムの数や型などが明確ではなく、**スキーマレスデータ**（*schemaless data*）と呼ばれます[注1]。NoSQLデータベースのいくつかはスキーマレスデータに対応しており、データレイクでは大量に蓄えられたスキーマレスデータを効率良く処理することも求められます。

近年ではインターネット経由でやり取りするデータを中心として、JSON形式を用いることが特に多くなってきています。新しいデータをダウンロードするたびにスキーマを定めていたのでは手間が掛かるため、JSONはJSONのまま保存して、そこからデータ分析に必要なフィールドだけを抽出する方が簡単です。元データさえそのまま保存できていれば、最初からすべてのフィールドを取り出さずとも、後からいくらでも追加の情報を引き出せます。

データ構造化のパイプライン　テーブル形式にして列指向ストレージに長期保存

そこで**図3.2**のようなデータパイプラインを考えます。各データソースから集めた非構造化データ、あるいはスキーマレスデータは、最初に分散ストレージへと格納されます。これにはWebサーバーのログファイルや、業務用のデータベースから取り出したマスタデータなどが含まれます。

注1　厳密には、JSONやXMLなどのフォーマットは「半構造化データ」（*semi-structured data*）と呼ばれます。半構造化データに対して明示的にスキーマを定めることは可能であり、すべてのJSONデータやXMLデータがスキーマレスというわけではありません。しかし、本書では特に区別することは考えずに、すべてをスキーマレスデータとして扱います。

図3.2 データ構造化のパイプライン

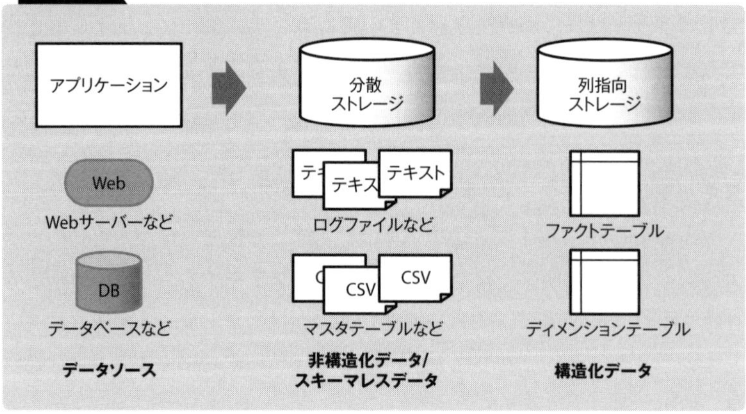

分散ストレージに集められたデータは、明確なスキーマを持たないものも多いため、そのままではSQLで集計することができません。そのため最初に必要となるのは、スキーマを明確にしたテーブル形式の「構造化データ」へと変換することです。

構造化データは通常、データの圧縮率を高めるために列指向ストレージとして保存します。つまり、第2章で見たように、MPPデータベースへと転送するか、あるいはHadoop上で列指向のストレージ形式に変換します。本書では特に断りのない限り、構造化データは常に列指向ストレージとして保存するものとします。

構造化データのうち、時間と共に増加するデータをファクトテーブル、それに付随するデータをディメンションテーブルとして扱います。この段階ではテーブルの結合は行いません。データマートについて考えるのはもう少し先の話です。ここではまずデータを構造化し、SQLで集計可能なテーブルを作ることだけを考えます。

列指向ストレージの作成　分散ストレージ上に作成して効率良くデータ集計

MPPデータベースでは、製品によってストレージの形式が固定されており、利用者がその詳細を知らなくても済むようになっていますが、Hadoop

では利用者が自分で列指向ストレージの形式を選択し、そして自分の好きなクエリエンジンからそれを集計できます。

Hadoopで使える列指向ストレージにはいくつかの種類があり、それぞれ特徴が異なります。「Apache ORC」[注2]は構造化データのための列指向ストレージで、最初にスキーマを定めてからデータを格納します。一方、「Apache Parquet」[注3]はスキーマレスに近いデータ構造となっており、JSONのような入り組んだデータであってもそのまま格納することが可能です。第7章では、Apache Parquetによるストレージ形式(Parquet形式)を列指向ストレージとして利用します。

非構造化データを読み込んで列指向ストレージに変換する過程では、データの加工や圧縮のために多くの計算リソースが消費されます。そこで利用されるのがHadoopやSparkなどの分散処理のフレームワークです。

Hadoop 分散データ処理の共通プラットフォーム

今ではビッグデータを代表するシステムとして知られるようになったHadoopですが、歴史的にはオープンソースのWebクローラーである「Nutch」[注4]のための分散ファイルシステムとして、2003年頃から開発が始まっています。その後、2006年には単体のプロジェクトとして独立し、Apache Hadoopとしてリリースされました(**表3.1**)。

Hadoopは単体のソフトウェアではなく、分散システムを構成する多数のソフトウェアからなる集合体です(**図3.3**)。2013年にリリースされたHadoop 2からは、YARN(後述)と呼ばれる新しいリソースマネージャの上で複数の分散アプリケーションが動作する構成となっており、大規模な分散システムを構築するための共通プラットフォームとしての役割を担うようになりました。

注2 URL https://orc.apache.org
注3 URL https://parquet.apache.org
注4 URL https://nutch.apache.org

表3.1 Hadoopとその周辺プロジェクトの歴史(2016年まで)

時期	イベント
2003年	Nutchプロジェクト発足
2004年	Google MapReduce論文
2006年	Apache Hadoopプロジェクト発足
2011年	Apache Hadoop 1.0.0リリース
2013年	Apache Hadoop 2.2.0リリース(YARN対応)
2014年	Apache Spark 1.0.0リリース
2016年	Apache Flink 1.0.0リリース
2016年	Apache Mesos 1.0.0リリース

図3.3 ビッグデータ関連のApacheプロジェクト(一部)

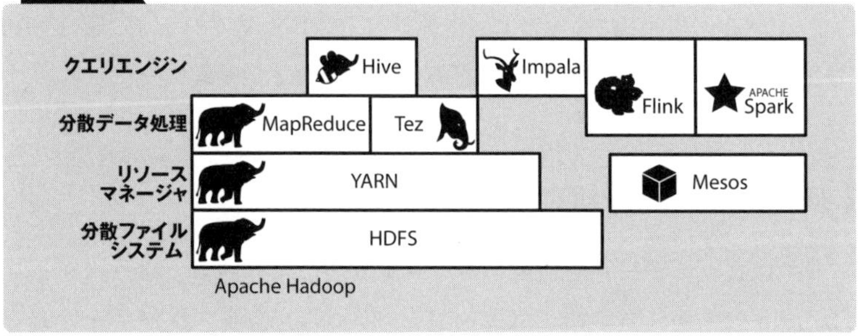

分散システムのコンポーネント HDFS、YARN、MapReduce

Hadoopの基本となるコンポーネントは、**分散ファイルシステム**(*distributed file system*)である「HDFS」(*Hadoop Distributed File System*)、**リソースマネージャ**(*resource manager*)である「YARN」(*Yet Another Resource Negotiator*)、そして**分散データ処理**(*distributed data processing*)の基盤である「MapReduce」の3つです。それ以外のプロジェクトはHadoop本体とは独立して開発されており、Hadoopを利用する分散アプリケーションとして動作します。

すべての分散システムがHadoopに依存しているわけではなく、Hadoopを一部だけ利用する、あるいはまったく利用しない構成もあります。たとえば、分散ファイルシステムとしては「HDFS」を使いながら、リソースマネージャには「Mesos」、分散データ処理には「Spark」を使うといった構成も可能です。このように、多様なソフトウェアの中から自分に合ったものを選択し、それらを組み合わせることでシステムを組み上げるのがHadoopを中心とするデータ処理の特徴です。

分散ファイルシステムとリソースマネージャ HDFS、YARN

Hadoopで処理されるデータの多くは、分散ファイルシステムであるHDFSに格納されます。これはネットワーク接続されたファイルサーバーのような存在ですが、多数のコンピュータにファイルをコピーすることで冗長性を高めるという特徴があります。

一方、CPUやメモリなどの計算リソースはリソースマネージャであるYARNによって管理されます（**図3.4**）。YARNはアプリケーションが使用するCPUコアやメモリを**コンテナ**（*container*）と呼ばれる単位で管理します。Hadoopで分散アプリケーションを実行すると、YARNがクラスタ全体の負荷を見て空きのあるホストからコンテナが割り当てられます。

図3.4 Hadoopにおけるリソース管理

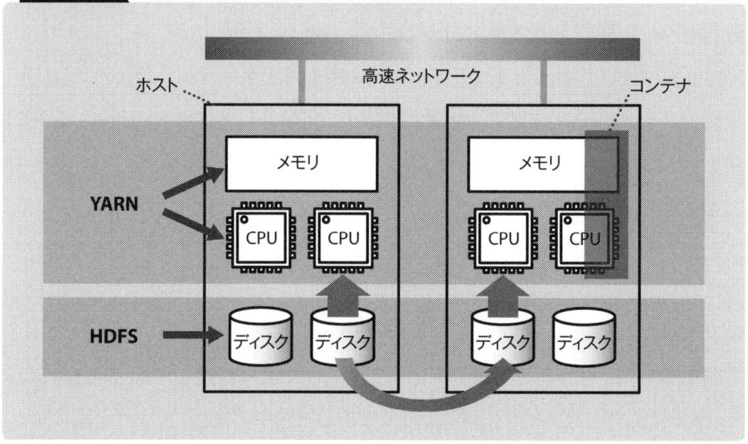

HDFSは分散システムにおけるストレージを管理し、データが常に複数のコンピュータにコピーされるようにする。YARNはCPUやメモリを管理し、リソースに空きのあるコンピュータでプログラムを実行する。両者は連携して動くようになっており、分散アプリケーションをなるべくデータの近くのノードで実行することもできる。

分散システムは多くの計算リソースを消費しますが、ホストの数によって使えるリソースの上限が決まります。限られたリソースで多数の分散アプリケーションが同時実行されるので、アプリケーション間でリソースの取り合いになります。リソースマネージャは、どのアプリケーションにどれだけのリソースを割り当てるかを管理することで、すべてのアプリケーションが滞りなく実行されるように制御します。

リソースマネージャを用いると、アプリケーションごとに実行の優先順位を決められます。それほど重要でないバッチ処理には低い優先順位を与えることで、他に誰もリソースを使わないときにだけ実行されるようになります。そうして優先されるタスクから順に実行することで、限られたリソースを無駄なく活用しながらデータ処理を進めることが可能となります。

Tip YARNコンテナ

コンテナと言うと仮想化技術Dockerを思い浮かべる人もいるかもしれません。YARNにおけるコンテナは、Dockerコンテナのようにすべてのリソースを仮想化して隔離するものとは違って、CPUやメモリなどの使用量のみを制限します。

分散データ処理とクエリエンジン MapReduce、Hive

MapReduceもYARN上で動作する分散アプリケーションの一つであり、分散システムでデータ処理を実行するのに利用されます。MapReduceでは任意のJavaプログラムを走らせることができるため、非構造化データを加工するのに適しています。

一方、SQLなどのクエリ言語によるデータ集計が目的であれば、そのために設計されたクエリエンジンを利用します。「Apache Hive」[注5]はそのようなクエリエンジンの一つで、クエリを自動的にMapReduceプログラムへと変換するソフトウェアとして開発されました。初期のHiveの実行特性はMapReduceに依存しており、これは利点であると共に欠点ともなりました。

MapReduceは元々大量のデータをバッチ処理するためのシステムです。一度実行すると、分散ファイルシステムから大量のデータを読み込めますが、その一方で小さなプログラムを実行するにはオーバーヘッドが大き過

注5 URL https://hive.apache.org

ぎて、数秒で終わるようなクエリの実行には向いていません。その性質を引き継いだHiveも同様であり、時間の掛かるバッチ処理には適していましたが、アドホックなクエリを何度も実行するのには不都合でした(**図3.5**)。

図3.5 Hive on MRの実行過程

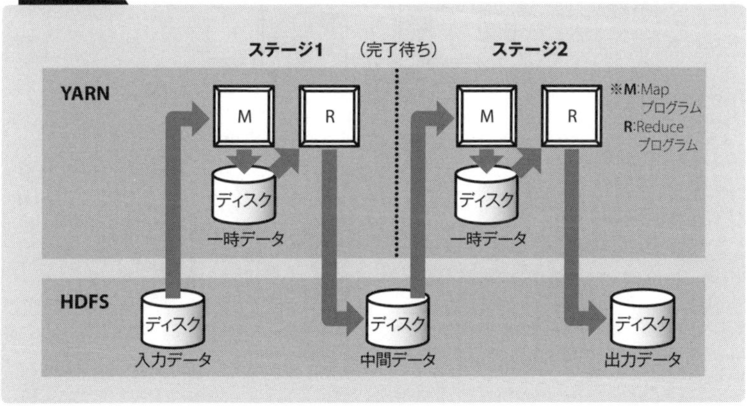

MapReduceではデータ処理のステージが変わるときに待ち時間があり、複雑なクエリでは待ち時間ばかりが増加してしまう。

Hive on Tez

Hiveを高速化するための取り組みの一つとして開発されているのが「Apache Tez」[注6]です。Tezは従来のMapReduceを置き換えることを目的としたプロジェクトであり、MapReduceにあったいくつかの欠点を解消することで高速化を実現しています。

たとえば、MapReduceのプログラムでは、1回のMapReduceステージが終わるまでは次の処理に進むことができませんでした。Tezではステージの終わりを待つことなく、処理の終わったデータを次々と後続の処理へと受け渡すことで、クエリ全体としての実行時間を短縮します(**図3.6**)。

現在のHiveはMapReduceだけでなく、Tezを使っても動作するように書き換えられており、「Hive on Tez」と呼ばれます。これに対して、古いHive

注6 URL https://tez.apache.org

は「Hive on MR」と呼んで区別されます。

図3.6 Hive on Tezの実行過程

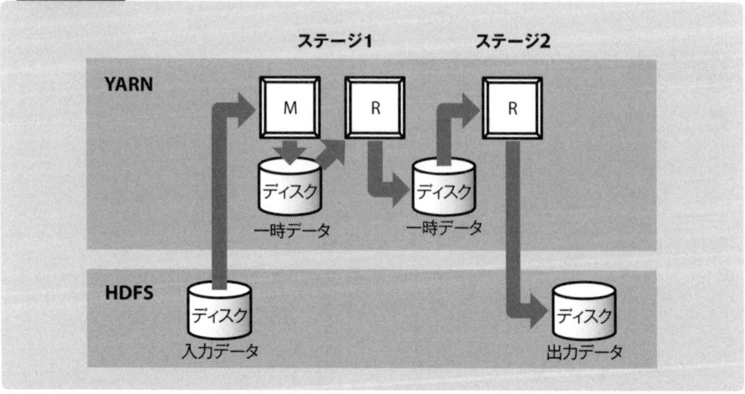

Tezでは不必要なステップが削減されて処理が短くなるのと同時に、ステージ間の待ち時間がなくなり、処理全体が同時実行されることで実行時間が短縮される。

Tip Hive on MR3 on Kubernetes

Hadoopを使わずにKubernetes上でHiveを実行するための「Hive on MR3 on Kubernetes」も開発されており、2020年にリリースされました。

対話型クエリエンジン　ImpalaやPresto

Hiveを高速化するのではなく、最初から対話型のクエリ実行だけに特化したクエリエンジンも開発されており、「Apache Impala」[注7]と「Presto」[注8]の2つが代表的です。

MapReduceやTezは長時間のバッチ処理を想定して、限りあるリソースを有効活用するように設計されています。一方、対話型クエリエンジンでは、瞬間最大速度を上げるためにあらゆるオーバーヘッドが排除されており、使えるリソースを最大限に活用してクエリを実行します(**図3.7**)。そ

注7　URL https://impala.apache.org
注8　URL https://prestodb.io

の結果、対話型クエリエンジンはMPPデータベースと比べても遜色のない応答時間を実現しています。

図3.7 PrestoやImpalaの実行過程

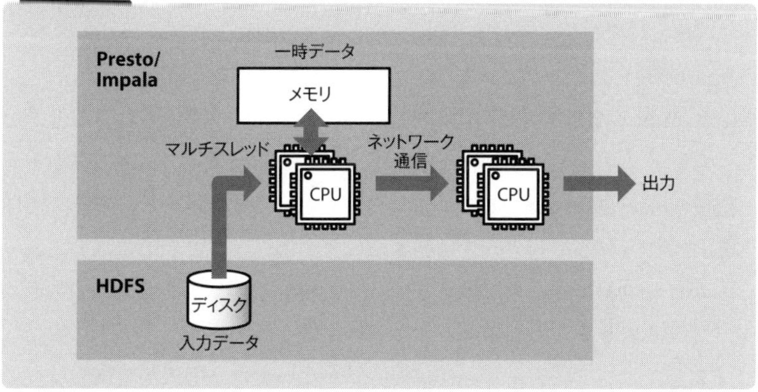

PrestoやImpalaはYARNのような汎用的なリソースマネージャは使わずに、SQLの実行だけに特化した独自の分散処理を実装している。MPPデータベースと同じように、マルチコアを活用しながら可能な限りのデータ処理を並列化することで高速化を実現する。

Hadoopではこのように、性質の異なるクエリエンジンを目的によって使い分けます。大量の非構造化データを加工するような重いバッチ処理では、スループットが高くてリソースを有効活用できるHiveを利用します。一方、そうして完成した構造化データを対話的に集計したいときには、遅延の小さいImpalaやPrestoなどが適しています。

Hadoopでは多数のクエリエンジンが開発されており[注9]、それらは総称して「SQL-on-Hadoop」と呼ばれます。SQL-on-Hadoopは、どれもまだMPPデータベースほどの長い歴史があるわけではなく、機能的に追いついていない点もありますが、分散ストレージに格納されたデータをすぐに集計できる点で優れています。

注9 Apacheプロジェクトに登録されているオープンソースソフトウェアだけでも、本書で取り上げている「Apache Hive」「Apache Impala」「Spark SQL」の他、「Apache Drill」「Apache HAWQ」「Apache Kylin」「Apache Phoenix」「Apache Tajo」などのプロジェクトがあります。

Spark インメモリ型の高速なデータ処理

「Apache Spark」注10も、MapReduceよりも効率の良いデータ処理を実現するプロジェクトとして開発が進められています。Hadoopの延長線上にあるTezとは異なり、SparkはHadoopとは別の独立したプロジェクトです。

Sparkの特徴は大量のメモリを活用して高速化を実現することです。MapReduceが開発された時代には、処理すべきデータ量から比べると遙かに少ないメモリしか使えなかったため、MapReduceはその処理の大半をディスクの読み書きに費やしていました。これはTezも同様で、データ処理の過程で作られる中間データは基本的にディスクへと書き出されます。

しかし、コンピュータで扱えるメモリの量が増えてくると、何でもディスクで読み書きするのではなく、なるべく多くのデータをメモリに載せたままにしておいて、ディスクには何も書かないという選択が現実的なものになります。その場合、コンピュータが異常停止すると途中まで処理した中間データは消えてしまいますが、そのときには処理をやり直して、失われた中間データをまた作れば良いというのがSparkの考え方です(**図3.8**)。

MapReduceを置き換える Sparkの位置付け

SparkはHadoopを置き換えるものではなく、MapReduceを置き換える存在です。たとえば、分散ファイルシステムであるHDFSや、リソースマネージャであるYARNなどは、Sparkからでもそのまま利用できます。Hadoopを利用しない構成も可能であり、分散ストレージとしてAmazon S3を利用したり、あるいは分散データベースであるCassandraからデータを読み込んだりするようなことも可能です。

Sparkの実行にはJavaランタイムが必要ですが、Spark上で実行されるデータ処理にはスクリプト言語が使えることも魅力です。標準でJava、Scala、Python、そしてR言語に対応しており、ドキュメントも充実しているため導入しやすくなっています。

注10 URL https://spark.apache.org

図3.8 Sparkの実行過程

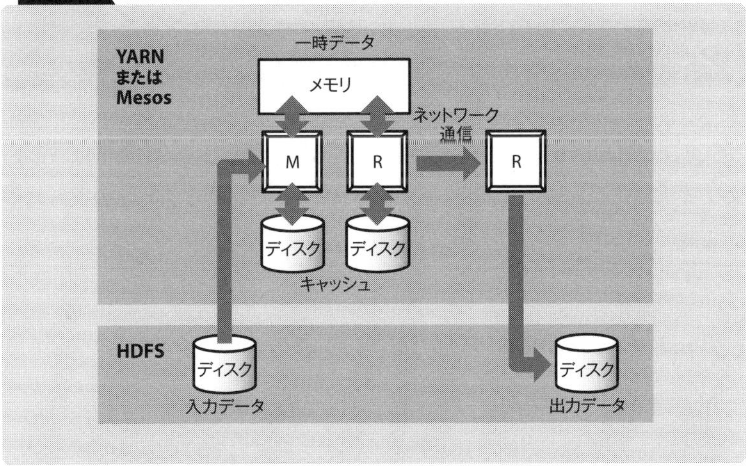

Sparkでは中間データをディスクに書くことなくメモリ上に保ち続ける。そのためプログラムの実行中は大量のメモリが必要となるが実行時間は短縮される。障害などでメモリ上の中間データが失われると、もう一度入力データにまで遡って処理がやり直される。中間データは意図的にディスク上にキャッシュすることも可能である。

Sparkでは、SQLでクエリを実行するための「Spark SQL」や、ストリーム処理を実行するための「Spark Streaming」といった機能が最初から組み込まれています。そのため大規模なバッチ処理だけでなく、SQLによる対話的なクエリ実行や、リアルタイムのストリーム処理にまで広く利用されています。

Note

Sparkの実行例については、以下の章で詳しく取り上げます。

- **第7章 ➡ノートブックとアドホック分析**

3.2 クエリエンジン

SQL-on-Hadoopによるデータ処理の具体的な例として、本節では「Hive」による構造化データの作成と、「Presto」による対話的なクエリの実行について説明します。

データマート構築のパイプライン

Hadoopによる構造化データの作成と、それを用いたクエリの実行がどのようなものであるのかを知るために、ここからは実際にクエリエンジンを用いてデータマートを作るまでの流れを見ていきます。一つの例として、**図3.9**のようにHiveとPrestoを組み合わせたデータパイプラインを考えます。

図3.9 HiveとPrestoを組み合わせたデータパイプライン

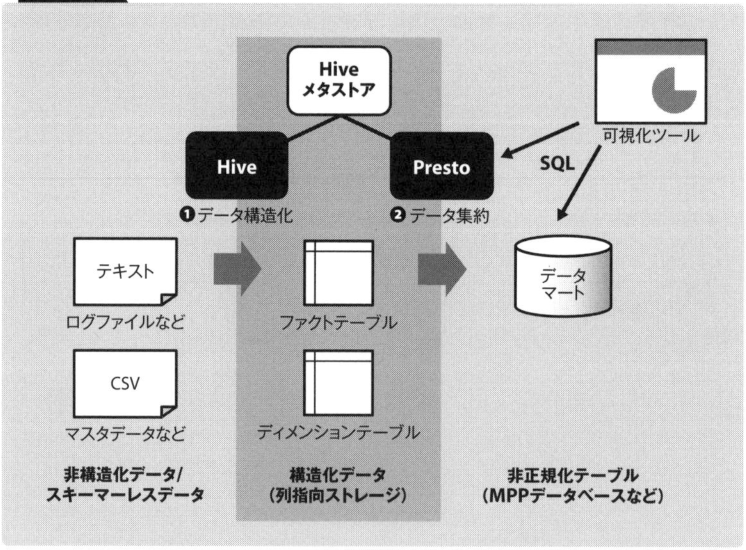

まず最初に、分散ストレージに格納されたデータを構造化し、列指向のストレージ形式で保存します（図3.9❶）。これは多数のテキストファイルを読み込んで加工するという負荷の大きい処理になるため、Hiveを利用します。

そして完成した構造化データを結合、集約し、非正規化テーブルとしてデータマートへと書き出します（図3.9❷）。列指向ストレージを用いたクエリの実行には、Prestoを使うことで実行時間を短縮できます。

Hiveで作成した各テーブルの情報は、**Hiveメタストア**（*Hive metastore*）と呼ばれる特別なデータベースに格納されます。これはHiveだけでなく、他のSQL-on-Hadoopのクエリエンジンからも共通のテーブル情報として参照されます。

Note

Hiveメタストアや Prestoを使ったデータの集計は、以下の章で説明します。

- **第7章 ➡バッチ型のデータパイプライン**

Hiveによる構造化データの作成

まずはHiveを使って構造化データを作成します。ここでは例として、第1章で作成したアクセスログのCSVファイル（access_log.csv）を読み込みます。次のように端末からHiveを起動し、`CREATE EXERNAL TABLE`で**外部テーブル**（*external table*）を定義します。

```
Hiveを起動
% hive
...
外部テーブル「access_log_csv」を定義
hive> CREATE EXTERNAL TABLE access_log_csv(
    >   time string, request string, status int, bytes int
    > )
    > CSV形式であることを指定
```

```
    > ROW FORMAT SERDE 'org.apache.hadoop.hive.serde2.OpenCSVSerde'
    > パスを指定（ディレクトリ内のすべてのファイルが読み込まれる）
    > STORED AS TEXTFILE LOCATION '/var/log/access_log/'
    > CSVのヘッダ行をスキップ
    > TBLPROPERTIES ('skip.header.line.count'='1');
OK
Time taken: 1.938 seconds
```

「外部テーブル」とはHiveの外にあるファイルを参照し、あたかもそこにテーブルが存在するかのように読み込むための指定です。上記の例では、"access_log_csv"というテーブル名を参照してデータを取り出すことで、テキストファイルが読み込まれて構造化データへの変換が行われます。

Hiveをはじめとする SQL-on-Hadoopのクエリエンジンの多くは、MPPデータベースのようにデータを内部に取り込まずとも、テキストファイルをそのまま集計することができます。たとえば、次のようにクエリを実行すると、外部テーブルとして指定したパスに含まれるすべてのCSVファイルが読み込まれて集計されます。

```
ステータスごとのレコード数を数える
hive> SELECT status, count(*) cnt
    > FROM access_log_csv GROUP BY status LIMIT 2;
...
OK
200  1701534
302  46573
Time taken: 8.664 seconds, Fetched: 2 row(s)
```

このようにデータをその場で集計できる性質は、特にアドホックにデータを分析したいときには有用で、時間を掛けてデータを転送することなく知りたい情報を得られます。

とはいえ、CSVファイルをそのまま集計するのは非効率です。クエリを走らせるたびに毎回テキストを読むことになるので、とても高速とは言えません。上記の場合、元データは200万レコードにも満たないにもかかわらず、集計には8秒以上掛かっています。これではあまりにも遅いので、列指向ストレージへの変換を行います。

列指向ストレージへの変換　データ集計の高速化(バッチ型クエリエンジン向け)

ここではテーブルを列指向のストレージ形式であるORC形式に変換します。Hiveの場合、テーブルごとにストレージ形式を指定できます。次のように新しいテーブルを作成し、外部テーブルから読み込んだデータをすべて書き込みます。

```
ORC形式のテーブル「access_log_orc」に変換
hive> CREATE TABLE access_log_orc STORED AS ORC AS
    > SELECT cast(time AS timestamp) time,
    >        request,
    >        status,
    >        cast(bytes AS bigint) bytes
    > FROM access_log_csv;
OK
Time taken: 15.993 seconds

ORC形式のテーブルを集計する
hive> SELECT status, count(*) cnt
    > FROM access_log_orc GROUP BY status LIMIT 2;
...
OK
200  1701534
302  46573
Time taken: 1.567 seconds, Fetched: 2 row(s)
```

ORC形式への変換にはやや時間が掛かりますが、変換後のテーブルの集計は1.5秒にまで短縮されました。ファイルサイズも、元のCSVファイルと比べると10分の1以下にまで小さくなります。このようにテキストデータを列指向ストレージに変換することで、データの集計は大幅に高速化されます。しかし、その作成は時間の掛かるプロセスなので、Hiveのようなバッチ型のクエリエンジンで実行するのに適しています。

上記のクエリでは、SELECT文で元データを型変換して新しいテーブルを作っています。このクエリを書き換えることで、どのようなテーブルでも作成できます。第1章で取り上げたように、テキストデータから正規表現を使ってカラムを抽出したり、日時の書式を変換したりするくらいであれば、Hiveのクエリとして実行することも可能です。

つまり、元データがテキストであれ、スキーマレスデータであれ、それがHiveから読み込める形式であれば何であっても、クエリを少し書き換えるだけでどのようなテーブルでも作り出せます。これがHiveを用いたデータ構造化のプロセスとなります。

Hiveで非正規化テーブルを作成する

データの構造化が完了したら、次はデータマートの構築です。すなわち、テーブルを結合、集約して「非正規化テーブル」を作ります。このとき、Prestoのような対話型クエリエンジンを使うか、それともHiveのようなバッチ型のクエリエンジンを使うかで考え方が変わります。

HiveとPrestoの違いについては後述しますが、時間の掛かるバッチ処理では原則としてHiveを使うべきでしょう。たとえば、非正規化テーブルが数億レコードにもなると、それをデータマートに書き出すだけでもかなりの時間を要します。そうすると、クエリエンジン自体の性能は最終的な実行時間にはさほど影響しなくなります。それならバッチ型のシステムを使うほうがリソースの利用効率を高められます。

非正規化テーブルの作成には何時間も掛かることも珍しくなく、なるべく効率の良いクエリを書く必要があります。ここではHiveのクエリを改善する例として、「サブクエリ内でレコード数を削減する」方法と「データの偏りを避ける」方法を説明します。これらの最適化は、Hiveに限らず、ビッグデータを集計するときには常に意識しておくことが大切です。

サブクエリ内でレコード数を削減する　早い段階でファクトテーブルを小さくする

HiveのクエリはSQLとよく似ていますが、その特性は一般的なRDBとはまったく異なります。Hiveはデータベースではなく、データ処理のためのバッチ処理のしくみです。そのため、読み込まれるデータ量を気にしながらクエリを書かないと思うように性能が出ず、悩まされることになります。

ここでは例として、**リスト3.1❶**のようなクエリを考えましょう。ファクトテーブル("access_log")とディメンションテーブル("users")を結合し、WHEREで条件を絞り込むだけの単純なクエリですが、このようなクエリを実行するのは非効率です。ファクトテーブルを絞り込む条件が何もないので、このままではすべてのデータを読み込んでから結合し、その後でWHEREによる絞り込みを行うことになります。

リスト3.1 Hiveにおけるサブクエリの最適化

❶非効率なクエリの例

テーブルを結合してからWHEREで絞り込む

```
SELECT ...
FROM access_log a
JOIN users b ON b.id = a.user_id
WHERE b.created_at = '2021-01-01'
```

❷より効率的なクエリの例

```
SELECT ...
FROM (
```

最初に時間でファクトテーブルを絞り込む

```
  SELECT * access_log
  WHERE time >= TIMESTAMP '2021-01-01 00:00:00'
) a
JOIN users b ON b.id = a.user_id
WHERE b.created_at = '2021-01-01'
```

クエリエンジンが生成する実行プランは、利用するソフトウェアのバージョンやデータ量によっても変わるため、実際にどのような書き方が良いかは実行してみなければわからない。思うように性能が出ないときには、ログなどを見てどこで時間が掛かっているのかを確認する。

その結果、大量の中間データが生成され、そしてその大部分を捨てるという無駄の大きな処理となります(**図3.10**)。データ量が少ないうちはそれでも問題になることはありませんが、長期に及ぶ大量のデータを集計するときには、ファクトテーブルの大きさを無視することはできません。

基本的にはリスト3.1❷のように、サブクエリの中でファクトテーブルを小さくするのが確実です。Hiveがクエリを最適化してくれる場合もあるので、サブクエリ化は必ずしも必要ではありませんが、なるべく意識して「早い段階でファクトテーブルを小さくする」ことがビッグデータの集計では大切です。

図3.10 JOINによって巨大な中間データが作られる

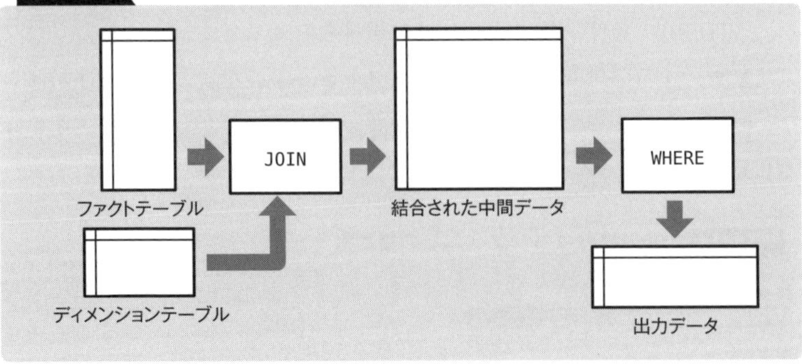

たとえば、最終的にGROUP BYでデータを集約したいのであれば、テーブルを結合する前にサブクエリの中で集約しておけるかもしれません。データ量を削減してからテーブルを結合する方が、クエリの実行時間は短くなるでしょう。

データの偏りを避ける 分散システムの性能発揮のために

高速化を妨げるもう一つの問題が**データの偏り**(*data skew*、データスキュー)です。たとえば、分散システムでSELECT count(distinct ...)(以下、distinct count)を実行するのは、他の処理と比べて時間が掛かります。重複のない値を数えるにはデータを1ヵ所に集めなければならず、分散処理が難しくなるためです。

少し複雑な例を考えます。アクセスログを集計することで、日々のユニークユーザー数の推移を知りたいとしましょう。これには**リスト3.2❶**のようなクエリが考えられます。このクエリはdistinct countを使っていますが、実際にはそれほど遅くはなりません。

distinct countは分散されずとも、GROUP BYによるグループ化は分散処理されます。もし30日分のデータがあるとすれば、このクエリは最大で30分割されるので、十分に速く実行されます。ただし、それは1日あたりのデータ量がほぼ均等であることが条件です。もしもデータに偏りがあると問題が表面化します。

リスト3.2 Hiveにおける`distinct count`の高速化

```
❶非効率なクエリの例
distinct countは分散されない
SELECT date, count(distinct user_id) users
FROM access_log GROUP BY date

❷より効率的なクエリの例
SELECT date, count(*) users
FROM (
  最初に重複をなくす
  SELECT DISTINCT date, user_id FROM access_log
) t
GROUP BY date
```

日付ではなく、Webページごとのユニークユーザー数を知りたいとしましょう。Webページのアクセス数には大きな偏りがあり、1つのページだけが他の100倍アクセスされていてもおかしくありません。そうすると、そのページに対する`distinct count`だけが極端に遅くなり、全体としてクエリの実行時間が伸びることになります。これがデータの偏りの問題です。

分散システムの性能を発揮するには、こうしたデータの偏りをなるべくなくして、すべてのノードに均等にデータが分散されるようにしなければなりません。この例であれば、リスト3.2❷のように`SELECT DISTINCT`で重複をなくすことで、負荷をうまく分散しながらデータ量を削減できます。

同じようにデータの偏りを起こしやすい構文として、テーブルの結合や`ORDER BY`による並べ替えなどがあります。これらの構文も一部のノードにデータが集中することによって偏りが発生します。

Tip **ベストプラクティス**

一般に陥りやすい問題とその回避方法をまとめた文書として、大抵のクエリエンジンで「ベストプラクティス」や「クエリ最適化」といったドキュメントが用意されています。新しいシステムを使うときには必ず目を通すようにしましょう。

対話型クエリエンジンPrestoのしくみ　Prestoで構造化データを集計する

Hiveのようなバッチ型のクエリエンジンは、大量の出力を伴う大規模なデータ処理には適していますが、小さなクエリを何度も実行するような対話型のデータ処理には向いていません。クエリ実行の遅延を小さくすることを目的として開発されいるのが「対話型クエリエンジン」です。

この分野でよく参照される技術は、2010年にGoogleから発表された「Dremel」注11です。DremelはGoogle BigQueryの中核となる技術の一つで、何千ものコンピュータに分散した列指向ストレージを用いて集計を高速化します。

現在ではHadoopと組み合わせて利用できる類似のソフトウェアがいくつも開発されており、Hiveに代わる対話型クエリエンジンとして利用されるようになりました(**表3.2**)。

表3.2　代表的な対話型クエリエンジン

時期	イベント
2010年	Dremel論文の発表
2010年	Google BigQuery発表
2013年	Cloudera Impala 1.0リリース(現Apache Impala)
2013年	Prestoのオープンソース化
2015年	Apache Drill 1.0リリース

ここでは例として、2013年末にFacebookからリリースされた「Presto」について見ていきます。Prestoは本書執筆時点でもまだバージョン1.0がリリースされていないものの、2016年にはAmazon Web Servicesにも組み込まれるなど注12、すでに多数のプロジェクトで利用されています。

プラグイン可能なストレージ　1つのクエリの中から複数のデータソースに接続可能

Prestoの一つの特徴が「プラグイン可能なストレージ設計」です。一般的

注11　「Dremel: Interactive Analysis of Web-Scale Datasets」
URL https://research.google/pubs/pub36632/

注12　「Amazon Athena–Amazon S3上のデータに対話的にSQLクエリを」 URL https://aws.amazon.com/jp/blogs/news/amazon-athena-interactive-sql-queries-for-data-in-amazon-s3/

なMPPデータベースでは、ストレージと計算ノードとは密に結合されており、最初にデータをロードしなければ集計を始めることができません。一方、Prestoは専用のストレージというものを持たず、Hiveと同様にさまざまなデータソースから直接データを読み込みます(**図3.11**)。

図3.11 **Prestoのアーキテクチャ**※

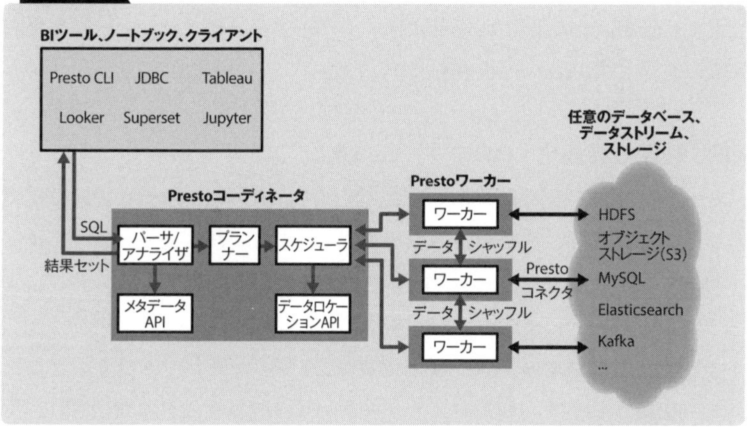

Prestoは多数のマシンで実行される分散システムであり、1台のPrestoコーディネータと複数のPrestoワーカーから構成される。クエリはBIツールやノートブックなどのクライアントからコーディネータへと送信される。コーディネータはクエリを解析して実行計画を立て、ワーカーに処理を分散する。

※出典：「Presto | Overview」 URL https://prestodb.io/overview.html

Prestoでは Hiveメタストアに登録されたテーブルも読み込めます。そのためHiveで作成した構造化データをさらに集計するといった目的に適しています。CSVのようなテキストデータをPrestoで読み込むことも可能ですが、その場合はHiveと比べて特別優れているわけでもありません。Prestoがその性能を最大限に発揮するには、元となるストレージが列指向のデータ構造になっている必要があります。

PrestoはとりわけORC形式の読み込みに最適化されており[注13]、それをスケーラビリティの高い分散ストレージに配置することで最大の性能を発揮

注13 「Even faster: Data at the speed of Presto ORC」 URL https://engineering.fb.com/2015/03/17/core-data/even-faster-data-at-the-speed-of-presto-orc/

します。データの読み込みを高速化するには、Prestoクラスタは分散ストレージとネットワーク的に近い場所に設置した上で、それらを可能な限り高速なネットワークで結ぶようにします。

Prestoでは Hiveメタストア以外にも、さまざまなデータソースをテーブルとして参照できます。たとえば、1つのクエリの中で、分散ストレージ上のファクトテーブルと、MySQLのマスタテーブルを結合することも可能です。CassandraのようなNoSQLデータベースに格納されたデータを集計したいときにもPrestoが役立ちます。

CPU処理の最適化 読み込みもコードも並列実行

PrestoはSQLの実行に特化したシステムで、クエリを解析して最適な実行プランを生成し、それをJavaのバイトコードに変換します。バイトコードはPrestoのワーカーノードに配布され、それがランタイムシステムによってマシンコードにまでコンパイルされます。

コードの実行はマルチスレッド化され、1台のマシンで何百ものタスクが並列実行されます。列指向ストレージからの読み込みも並列化され、データが届くたびに処理が進みます。そのためPrestoのCPU利用効率は高く、メモリとCPUリソースさえ十分にあるなら、データの読み込み速度がクエリの実行時間を決めることになります。

本書執筆の時点では、PrestoはYARNやMesosのような汎用のリソースマネージャを使うようにはなっていません。PrestoクラスタはPrestoのためだけに常に待機しており、クエリの実行にコンピュータの全リソースを使います。リソースが不足すると、後から実行されたクエリは先のクエリが終了するまで待たされます。そうすると遅延が発生するので、Prestoクラスタは常に余裕のある状態でなければなりません。

Prestoのクエリは一度実行が始まると割り込めないため、あまりに大きなクエリを走らせるべきではありません。そのクエリに大部分のリソースを持っていかれて、他のクエリを実行できなくなる恐れがあります。とは言え、大部分のクエリは短時間で終了してリソースが解放されるので、よほどのことがなければ問題に気づくこともありません。

Tip **Prestoのリソース管理**

Prestoでも優先順位付きのスケジューリング機能の開発は進められています。いずれは商用MPPデータベースと同等の高度なリソース管理を行えるようになるかもしれません。

- 「Resource Group Configuration」
  URL https://prestodb.io/docs/current/admin/resource-groups.html

インメモリ処理による高速化　クエリ実行には極力、対話型クエリエンジンを

Hiveとは異なり、Prestoはクエリの実行過程でディスクへの書き込みを行いません。すべてのデータ処理をメモリ上で行い、メモリが不足すると空きができるまで待たされるか、あるいはエラーとなって失敗します。その場合は設定変更などでメモリの割り当てを増やすか、あるいはクエリを書き換えてメモリ消費を減らす必要があります。

扱うデータ量がいくら増えても、それに比例してメモリ消費が増えるわけではありません。たとえば、GROUP BYによるデータの集約は、ただの繰り返し処理なのでメモリ消費量はほぼ固定です。今や多くのデータ処理は、コンピュータを数十台も並べればメモリ上で実行できることが多くなり、メモリを増設するのも難しいことではありません。ほとんどのクエリにとって、中間データをディスクに書くのは無駄なオーバーヘッドにしかならなくなっています。

そうするとメモリ上でできることはメモリ上で実行し、どうしてもディスクを必要とする一部のデータ処理だけをHiveなどに任せる方が効果的です。何時間も掛かるような大規模なバッチ処理や、巨大なテーブル同士の結合などにはディスクを活用するのが間違いありませんが、それ以外の短時間のクエリ実行には対話型クエリエンジンを使うのが効率的です。

分散結合とブロードキャスト結合

テーブルの結合はしばしば大量のメモリを消費します。特に2つのファクトテーブルを結合するような場合には、非常に多くの結合キーをメモリ

上に保持し続けなければなりません。Prestoは初期設定では**分散結合**(*distributed join*)を行うようになっており、同じキーを持つデータは同じノードに集められます(**図3.12**)。

図3.12 **分散結合**

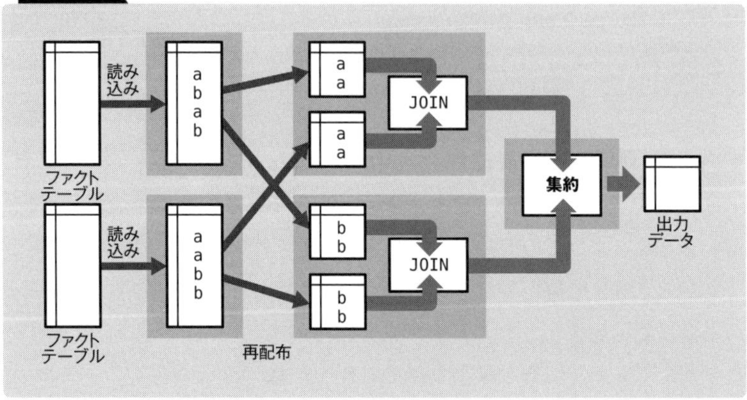

分散結合ではノード間のデータ転送のためにネットワーク通信が発生し、少なからずクエリの遅延を招きます。片方のテーブルが十分に小さい場合には、**ブロードキャスト結合**(*broadcast join*)を有効にすることで、処理を大幅に高速化できる可能性があります。この場合、結合されるテーブルの全データが各ノードにコピーされます(**図3.13**)。

スタースキーマのように、1つのファクトテーブルに複数のディメンションテーブルを結合するケースでは、ディメンションテーブルはメモリに十分収まるくらいに小さいことがほとんどです。したがって、最初に一度だけコピーを済ませてしまえば、ファクトテーブルを再配置する必要もなくなり、テーブルの結合はずっと速くなります。

Prestoでブロードキャスト結合を有効にするには、分散結合の方法を明示的に指定します[注14]。さらにクエリの中のSELECT文で、最初にファクトテー

注14 「Properties Reference - join-distribution-type」
URL https://prestodb.io/docs/current/admin/properties.html

図3.13 ブロードキャスト結合

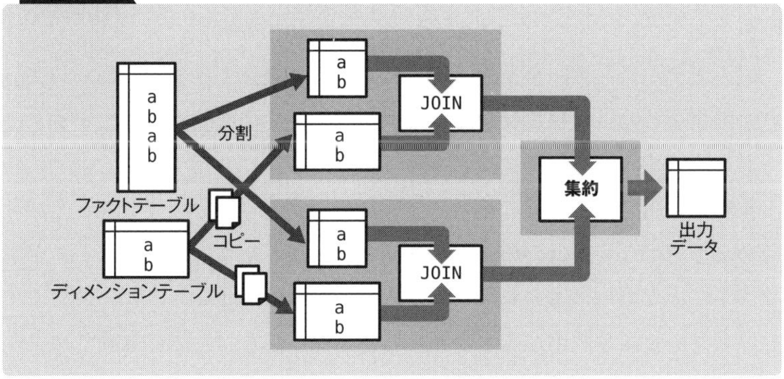

ブルを指定して、それにディメンションテーブルを結合する必要があります。

列指向ストレージの集計 Prestoによる高速集計

以上のようなしくみによって、Prestoでは列指向ストレージの集計を極めて高速に実行できます。実際にORC形式のテーブルを読み込んでみると、数百万レコード程度のデータ量なら1秒未満で集計できることが確認できます。

```
Prestoを起動（Hiveメタストアを利用）
% presto --catalog hive --schema default
ORC形式のテーブルを集計
presto:default> SELECT status, count(*) cnt
             -> FROM access_log_orc GROUP BY status LIMIT 2;
 status |   cnt
--------+---------
 200    | 1701534
 302    |   46573
(2 rows)

Query 20170520_152030_00005_u8m9e, FINISHED, 1 node
Splits: 50 total, 50 done (100.00%)
0:00 [1.89M rows, 7.96MB] [4.85M rows/s, 20.4MB/s]
```

データ分析のフレームワークを選択する MPPデータベース、Hive、Presto、Spark

以上でテキストデータを構造化し、対話的に集計するまでの基本的な流れができました。後はこれを多数のコンピュータに展開すれば、ビッグデータを集計するための最低限の準備は整います。

実際の運用では、自分でデータセンターにサーバーを設置することから始めるのではなく、既存のクラウドサービスなどを利用してシステムを構築することが多いかもしれません。Amazon Redshiftなどのデータウェアハウスサービスを利用する場合もあるでしょう。そのため、本書では具体的なシステム構築の手順は説明しませんが、数ある選択肢の中から何を選べば良いのかを少し考えてみます。

MPPデータベース 完成した非正規化テーブルの高速集計に向いている

構造化データをSQLで集計するだけであれば、従来からのデータウェアハウス製品やクラウドサービスを利用するのが一番です。機能的にも性能的にも、あるいはシステムの安定性を考えてみても、Hadoopを中心とするビッグデータの技術はデータウェアハウス製品の後を追っている状態であり、それに勝るものではありません。

MPPデータベースはストレージと計算ノードが一体化しており、最初にETLプロセスなどでデータを取り込む手順が必要です。その部分さえ完成すれば、後はSQLだけでデータを集計できるので、本章で取り上げる技術はどれも必要ありません。

一方で、拡張性や柔軟性といった点では分散システムの方が有利です。大量のテキスト処理が必要な場合や、データ処理をプログラミングしたい場合、あるいはNoSQLデータベースに格納されたデータを集計したい場合などには、分散システムのフレームワークを組み合わせることになるでしょう。

可視化のためのデータマートとして考えるなら、MPPデータベースは有力な選択肢です。BIツールとMPPデータベースとの組み合わせには長年の実績があり、完成した非正規化テーブルを高速に集計するのに最適です。

Hive データ量に左右されないクエリエンジン

Hadoop上の分散アプリケーションは、元々高いスケーラビリティと障害耐性を目標に設計されています。何千台ものハードウェアを利用するのが前提となるので、その一部で障害が発生することは日常的であり、それでも全体としては処理を続けられるようにシステムが構築されます。

Hiveはその延長で開発されたクエリエンジンであり、大規模なバッチ処理を着実に実行するという点で実績があります。特にテキストデータを加工したり、列指向ストレージを作ったりするといった重い処理は、どうしても処理時間が長くなる傾向にあり、Hiveで実行するのに向いています。

Tezの登場によって、Hiveは対話的なクエリでも使われるようになってきています。しかしHiveの利点は対話性というよりも、その安定性にあると言えるでしょう。TezはMapReduceを置き換えるものなので、その障害耐性を引き継いでいます。Hive on Tezも同様で、中間データは今もディスクに保存される設計となっているようです[注15]。

分散システムのトレンドはインメモリのデータ処理へと移っており、Hiveが必要とされるケースは少なくなってきていますが、データ量に左右されないクエリエンジンが求められる場合には一つの選択肢となります。

Presto 速度重視&対話型特化のクエリエンジン

PrestoはHiveの対極を行くクエリエンジンで、速度のためにさまざまなものを犠牲にしています。クエリの実行中に障害が起きるとエラーになって最初からやり直しです。メモリが不足するとクエリを実行できない場合もあります。しかし、元々実行が十分に速いので、エラーになったらやり直せば良いと割り切って使います。

Prestoはウィンドウ関数をはじめとする標準SQLに準拠しており、日常的なデータ分析のために頻繁に利用するクエリエンジンです。Hadoopだけでなく、MySQLやCassandra、MongoDBなど多くのデータストアに対応しており、あらゆるデータをSQLで集計するための中心的な存在になり得ます。

注15 URL https://cwiki.apache.org/confluence/display/Hive/Hive+on+Tez/

Prestoは対話的なクエリの実行に特化しているため、テキスト処理が中心となるETLプロセスやデータの構造化には向いていません。列指向ストレージの作成に使えないわけではありませんが、それに適しているということもありません。データの構造化にはHiveやSparkを使う方が良いでしょう。

Prestoのクエリは短時間に大量のリソースを消費するため、あまり無茶な使い方をすると他のクエリを実行できなくなります。時間の掛かるバッチ処理はHiveに任せるかクラスタを分けるなどして、Prestoは対話的なクエリのために余裕を持たせておく方が良いでしょう。

Spark 分散システムを使ったプログラミング環境

SparkはSQLに特化したクエリエンジンではありませんが、ここでは比較のために取り上げます。Databricksによる2016年の調査[注16]によると、Sparkユーザーの約4割はSpark SQLを利用しているとのことなので、これを主力のクエリエンジンとしている人も多いでしょう。

Sparkもインメモリのデータ処理が中心であり、Prestoと同様に対話的なクエリの実行に適しています。しかし、Sparkの利点はSQLというよりも、ETLプロセスからSQLに至るまでの一連の流れを、一つのデータパイプラインとして記述できることにあります。

本節では、Hiveによるデータの構造化と、PrestoによるSQLの実行について説明しましたが、Sparkではその両方を1つのスクリプトの中から実行できます。つまり、テキストデータを読み込んで列指向ストレージに変換し、それをさらにSQLで集計して結果を書き出す、などといった一連のプロセスを1回のデータ処理として記述できるようになります。

Sparkは分散システムを使ったプログラミング環境なので、一度使い方を覚えてしまえば、ETLプロセスだろうと機械学習だろうと、あらゆるデータ処理に利用できます。これはデータエンジニアや、プログラミングスキルの高いデータサイエンティストにとって強力な武器となります。

注16 「Apache Spark Survey 2016 Results Now Available」
URL https://databricks.com/blog/2016/09/27/spark-survey-2016-released.html

Sparkではメモリをどう管理するかが重要です。何度も利用するデータはキャッシュに載せたり、あるいはディスクに退避させることでメモリを解放したりして、メモリの使い方をプログラマーがある程度コントロールできます。これはプログラムを書く人間にとっては普通のことですが、データ分析の環境としてはやや難易度の高い作業となるかもしれません。

データ処理を一種のプログラミングと考えて、そのための実行環境が欲しいのであれば、Sparkは一つの選択肢となります。一方、SQLを使いたいだけであれば、最初からSQLに特化したクエリエンジンやMPPデータベースを使った方が簡単です。

Column

Mesosによるリソース管理

分散システムで利用されるリソースマネージャはYARNだけでなく、「Apache Mesos」[注a]も人気を集めています。MesosはOSレベルの仮想化技術を用いており、分散アプリケーションを隔離するために厳密なリソース制御を行います。技術的にはDockerと同じくLinuxのコンテナ技術が用いられ、Dockerイメージを用いてプログラムを実行することも可能です。

たとえば「このプログラムをCPU 2コア、4GBのメモリで実行したい」と頼むと、Mesosはクラスタの中にそのとおりのリソースを確保してアプリケーションに渡します。イメージとしては、リクエストのたびにOSの仮想環境が作られるような感じでしょうか。

それではMesosの方がYARNよりも優れているかと言うと、そうとも限りません。YARNはHDFSと連携することで、データがどこにあるかという情報を用いてアプリケーションを実行します。Hiveのような大規模なバッチ処理は、なるべくデータの近くで実行する方が効率が良いので、YARNを用いるのが適しています。MesosはHDFSのことを知らないので、同じことを実現するには利用者が工夫しなければなりません。

Sparkなどの一部のフレームワークでは、YARNとMesosの両方がサポートされています。既存のHadoopクラスタやMesosクラスタがあるなら、そこから自分の望むだけのリソースを借りてきて分散アプリケーションを実行する、といったことも可能となります。

注a URL https://mesos.apache.org

3.3 データマートの構築

分散システムを準備できたら、可視化のためのデータマートを作る手順に入ります。本節ではその過程で必要となる各種のテーブルの役割と、非正規化テーブルを作るまでの流れを説明します。

ファクトテーブル 時系列データを蓄積する

ビッグデータの分析はデータを構造化するところから始まりますが、その中でも圧倒的に大部分を占めるのがファクトテーブルです。ファクトテーブルが十分に小さければメモリに載せることもできますが、そうでなければ列指向ストレージでデータを圧縮しなければ高速な集計は行えません。

ファクトテーブルの作成には、**追記**(*append*)と**置換**(*replace*)の2つの方法があります。追記は新しく届いたデータだけを差分で追加します。一方、置換は過去のデータを含めてテーブル全体を置き換えます(**図3.14**)。

図3.14 ファクトテーブルにおける追記と置換

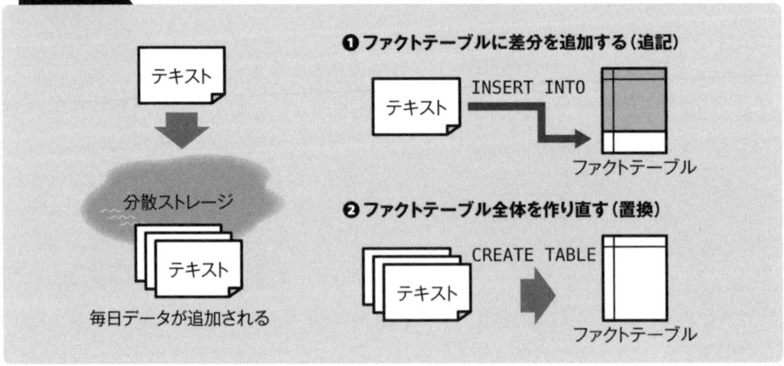

テーブルパーティショニング 物理的なパーティションに分割

効率だけを考えると追記が圧倒的に有利です。しかし、追記には次のような潜在的な問題があります。

- 追記に失敗して気づかずにいると、ファクトテーブルの一部が欠損する
- 追記を間違って複数回実行すると、ファクトテーブルの一部が重複する
- 後からファクトテーブルを作り直したくなった場合の管理が複雑になる

こうした問題が起きる可能性を軽減するには、**テーブルパーティショニング**（*table partitioning*）と呼ばれる手法が有効です。これは1つのテーブルを複数の物理的なパーティションに分割することで、パーティション単位でまとめてデータを書き込んだり削除したりできるようにするものです。

典型的には1日に1回、あるいは1時間に1回といった頻度で新しいパーティションを作成し、それをファクトテーブルに付け加えます。各パーティションは毎回置換するようにして、もしすでに存在するなら上書きします。そうしてデータが重複する可能性を排除しながら、必要に応じて何度でもデータの書き込みをやり直せるようにします（**図3.15**）。

図3.15 テーブルパーティショニング

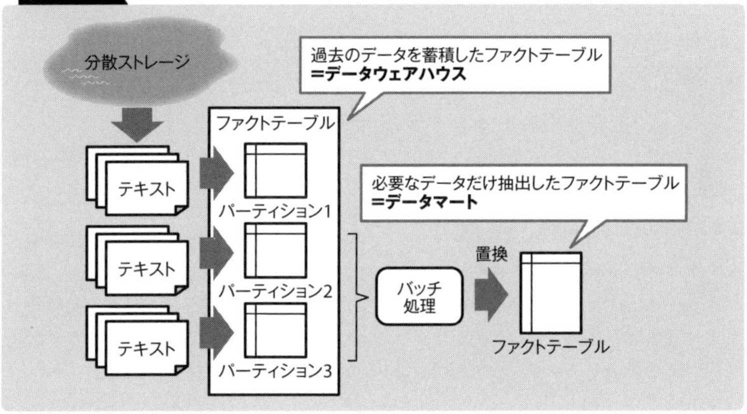

データマートの置換

テーブルパーティショニングはデータウェアハウスを構築するのには有用ですが、データマートを作る場合には、単純にファクトテーブルを置換することが多いかもしれません。データマートのデータ量は限られている

ため、よほど巨大なテーブルを作るのでもない限りは、毎回置換するのも難しくありません。たとえば、日次レポートのために過去30日分のデータを毎日取り出して置き換える、などです。

ファクトテーブル全体を置換することには多くの利点があります。まず、途中でデータが重複したり欠損したりする可能性はまずありません。テーブルを最初から作り直したくなったとしても、クエリを1回実行するだけで済みます。スキーマの変更などにも柔軟に対応できます。古いデータは自動的に消えていくので、データマートが拡大し続けることもありません。

唯一懸念されるのは処理時間です。あまりにもデータ量が多いと書き込みに時間が掛かるため、現実的な選択でなくなります。MPPデータベースであれば、書き込みを並列化することである程度は高速化できます。それでも時間が掛かり過ぎる場合には、データマート側でもテーブルパーティショニングを行うか、あるいは既存のテーブルに追記した上で注意深く見守ることになります。

一つのデータ処理にどれくらいの時間が掛かるかは、ビッグデータのパイプラインを考える上で一つの指標となります。目安は、各データ処理が1時間以内に完了するようにワークフローを組むことです。1時間足らずでファクトテーブルを作れるなら毎回置換すれば十分です。それが難しい場合にのみ、追記を用いたワークフローを考えるようにします。

Tip　データ量を最初に見積もる

大量のデータを書き出すときには、最初に集計期間を十分に小さく絞り込んで、どれくらいの時間が掛かるか確かめましょう。いきなり1年分のデータを処理したりすると、想像以上に時間が掛かっていつ終わるのかも予想がつかなくなったり、途中でディスクが溢れて失敗したりということにもなりかねません。

サマリーテーブル　レコード数を削減する

ファクトテーブルをある程度まとめて集約することで、データ量は大幅に削減されます。これを**サマリーテーブル**(*summary table*)と呼びます。とりわけデータを1日単位で集計した**日次サマリー**(*daily summary*)は、日々のレポートを作成する過程でよく用いられます(**図3.16**)。日次サマリーをうまく作れば、元データがどれほど大量にあってもデータマートはそれほど大きくはなりません。

図3.16 サマリーテーブルの例

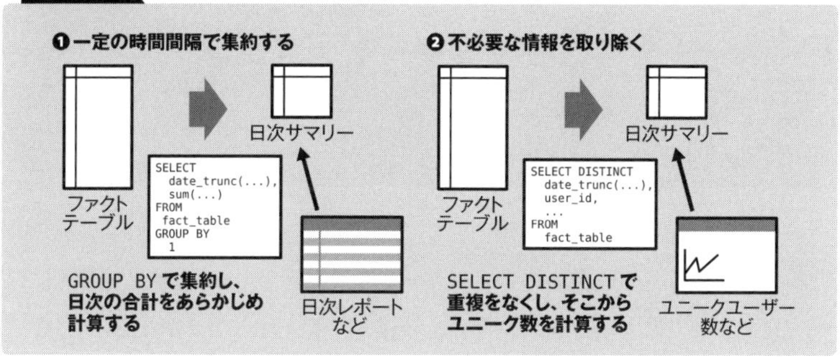

レコード数を少なくするには、ディメンションのカーディナリティ(後述)を減らしてメジャーの値を集約する。ユニークID数を知りたければ、SELECT DISTINCTを用いてIDの重複を取り除いておく。

サマリーテーブルを作るには、必要なカラムを選んで数値データを集約するだけです。**図3.17**は、Hiveを用いて日次のサマリーを作成したところです。このようにテーブルの集約によって生成されるレコード数は、カラムの値の組み合わせの数によって決まるため、実際にどれくらい小さくなるかは実行してみるまでわかりません。

図3.17 日次サマリーを作成する

```
1日ごとのアクセス数とバイト数を集計する
hive> CREATE TABLE access_summary STORED AS ORC AS
    > SELECT time, status                              ディメンション
    >        count(*) count, sum(bytes) bytes          メジャー
    > FROM (
    >   "time"を日付で切り捨て
    >   SELECT cast(substr(time, 1, 10) AS date) time, status, bytes
    >   FROM access_log_orc
    >   集計範囲を絞り込む
    >   WHERE time BETWEEN '1995-07-10' AND '1995-07-20'
    > ) t
```

```
    > GROUP BY time, status  ディメンションでグループ化
    > ;
...
Time taken: 4.231 seconds

51レコードにまで削減された
hive> SELECT * FROM access_summary;
OK
1995-07-10      200     65970   1.376570168E9
1995-07-10      302     1472    101439.0
...
1995-07-19      404     639     0.0
Time taken: 0.124 seconds, Fetched: 51 row(s)
```

各カラムが取る値の数の大きさを**カーディナリティ**(*cardinality*)と呼びます。「性別」のように取り得る値が少ないものはカーディナリティが小さく、「IPアドレス」のように多数の値があるものはカーディナリティが大きくなります。

サマリーテーブルを小さくするには、すべてのカラムのカーディナリティを小さくしなければなりません。IPアドレスのように多数の値があるものは、それを位置情報(国や地域など)に変換するなどして、カーディナリティを下げる工夫をしないとレコード数は減らせません。

カーディナリティを無理に下げると、元々あった情報が大きく失われるため、必要以上に減らす必要はありません。最終的なレコード数が数億件くらいに収まるなら、何も集約せずにMPPデータベースに書き出しても良いでしょう。しかし、それ以上のデータ量は可視化の効率を下げるので、うまくバランスを考えてやることが必要です。

スナップショットテーブル　マスタの状態を記録する

マスタデータのように更新される可能性のあるテーブルに対しては、二つの考え方があります。一つは定期的にテーブルを丸ごと保存する方法で、これを**スナップショットテーブル**(*snapshot table*)と呼びます。もう一つは変更内容だけを保存する方法で、これを**履歴テーブル**(*history table*、後述)と呼

びます。

後々のデータ分析のことを考えると、スナップショットテーブルの方が扱いが簡単です。マスタテーブルのレコード数が多いとスナップショットテーブルは巨大になりますが、そのためのビッグデータの技術なので、ここでは気にしないでおきましょう。スナップショットテーブルは時間と共に大きくなるので、これも一種のファクトテーブルとして扱います。

Column

サマリーテーブルからの数値計算に注意

サマリーテーブルの作成は、多次元モデルからディメンションを削減する(次元を減らす)のと同じ効果があります(**図C3.1**)。ディメンションが少なくなると、それだけ分析できる内容は減りますが、メジャーとして計算される結果に変わりはありません。なるべく最初に不要なディメンションを取り除くことでデータマートが小さくなり、その後の可視化が高速化されます。

ただし、すべてのメジャーが同じように計算されるわけではないので注意が必要です。たとえば、平均値(avg)はサマリーテーブルを使うとうまく計算できません。「平均の平均」は「全体の平均」とは異なる、という問題です。サマリーテーブルから正しい平均を出すためには、合計値(sum)と個数(count)をそれぞれメジャーに含めた上で、BIツールなどで動的に平均値を計算する必要があります(**計算フィールド**などと呼ばれる)。

ユニーク数のカウントもサマリーテーブルでは扱いにくい数値です。たとえば、日次のユニークユーザー数から月次のユニークユーザー数を算出することはどうやってもできません。BIツールでユニークユーザー数を正しく出すには、SELECT DISTINCTを使って重複を取り除いた小さなテーブルを作っておく必要があります。

図C3.1 **多次元モデルからディメンションを取り除く**

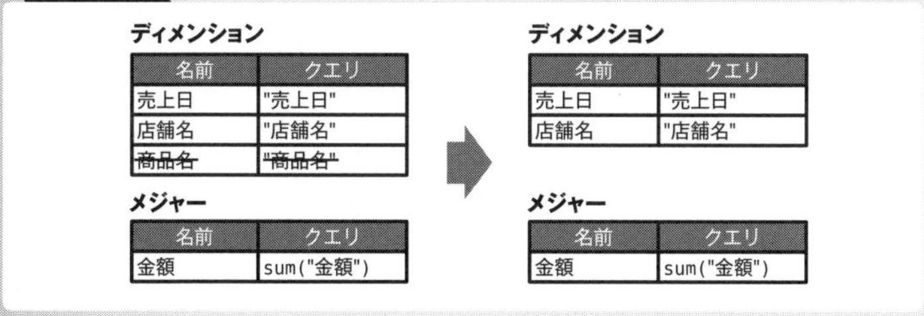

Column

スナップショットの日付に注意

スナップショットの日付には注意が必要です。ここでは例として、深夜0時にスナップショットを取得すると考えましょう。つまり、1日の始まりの状態を記録するようにします。

これをトランザクションデータと結合すると**図C3.2**のようになります。トランザクションデータの集計ではよく時間を切り捨てます。たとえば、1月1日から1月2日までに発生したイベントであれば、1月1日の集計結果となります。しかし、その日に発生したイベントのマスタデータは、0時時点のスナップショットにはまだ含まれません。この時間差を考慮しないままテーブルを結合すると、「サインアップ当日のユーザー情報が得られない」などといったことが起こります。

図C3.2 スナップショットとトランザクションの日付を一致させる

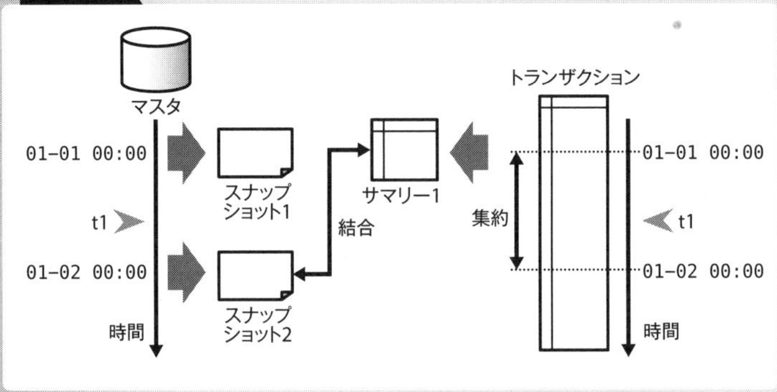

t_1の時点で発生したイベントのデータは、サマリー1には含まれるが、スナップショット1には含まれない。この2つのテーブルを結合すると、t_1のようなイベントの存在が見えなくなる恐れがある。翌日のスナップショット2と結合することで、より良い集計結果が得られる。

この種の問題を回避するには、スナップショットは1日の始まりにではなく、1日の終わりに取得すると考えるのも一つの方法です。たとえば、「1月1日の終わり」として1月1日23時59分、あるいは1月2日0時0分の状態を記録します。そうするとスナップショットとトランザクションが同じ時間範囲を意味するようになるので、直感的なテーブルの結合が可能となります。

スナップショットテーブルは、別のファクトテーブルと結合することで、ディメンションテーブルとしても使えます。次のようにスナップショットの日付を指定することで、過去のマスタテーブルをいつでも参照できます。

```
2021-01-01時点のマスタを参照
WITH users AS (
  SELECT * FROM users_snapshot WHERE date = '2021-01-01'
)
ファクトテーブルとマスタを結合
SELECT ... FROM fact_table f
JOIN users u ON u.id = f.user_id
```

あるいはファクトテーブルとスナップショットテーブルとを日付を含めて結合することもあります。これは日々変化するマスタ情報を用いてデータを分析したいときに有効です。たとえば、顧客情報として会員ステータスが含まれており、それが時間と共に変化しているとしましょう。会員ステータスに応じてデータを分析するには、最新のマスタテーブルを見るだけでは不十分であり、スナップショットテーブルとの結合が必要となります。

```
日付を含めてスナップショットと結合
SELECT ... FROM fact_table f
JOIN users_snapshot u ON u.id = f.user_id AND u.date = f.date
```

スナップショットはある時点のテーブルの状態を記録したものなので、後から作り直すことができません。そのためスナップショットテーブルは、データレイクやデータウェアハウスのような永続的なストレージに格納し、消さないように気を付けます。

Tip　スナップショット時に非正規化する

正規化されたデータベースでは、マスタ情報が多数のテーブルから構成されることも珍しくありません。それらのテーブルを一つ一つスナップショットするのではなく、あらかじめすべてのテーブルを結合して非正規化した状態でスナップショットしてもかまいません。データを分析するときには最終的にすべてのテーブルを結合することになるので、最初から非正規化されている方が楽になります。

履歴テーブル マスタの変化を記録する

定期的にすべてのデータをスナップショットするのではなく、変更のあったデータだけを差分でスナップショットする場合や、変更があるたびにその内容を記録した**履歴テーブル**が作られる場合もあります。こうしたテーブルはデータ量を減らすのには役立ちますが、ある瞬間の完全なマスタテーブルを後から復元することが難しくなるので、ディメンションテーブルとしては使いづらくなります。

それでも履歴からマスタテーブルを復元したいときには、次のようなクエリを実行します。

```
SELECT * FROM (
  SELECT *,
    "user_id"ごとに最新のレコードを1として連番を付ける
    ROW_NUMBER() OVER (PARTITION BY user_id ORDER BY date DESC) number
  FROM users_history
  直近の365日分のデータを対象とする
  WHERE date >= current_date() - INTERVAL '365' DAYS
) t
番号が1（=最新）のものだけを採用する
WHERE number = 1
```

ここでは履歴を過去365日まで遡って、その中から最新のレコードだけを選択することで、マスタテーブルに近いものを再構築しています。しかし、このような複雑な処理を後から実行するくらいなら、最初から完全なスナップショットを作っておく方がよほど簡単です。マスタ関係のテーブルは、基本的に毎日スナップショットするものとして考える方が良いでしょう。

［最終ステップ］ディメンションを追加して非正規化テーブルを完成させる

最後のステップとして、ファクトテーブルとディメンションテーブルを結合して非正規化テーブルを作ります。ディメンションテーブルとしてはスナップショットを用いるだけでなく、目的に応じて各種の中間テーブルが作られます。

たとえば、Webサイトのアクセス解析であれば、セッションIDを用いてユーザーの動向を分析したいと思うでしょう。例として、セッションごとの「初回アクセス時間」と「最終アクセス時間」をまとめましょう。これをアクセスログと結合することで、初回アクセスからの経過日数などがわかります。

セッション情報を格納したテーブル「sessions」を作成

```
CREATE TABLE sessions AS
SELECT session_id,
       min(time) AS min_time,  初回アクセス時間
       max(time) AS max_time   最終アクセス時間
FROM access_log GROUP BY session_id
```

セッションIDは、そのままではカーディナリティが非常に大きく、テーブルを集約しても小さくならないばかりか、可視化するのもままなりません。そこでもっとカーディナリティの小さなディメンションを作って結合し、可視化に必要のないカラムはなるべく取り除きます。それによって可視化しやすく、データ量の少ない非正規化テーブルが完成します(**図3.18**)。

図3.18 **可視化に適したディメンションだけを残して集約する**

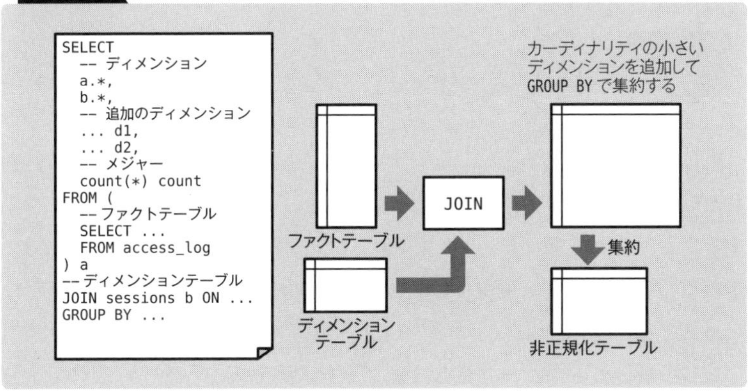

データ集約の基本形

データを集約するための典型的なクエリをまとめると、**リスト3.3**のようになります。まず最初に、ファクトテーブルから必要なデータを取り出します。このとき時間による絞り込みや、参照するカラム数を減らすことでデータの読み込みが高速化されます。

リスト3.3 SQLによるデータ集約の例(Presto)

```
クエリの結果はデータマートに書き出す（またはCSVとして保存）
SELECT
  -- ディメンション
  date_trunc('day', a.time) time,                    1日単位でグループ化
  -- 追加のディメンション
  date_diff('day', b.min_time, a.time) days,         訪問からの日数
  -- メジャー
  count(*) count
FROM (
  ❶ファクトテーブルから必要なカラムだけを取り出す
  SELECT time, session_id FROM access_log
  まず集計期間を絞り込む
  WHERE time BETWEEN TIMESTAMP '2021-01-01' AND TIMESTAMP '2022-01-01'
) a
❷ディメンションテーブルと結合
JOIN sessions b ON b.session_id = a.session_id
❸グループ化
GROUP BY 1, 2
```

続けて、それをディメンションテーブルと結合し、データマートに格納したいカラムを選びます。このとき、なるべくカーディナリティを小さくすることが重要です。セッションIDのように多数の値を持つものを出力に含めることは避けて、可視化のプロセスで利用したいディメンションだけを追加するようにします。

そして最後に、グループ化してメジャーの値を集約します。これで十分に小さい非正規化テーブルが作られるので、後はその結果をデータマートに書き出すか、あるいはCSVファイルとして保存すれば完了です。

3.4 まとめ

本章では可視化に適したデータマートを構築することを目的に、分散システムによるデータ処理の基本的な流れについて説明しました。ビッグデータの世界では、そのままではデータウェアハウスに取り込めないテキストファイルなどの**非構造化データ**、あるいは**スキーマレスデータ**などを扱うことも多く、そのようなデータを多数のコンピュータで**分散処理**するしくみが求められます。

中でも**Hadoop**と**Spark**の2つは分散処理のフレームワークとして広く利用されています。Hadoopは**分散ファイルシステム**から**リソースマネージャ**、そして**MapReduce**による**分散データ処理**に至るまでの総合的なコンポーネントを提供し、多くの分散アプリケーションの共通プラットフォームとして利用されます。一方、Sparkは**大量のメモリを活用した高速なデータ処理の基盤**となり、MapReduceに代わる**分散プログラミング環境**として使われます。

HadoopやSparkを活用して**SQLを実行する**ための「**SQL-on-Hadoop**」と呼ばれるソフトウェアも多数開発されています。**Hive**は**ディスク上**で大量のデータ処理を行うため、**大規模なバッチ処理**に適しています。一方、**Presto**は**メモリ上**での高速な集計に特化しており、**対話的なクエリ実行**に適しています。SQL-on-Hadoopだけでなく、従来からある**MPPデータベース**なども適材適所で使い分けながらビッグデータの集計は行われます。

データの構造化さえできてしまえば、後はデータウェアハウスと同じ考え方でデータマートを構築できます。最初に**ファクトテーブル**や**ディメンションテーブル**を用意して、それらを**結合**、**集約**しながら可視化に適した**非正規化テーブル**を作ります。ディメンションとして使うようなデータは、普段から定期的にスナップショットして**履歴**を蓄えておくようにします。最終的にディメンションの**カーディナリティ**が小さくなるようにさえ工夫すれば、非正規化テーブルは十分に小さく集約可能です。

第4章 ビッグデータの蓄積

本章ではデータを収集し、分散ストレージへと格納するまでのプロセスを見ていきます。

4.1節では「バルク型」と「ストリーミング型」のデータ転送について説明します。集めたデータを分散ストレージへと格納するプロセスを「データインジェスション」と呼び、その過程で処理のしやすい均質なデータを作ります。

4.2節では、ストリーミング型のデータ転送である「メッセージ配送」のしくみと、その注意点を説明します。メッセージ配送のシステムでは、性能を優先するために「信頼性」が犠牲になる場合があります。

4.3節では、メッセージ配送における「プロセス時間」と「イベント時間」の区別について説明します。イベント時間を考慮してデータを集計するときには、「述語プッシュダウン」などの最適化を考慮してストレージを構築します。

4.4節では、いくつかの「NoSQLデータベース」の性質と使い分けについて取り上げます。NoSQLデータベースは、それ単体では高度な集計機能を持たないものが多いため、クエリエンジンと組み合わせる形でデータ分析します。

図4.A データ収集からストレージへの格納まで

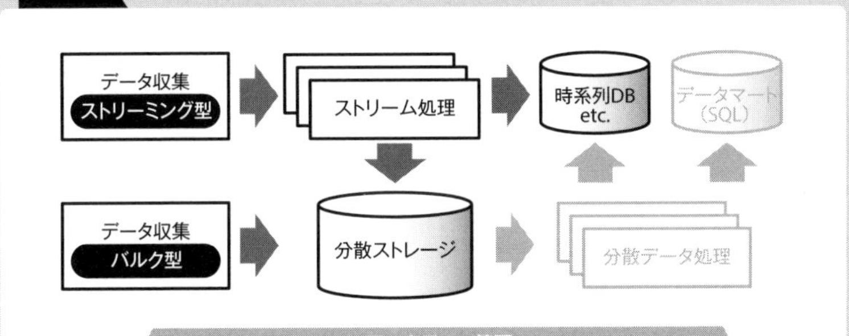

4.1 バルク型とストリーミング型のデータ収集

データの転送には、バルク型とストリーミング型の2種類のツールが使われます。本節では、それぞれの方法で分散ストレージへとデータが格納されるまでの流れを見ていきます。

オブジェクトストレージとデータインジェスション
分散ストレージにデータを取り込む

ビッグデータはほとんどの場合、スケーラビリティの高い**分散ストレージ**(*distributed storage*)へと格納されます。分散型のデータベースが利用される場合もありますが、まず基本となるのは大量にファイルを保存するための**オブジェクトストレージ**(*object storage*)です(**図4.1**)。Hadoopであれば「HDFS」、クラウドサービスであれば「Amazon S3」などが有名です。

図4.1 オブジェクトストレージにデータを格納する

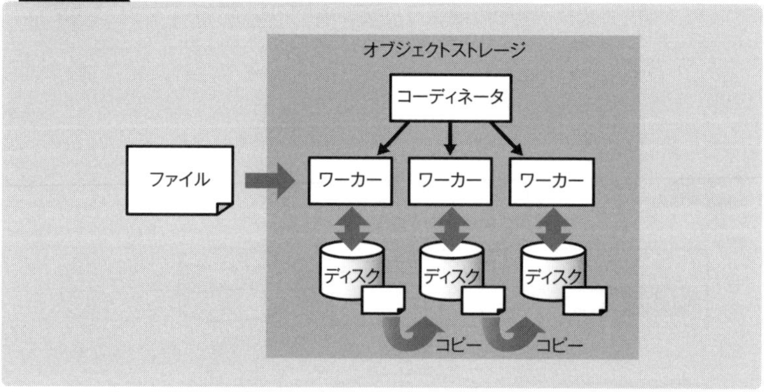

オブジェクトストレージでは、多数のコンピュータを用いてファイルを複数のディスクにコピーすることで、データの冗長化と負荷分散を実現している。

オブジェクトストレージへのファイルの読み書きはネットワーク経由で行いますが、その背後には多数の物理的なサーバーやハードディスクがあります。データは常に複数のディスクにコピーされ、一部のハードウェアが故障してもデータが失われることはありません。データの読み書きが多数のハードウェアに分散されることで、データ量が増えても性能が落ちることのないように工夫されています。

オブジェクトストレージのしくみはデータ量が多いときには優れていますが、少量のデータに対しては逆に非効率であることには注意が必要です。たとえば、100バイトの小さなファイルを頻繁に読み書きすることはオブジェクトストレージには向いていません。データ量に対して通信のオーバーヘッドが大き過ぎるためです。

データインジェスション

ビッグデータとしてよく扱われるのは時系列データ、つまり時間と共に生成されるデータですが、それを頻繁にオブジェクトストレージに書き込むと大量の小さなファイルが作られてしまい、時間と共に性能を低下させる要因となります。小さなデータは適度にまとめて、一つの大きなファイルにすることで効率が良くなります。

それとは逆に、ファイルが大きくなり過ぎることにも問題があります。ファイルサイズが増えるとネットワーク転送に時間が掛かり、予期せぬエラーの発生率も高まります。仮に1TBのファイルを100Mbpの回線で転送すると約24時間掛かります。そのような巨大なデータは一度に処理するのではなく、適度に分割しておく方が問題が起きにくくなります。

ビッグデータはただ集めれば良いというものでもなく、後から処理しやすいように準備しておく必要があります。オブジェクトストレージで効率良く扱えるファイルサイズは、ざっと1MBから1GBの間くらいです。それより小さいデータはまとめて一つにし、大きいデータは複数に分割することを考えます(**図4.2**)。

集めたデータを加工することにより、集計効率の高い分散ストレージを作る一連のプロセスを**データインジェスション**(*data ingestion*)と呼びます。これにはデータの収集から、構造化データの作成、分散ストレージへの長期的な保存などが含まれます。

図4.2 ファイルサイズを適度な大きさに保つ

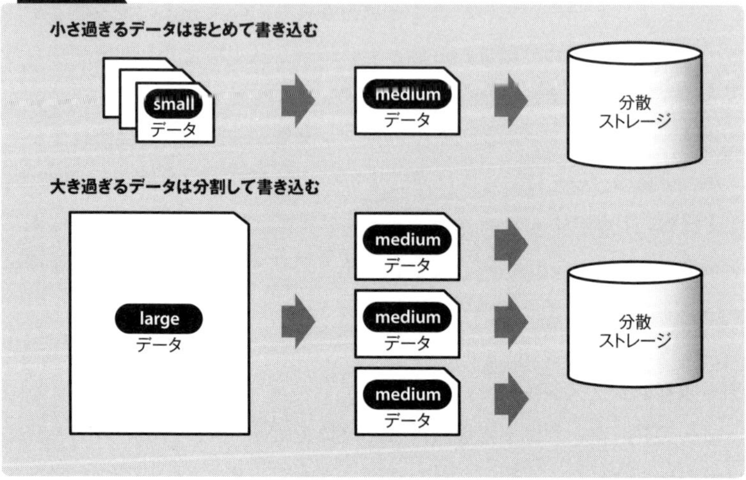

バルク型のデータ転送 ETLサーバー設置の必要性

前述のとおり、データ転送のしくみにはバルク型とストリーミング型の2種類があります。両者は技術的な特性も用いられるツールもまったく異なるため、その性質を理解した上で使い分けなければなりません。

伝統的なデータウェアハウスで用いられてきたのはおもに「バルク型」の方式で、データベースやファイルサーバー、あるいはWebサービスなどから、それぞれのやり方(SQLやAPIなど)でまとめてデータを取り出します(**図4.3**)。ビッグデータを扱う場合にも、過去に蓄積した大量のデータがすでにあるときや、既存のデータベースからデータを抽出したいときにはバルク型のデータ転送を行います。

元となるデータが最初から分散ストレージに保存されているのでもない限りは、データ転送のために**ETLサーバー**を設置することになります。ETLサーバーでは、構造化データの扱いに適したデータウェアハウス向けのETLツールや、オープンソースのバルク転送ツール、あるいは自作のスクリプトなどを用いてデータを転送します。

図4.3 バルク型のデータ転送

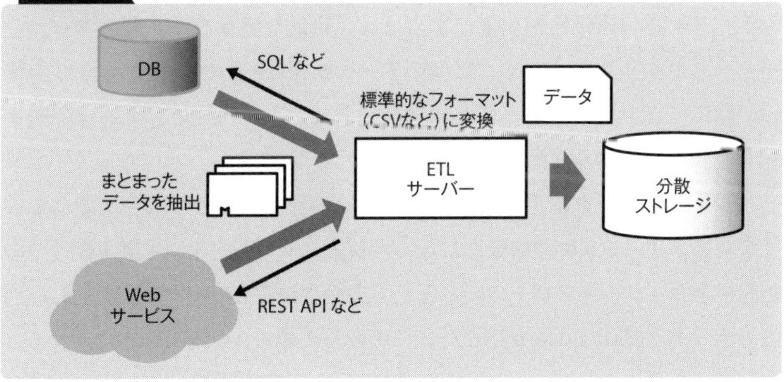

ファイルサイズの適正化は比較的簡単

バルク型のツールでファイルサイズを適正化するのは比較的簡単です。ETLプロセスは1日ごと、あるいは1時間ごとといった頻度で定期的に実行するものなので、その間に蓄えられたデータは一つにまとめられます。もしそうなっていないのであれば、転送方法を見直した方が良いでしょう。たとえば、100個のファイルを転送するのに100回の転送を繰り返していたのではまとめようがありません。1回の転送ですべてのファイルを対象とするように変更しましょう。

大き過ぎるデータは転送ツールの側で分割できます。とはいえ、あまりにも大量のデータを一度に転送しようとするのは危険です。たとえば、過去数年分の何TBものデータを1回で転送するべきではありません。仮にそのように転送してしまうと、開始から数時間後にディスク溢れでエラーになる、などとといったトラブルを何度も経験することになるでしょう。

データ量が多いときには、1ヵ月ずつ、あるいは1日ずつ転送するような小さなタスクに分解し、1回のタスク実行が大きくならないように調整します。ワークフロー管理ツールを使うと、このようなタスク実行を管理しやすくなります。タスクを適度に小さくすることで、ディスク溢れのような潜在的な問題を回避できるのと同時に、もし途中で問題が起きてもやり直すのが簡単になります。

データ転送のワークフロー　ワークフロー管理ツールとの親和性

データ転送の信頼性が重要な場合には、可能な限りバルク型のツールを使うべきです。ストリーミング型のデータ転送（後述）は、後からやり直すのが簡単ではありません。何か問題が起きたときに何度でもデータ転送をやり直せるのはバルク型の利点です。

バルク型のデータ転送は、ワークフロー管理ツールとの相性が優れています。ストリーミング型の転送はその性質上、リアルタイムで動き続けるのが前提となりワークフローの一部として実行されるものではありません。過去のデータを漏れなく取り込んだり、失敗したタスクを再実行したりすることを考えるのであれば、バルク型の転送を行う方が間違いがありません。

以上のような性質から、バルク型のデータ転送はワークフロー管理ツールと組み合わせて導入します。定期的なスケジュール実行やエラー通知などはワークフロー管理ツールに任せます。毎日のマスタデータのスナップショットや、信頼性が重視される課金データの転送などは、他のバッチ処理と合わせてワークフローの一部に組み込むと良いでしょう。

ストリーミング型のメッセージ配送　次々と送られてくる小さなデータを扱うために

今まさに作られて、まだどこにも保存されていないデータは、その場で転送するしかありません。多くのデータは通信機器やソフトウェアによって生成され、ネットワーク経由で送られます。そのようなデータをバルク型のツールで集めるのは不可能なので、「ストリーミング型」のデータ転送が必要です。ここでは例として「Webブラウザ」、スマートフォンの「モバイルアプリ」、そしてセンサー機器など各種の「デバイス」からデータを集めることを考えます（**図4.4**）。

これらのデータ転送に共通するのは、多数のクライアントから次々と小さなデータが送られてくることです。このようなデータ転送のしくみを一般に**メッセージ配送**（*message delivery*）と呼びます。メッセージ配送のシステ

図4.4 ストリーミング型のメッセージ配送

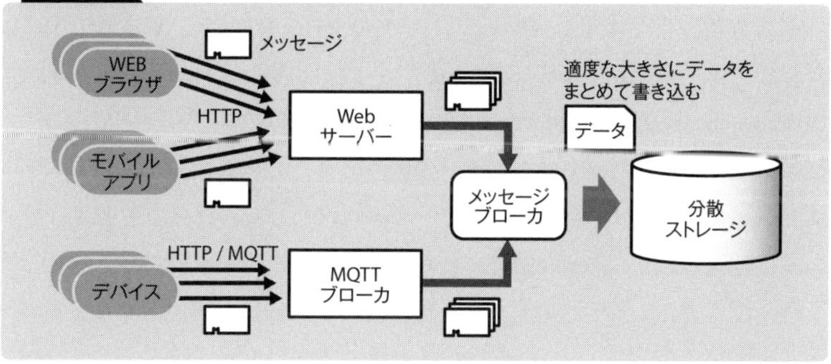

Webブラウザやモバイルアプリでは、メッセージ配送の通信プロトコルとしてHTTP(実際には暗号化したHTTPS)が用いられる。IoTのようなマシンデータでは、MQTT(*MQ Telemetry Transport*)などのオーバーヘッドの小さいプロトコルが用いられることもある。

ムでは、送受信されるデータ量と比較して通信のためのオーバーヘッドが大きくなるため、それを処理するサーバーには高い性能が求められます。

送られてきたメッセージを保存するにはいくつかの方法があります。一つは、小さなデータの書き込みに適したNoSQLデータベースを用いることです。この場合、HiveのようなクエリエンジンからNoSQLデータベースに接続してデータを読み出すことになります。

あるいは分散ストレージに直接書き込むのではなく、図4.4のように**メッセージキュー**(*message queue*)や**メッセージブローカ**(*message broker*)などの中継システムに転送する場合もあります。この場合、書き込まれたデータは一定の間隔で取り出されて、まとめて分散ストレージへと保存されます。

Webブラウザからのメッセージ配送 Fluentd、Logstash、Webイベントトラッキング

自社開発のWebアプリケーションなどでは**図4.5❶**のように、Webサーバーの中でメッセージを作って配送します。このとき転送効率を高めるために、サーバー上で一旦データを蓄えてからまとめて送ることが多いでしょう。このようなケースでは「Fluentd」[注1]や「Logstash」[注2]のようなサーバー

注1 URL https://www.fluentd.org
注2 URL https://www.elastic.co/logstash/

常駐型のログ収集ソフトウェアがよく用いられます。

別の方法としては図4.5❷のように、JavaScriptを用いてWebブラウザから直接メッセージを送る場合もあります。これは**Webイベントトラッキング**(*web event tracking*)として知られるものです。利用者からするとHTMLページにタグを埋め込むだけで済むため、各種のアクセス解析サービスやデータ分析サービスなどで採用されています。集められたデータはそのまま別のサーバーに転送したり、API経由でまとめて取得し、それを分散ストレージに取り込んだりすることで他のデータと組み合わせた分析が可能となります。

Column

Fluentdによるメッセージ配送

分散ストレージにデータを中継するメッセージブローカの役割として、ログ収集ソフトウェアである「Fluentd」を用いることが考えられます。Fluentdは内部に効率的なバッファリング機構を持ち、一定の時間間隔あるいは一定のサイズで外部にデータをまとめて書き出すことができます。必要に応じて部分的にデータを書き換えたり、複数のストレージにコピーしたりすることも可能です(**図C4.1**)。

ただし、Fluentdは元々メッセージブローカとして設計されているわけではないので限界もあります。たとえば、複数台でデータを冗長化することはできず、仮にノードがクラッシュしてバッファが失われると未送信のデータは消えてなくなります(とはいえ、ディスク上のバッファが消えない限りは再送できるので、実際にはそれほどリスクは高くありません。あくまで可能性の話です)。また、メッセージを一方的に送り出すことしかできず、外部から要求して取り出すことはできません。配送に成功したメッセージはすぐに消えてしまうので、後から送信をやり直すこともできません。メッセージブローカに求められる機能については4.2節で詳しく説明します。

図C4.1 Fluentdによるメッセージ配送

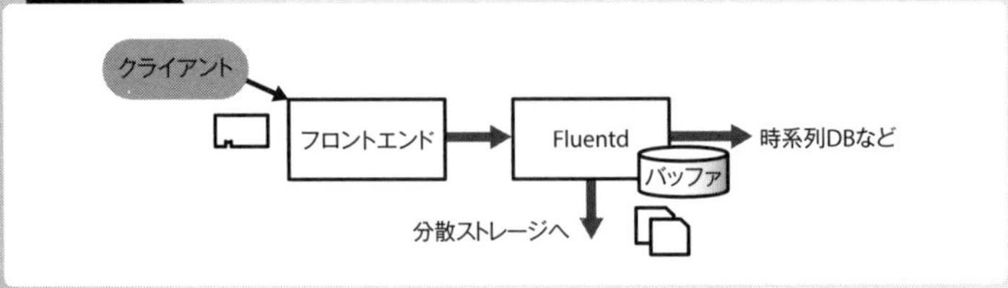

図4.5 Webブラウザからのメッセージ配送

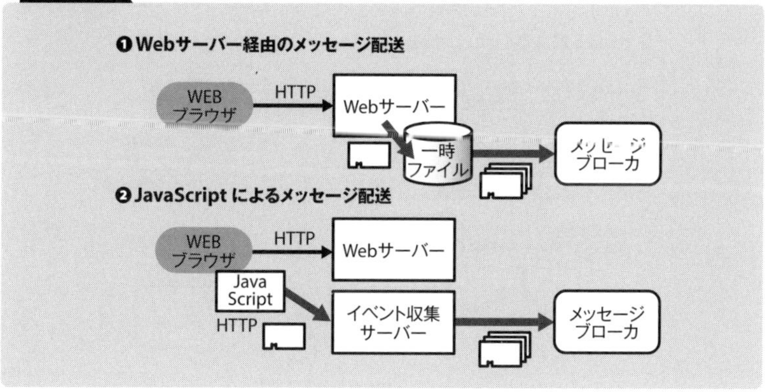

モバイルアプリからのメッセージ配送　MBaaS、SDK

モバイルアプリは通信方法だけを見るとHTTPを話すクライアントの一つなので、メッセージ配送のしくみはWebブラウザと同じです。モバイルアプリでは自前でサーバーを立てるのではなく、MBaaS（*mobile backend as a service*）と呼ばれるバックエンドの各種サービスを利用することもあります。その場合には**図4.6❶**のように、バックエンドのデータストアに格納したデータをバルク型のツールで取り出すことになるでしょう。

あるいは図4.6❷のように、モバイルアプリに特化したアクセス解析サービスを経由してイベントデータを集めます。この場合、サービスから提供されるモバイル用の便利な開発キット（SDK）を用いてメッセージを送ることになるでしょう。モバイルアプリはオフラインになることも多いため、発生したイベントは一旦SDKの内部に蓄えられ、オンラインになったときにまとめて送信されるように作られています。

モバイル回線は通信が不安定であり、通信エラーに伴うメッセージの再送が何度も発生します。その結果、データが重複する可能性も高くなり、何らかの重複排除（後述）のしくみが必要となります。SDKを導入する場合には、データの重複に対してどのような対策が行われているのか確認した方が良いでしょう。

図4.6 モバイルアプリからのメッセージ配送

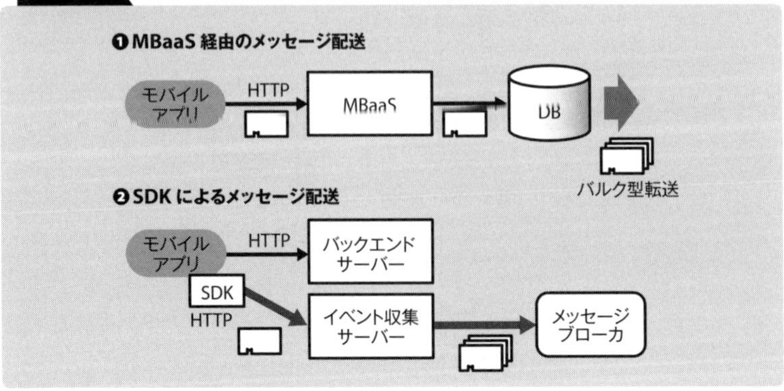

デバイスからのメッセージ配送　MQTTを例に

IoTなどのデバイスからのメッセージ配送は、本書執筆の時点ではまだ業界標準と呼べるものがなく、多くの規格が乱立しているようです。ここでは一つの例として、MQTTについて見ておきましょう。**MQTT**（*MQ telemetry transport*）はTCP/IPを用いてデータ転送するプロトコルの一つで、一般に**Pub/Sub型メッセージ配送**（*Pub/Sub message delivery*）と呼ばれるしくみを提供します。「Pub/Sub」というのは**配信**（*publish*）と**購読**（*subscription*）の略であり、チャットシステムやメッセージングアプリ、あるいはプッシュ通知などのシステムでよく用いられる技術です。

MQTTでは、最初に管理者によって**トピック**（*topic*）が作られます。これはメッセージを送受信するためのチャットルームのようなもので、そのトピックを購読すればメッセージが届くようになり、トピックに配信すると購読中の全クライアントに送られます。このようなメッセージのやり取りを中継するサーバーを**MQTTブローカ**（*MQTT broker*）、メッセージを受け取るシステムを**MQTTサブスクライバ**（*MQTT subscriber*）と呼びます（**図4.7**）。

MQTTでデータを集めるには、まずトピックを作成してそれを購読します。そして各デバイスがトピックにメッセージを配信するようにプログラムを書くと、後はMQTTが定めるルールに従ってメッセージ配送が行われます。MQTTの特徴の一つとして、ネットワークから切断された場合にで

図4.7 デバイスからのメッセージ配送

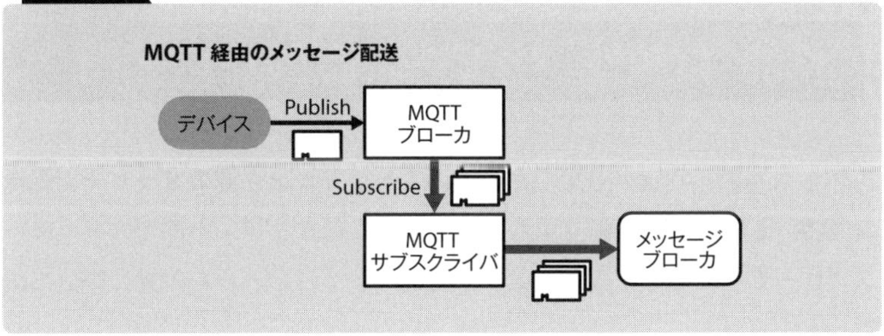

も後から再送するしくみがプロトコルレベルで考慮されています。HTTPではそのようなしくみは自分で考える必要がありますが、MQTTではすでに用意されたしくみを使うことができます。

メッセージ配送の共通化　異なる部分と共通する部分を分離して考える

以上のように、メッセージ配送のしくみはどこからデータを集めるかによってまったく異なります。そのため環境によって異なる部分と、共通する部分とを分離して考えましょう。

本書では、メッセージが最初に生成される機器を**クライアント**(*client*)、そのメッセージを最初に受け取るサーバーを**フロントエンド**(*frontend*)と呼びます。フロントエンドの役割は、クライアントとの間の通信プロトコルをきちんと実装することです。悪意のある攻撃からデータを守るために暗号化やユーザー認証を実装し、性能上の問題を解決するために高いスケーラビリティも必要です。

フロントエンドが受け取ったメッセージは、そのままメッセージブローカに転送します。分散ストレージにデータを格納するのはメッセージブローカから先の役割です。こうして役割を分離することにより、フロントエンドはただデータを受け取ることだけに専念し、そこから先の難しい問題については背後の共通システムに任せられます。

4.2 [性能×信頼性]メッセージ配送のトレードオフ

クライアントの数が増えてくると、**ストリーミング型のメッセージ配送**の「**性能**」と「**信頼性**」を両立することは難しくなります。本節ではメッセージブローカを中心とするメッセージ配送のしくみと、その限界について説明します。

メッセージブローカ　ストレージの性能問題を解決する中間層の設置

メッセージ配送によって送られてきたデータを、分散ストレージに保存するときには注意が必要です。データ量が少ないうちは問題にならずとも、書き込みの頻度が増えるにつれてディスクが性能の限界に達し、それ以上は書き込めなくなる恐れがあるからです。とりわけ外部から送られてくるメッセージの量はコントロールできないため、急なデータ量の増加に対応するのは簡単ではありません。

仮に書き込み性能の限界によりエラーが発生すると、ほとんどの場合クライアントはメッセージを再送しようとします。しかし、性能的な限界に達しているところでいくら再送しても、負荷が高まるばかりで何も解決しません。結局、どうにかして書き込み性能を上げるか、あるいはクライアントが再送を諦めて負荷が下がるまではエラーが継続することになります。

大量のメッセージを安定して受け取るためには、頻繁な書き込みへの性能が極めて高く、しかも必要に応じていくらでも性能を上げられるストレージが必要です。分散ストレージが必ずしもそのような性質を備えているとは限らないので、ビッグデータのメッセージ配送システムではしばしばデータを一時的に蓄える中間層が設置されます。これを**メッセージブローカ**(*message broker*)と呼びます(**図4.8**)。

図4.8 プッシュ型とプル型のメッセージ配信

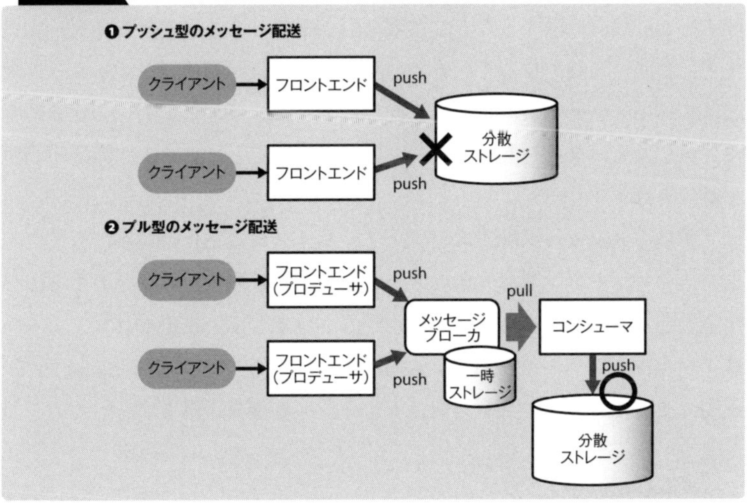

分散ストレージに直接メッセージを書き込むと負荷コントロールが難しくなり、性能の限界に達しやすい。メッセージブローカが一時的にデータを蓄えることで、分散ストレージへの書き込み速度を安定化する。

ビッグデータのための分散型メッセージブローカとしては、オープンソースであれば「Apache Kafka」[注3]、クラウドサービスであれば「Amazon Kinesis」[注4]などが有名です。

プッシュ型とプル型　スケーラビリティ向上とファイルサイズ適正化

メッセージ配送のシステムでは、送信元の都合でデータを送るものを**プッシュ型**(*push*)、受信側の都合でデータを取り寄せるものを**プル型**(*pull*)と呼びます。メッセージブローカはデータの書き込み速度を調整するための緩衝帯となり、プッシュ型からプル型へとメッセージ配送のタイミングを変換します。

メッセージブローカにデータをプッシュするものを**プロデューサ**(*producer*)、プルするものを**コンシューマ**(*consumer*)と呼びます。メッセージ

注3　URL https://kafka.apache.org

注4　URL https://aws.amazon.com/kinesis/

ブローカは高頻度なデータの書き込みに対して最適化されており、複数台のノードに負荷分散することで性能を引き上げることのできるスケーラビリティの高い実装となっています。そのため、プッシュ型のメッセージ配送はすべてメッセージブローカに向けるようにして、そこから一定の頻度でプルしたデータを分散ストレージに書き込むことにより、性能上の問題を避けられます。

プル型のメッセージ配送は、ファイルサイズの適正化のためにも役立ちます。フロントエンドは大量のメッセージを受け取るため、そのまま保存すると非常に多くの小さなファイルが作られてしまいます。コンシューマはメッセージブローカから一定の頻度でデータをプルすることによって、適度にまとまったデータを分散ストレージへと書き込みます。

メッセージルーティング

具体的な数字で考えてみましょう。あるシステムが100万台のデバイスから1分ごとに100バイトのメッセージを受け取るとします(**図4.9**)。システム全体が受け取るのは毎秒1.7万メッセージ、データ量にして1.66MB(=13.28Mbps)になります。データ量だけ見るとそれほど多いわけではありませんが、毎秒1.7万回の書き込みに耐えられるデータベースを用意するのは大変です。

図4.9 メッセージブローカによるメッセージルーティング

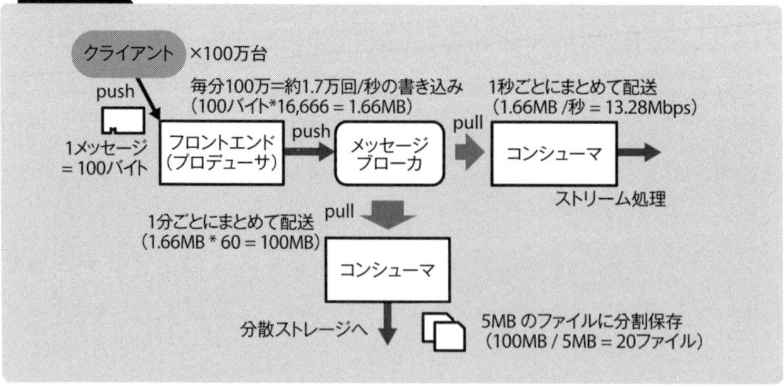

メッセージブローカに書き込まれたデータは一定の期間保持され、その間であれば何度でも読み出すことができる。リアルタイムのストリーム処理では、短い間隔で次々とデータを取り出すが、長期的に分散ストレージに保存する場合には、ある程度データが貯まってからまとめてファイルに保存することが好ましい。

そのため、フロントエンドではメッセージブローカにデータをプッシュするようにして、それをコンシューマからまとめてプルします。仮に1秒ごとにプルすると一度に読み込まれるデータ量は1.66MBなので、それをリアルタイムに処理するのも難しくありません。このように短い頻度で次々とデータを取り出して処理するのが**ストリーム処理**(*stream processing*)です。

メッセージブローカに書き込んだデータは、複数の異なるコンシューマから読み込むことができます。それによってメッセージがコピーされ、データを複数の経路へと分岐させられます。これを**メッセージルーティング**(*message routing*)と呼びます。たとえば、メッセージの一部をリアルタイムな障害検知に使いつつ、同じメッセージを長期的なデータ分析のために分散ストレージに格納することも可能となります。

メッセージ配送を確実に行うのは難しい　信頼性の問題と3つの設計方式

性能問題に加えて、避けては通れないのが**信頼性**(*reliability*)の問題です。特にモバイル回線のような信頼性の低いネットワークでは、必ずメッセージの重複や欠損が発生します。それをどのように扱うかは導入するシステムによって異なります。多くの場合は、以下のいずれかを保証するように設計されます。

- **at most once** ➡**メッセージは一度しか送られない。ただし、途中で失敗して消える可能性がある(欠損する)**
- **at least once** ➡**メッセージは間違いなく届けられる。ただし、同じものが何度も届く可能性がある(重複する)**
- **exactly once** ➡**メッセージは欠損することも重複することもなく、一度だけ届けられる**

at most once

分散システムでは、ネットワークの障害などによってさまざまなエラーが発生します。何が起きても絶対にメッセージを送り直したりしないのが"at most once"です。しかし、大抵はデータの欠損を避けるために**再送**

(*retransmission*)が行われます。再送を行うシステムでは"at most once"を保証するのは難しくなります。エラーを検知したからと言って、メッセージが送られていないとは限らないからです。

たとえば、次のようなケースを考えます。2つのノード間でTCP/IPでメッセージを送ります。データの転送が終わり、受信完了を示す"ack"が返される直前にネットワーク通信が遮断されたとします。すると、送信元ではタイムアウトを検知して再送が始まります。一方、受信側からするとメッセージをすでに受け取り終わっているので、タイムアウトによる通信断を待つことなくデータ処理を進めてしまうかもしれません。その後、接続が再開されるとメッセージが再送されてくるので、これによって重複が発生します。

exactly once

一般に、ネットワークで分断された2つのノードがある場合に、両者の通信内容を保証するには間に立つ**コーディネータ**(*coordinator*)の存在が不可欠です。メッセージの送信側も受信側も、互いの情報をコーディネータに伝えることで、問題が起きたときにはコーディネータの指示に従ってそれを解決します。これによって"exactly once"は実現できます。しかし、これには二つの問題があります。

第一に、分散システムではコーディネータが常に存在するとは仮定できません。コーディネータとの通信が途絶えることもあれば、コーディネータ自身が停止することもあります。そのたびにシステムを止めるわけにもいかないので、コーディネータ不在の場合にどうするかという**コンセンサス**(*consensus*)を定めることになります。これは分散システムの設計において難しい問題の一つであると言われており[注5]、多くの場合は短時間の障害が発生する可能性を受け入れることになります。

もう一つは性能上の問題で、コーディネータに判断を仰いでいたのでは

注5　「Consensus_ (computer science)」
URL https://en.wikipedia.org/wiki/Consensus_(computer_science)

時間が掛かり過ぎるということです。特にメッセージ配送のように広く分散したシステムでは、コーディネータに頼ることなく処理を進めたいところです。

以上のような理由から、メッセージ配送システムではコーディネータは導入せずに、"exactly once"ではなく"at least once"、つまりメッセージが重複する可能性を考慮の上でシステムを構築します。

at least once　重複排除は利用者に任されている

仮にメッセージが再送されても、それを取り除くしくみさえあれば、見掛け上は重複がないように見せることは可能です。そのためのしくみを**重複排除**（*deduplication*）と呼びます。

たとえば、TCP/IPによるネットワーク通信を考えます。インターネットの標準であるIP通信は、そのままではデータの欠損も重複も起こり得る信頼性のないメッセージ配送方式です。そこでTCPではメッセージの受信確認のために"ack"というフラグを導入し、"at least once"を実現しています。そのためメッセージの再送による重複が起こりますが、すべてのTCPパケットにはそれを識別するシーケンス番号が埋め込まれており、それを用いて重複排除が行われます。つまり、同じ番号のパケットは重複しても破棄されているわけです。

メッセージ配送のシステムは常にこれと同じ問題を抱えています。どこか中央にコーディネータが存在するのでもない限りは"exactly once"は実現できず、必ず"at most once"、もしくは"at least once"での転送が行われます。そして後者であれば重複排除しない限りはメッセージの重複が起こり得ます。

ここで注意しなければならないのは**表4.1**に示すように、多くのメッセージ配送システムは"at least once"を保証する一方で、重複排除は利用者に任されており、TCP/IPのように自動で重複を取り除いてくれたりはしないということです。

表4.1 メッセージ配送に用いられるオープンソースソフトウェアの信頼性

ソフトウェア	信頼性
Apache Flume	"at least once"を保証
Apache Kafka	"at least once"を保証※
Logstash	"at least once"を保証(2.0以降)
Fluentd	オプションで"at least once"を保証(0.12以降)

※ 0.11以降でシーケンス番号による重複排除に対応した。

Tip 信頼性のないメッセージ配送

メッセージ配送のツールが信頼性について何も保証していない場合もあります。たとえば、JavaScriptによるデータ収集はあまり信頼できません。Webページを閉じるだけで簡単に動作が停止してしまうからです。

重複排除は高コストなオペレーション

メッセージを重複排除するには、同一のメッセージを過去に受け取っていないか判定する必要があります。TCPではメッセージにシーケンス番号を付けますが、メッセージ配送における重複排除ではシーケンス番号はあまり使われません。すべてのメッセージに一連の番号を付けるには、どこか1ヵ所に処理を集中させる必要があり、性能向上が難しくなるためです。そのため代替案として、次のような方法が用いられます。

オフセットを用いた重複排除

一つはファイル転送の考え方と同様の方法です。送信すべきデータにファイル名などの名前を付けて、それを小さなメッセージに載せて配送します。各メッセージには、ファイル内の開始位置(オフセット)を付け加えます。仮にメッセージが重複しても、同じファイルの同じ場所が上書きされるだけなので問題になりません。システムによって"at least once"が保証されているなら、いずれはファイルが再構成されてデータ転送が完了します。

この方法は、バルク型のデータ転送のようにデータ量が固定の場合にはうまく機能します。一方、ストリーミング型のメッセージ配送でこの方式を採用しているものはほとんどありません。

ユニークIDによる重複排除

ストリーミング型のメッセージ配送でよく使われるのは、すべてのメッセージにUUID（*Universally Unique Identifier*）などのユニークIDを付ける方法です。この場合、メッセージが増えるにつれてIDが爆発的に増えるので、それをどう管理するかが問題となります。過去に転送されたすべてのIDを覚えておくのは現実的でなく、だからと言ってIDを破棄すれば遅れて届いたメッセージが重複します。

現実的には、最近受け取ったIDだけを覚えておき（たとえば、直近1時間など）、それよりも遅れてきたメッセージの重複は許容することになります。重複のほとんどは一時的な通信エラーによって発生するため、それさえ取り除けば99％の信頼性は達成できるからです。

エンドツーエンドの信頼性

重複も欠損もない信頼性の高いメッセージ配送を実現するのは簡単ではなく、すべてのソフトウェアで十分な信頼性が実現されていると期待することはできません。メッセージ配送における性能と信頼性はトレードオフの関係にあり、一方を優先すると他方が犠牲になります。

ビッグデータのメッセージ配送では、しばしば信頼性よりも「効率」の方が重視されます。そのため途中経路では`"at least once"`を保証する一方で、「重複排除は行わない」ことが標準的な実装となります。そもそも重複排除とはエンドツーエンドで実行しなければ意味がありません。つまり、クライアントが生成したメッセージを、最終到達地点である分散ストレージに書き込む段階で重複のない状態にしなければなりません。

ここまで見てきたように、ストリーミング型のメッセージ配送はクライアントからフロントエンド、そしてメッセージブローカやコンシューマを含めた多数の要素で構成されます。その一部で重複排除が実現されても、他の場所で重複が起きる可能性があります。

メッセージ配送の最終的な信頼性は、途中経路の信頼性の組み合わせで決まります。途中に1ヵ所でも"at most once"があればメッセージを欠損する可能性があり、"at least once"があれば重複する可能性があります。信頼性の高いメッセージ配送を実現するには、途中の経路をすべて"at least once"で統一した上で、クライアント上ですべてのメッセージにユニークIDを含めるようにし、そして経路の末端で重複排除を実行する必要があります。

ユニークIDを用いた重複排除の方法　NoSQLデータベース、SQL

ユニークIDを用いて重複排除するにはいくつかの方法がありますが、ここでは代表的な二つの方法を説明します。

一つは、分散ストレージとしてNoSQLデータベースを用いることです。たとえば、後述するCassandraやElasticsearchなどはその性質上、データを書き込むときにユニークIDを指定することになっており、同じIDのデータは上書きされます。そのため、重複があったとしても変化は起こらず、結果として重複排除が実現されます。

もう一つは**リスト4.1**のように、SQLで重複排除することです。届いたデータは一旦そのままオブジェクトストレージなどに保存しておいて、後から読み込む段階で重複を取り除きます。これは力技とも言える大規模なデータ処理になるため、メモリ上で実行するのはほとんど不可能であり、Hiveのようなバッチ型のクエリエンジンで実行します。

リスト4.1　SQLを用いて重複排除する

DISTINCTを用いる方法
```
SELECT DISTINCT unique_id, col1, col2, ... FROM table1;
```

GROUP BYを用いる方法
```
SELECT max(col1) col1, max(col2) col2, ... FROM table1 GROUP BY unique_id;
```

データインジェスションのパイプライン　長期的なデータ分析に適したストレージ

以上のような一連のプロセスを経て、最後にデータを構造化して列指向ストレージへと変換することで、ようやく長期的なデータ分析に適したストレージが完成します。これが「データインジェスションのパイプライン」です(**図4.10**)。

図4.10 データインジェスションの一例(ストリーミング型)

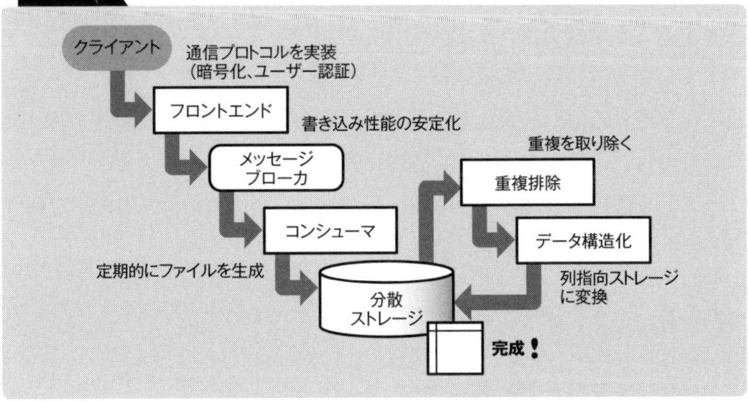

実際にどのようなパイプラインを作るかは要件次第であり、必要に応じてシステムを組み換えます。書き込み性能に不安がなければメッセージブローカは不要であり、クライアントやフロントエンドからNoSQLデータベースに直接データを書き込んでも良いでしょう。多少の重複が許されるなら重複排除も省略できます。

データの集計にクエリエンジンを用いる場合には、構造化したデータを列指向のストレージ形式でオブジェクトストレージに保存します。MPPデータベースを用いるなら、定期的にデータをロードすれば完成です。これらの一連のプロセスは、次章以降でワークフローの一部として説明します。

重複を考慮したシステム設計 ビッグデータシステムにおける「重複」の考え方

一般にストリーミング型のメッセージ配送では、途中で明示的に重複排除のしくみを導入しない限りは、常に重複の可能性があると思った方が良いでしょう。ビッグデータを扱うシステムには非常に高い性能が求められるため、ごくわずかな重複は無視される傾向にあります。

これは実際にはそれほど大きな問題ではありません。モバイル回線のように不安定な通信経路は別として、データセンターのような安定した回線であれば、何もせずとも99%以上の信頼性を確保できる可能性が高いでしょう。その程度の誤差は許容した上で、日頃から「冪等な操作」(第5章で後述)を心掛けることで、「重複があっても問題にならない」ようなシステムを設計することが推奨されます。

どうしても信頼性が重視されるときには、ストリーミング型のメッセージ配送を避けるのが一番です。たとえば課金データのように誤差が許されないものは、トランザクション処理に対応したデータベースにアプリケーションから直接書き込むべきです。その上でバルク型のデータ転送を行うことで、重複も欠損も確実に避けられます。

Column

メッセージブローカと信頼性

メッセージの「重複」や「欠損」は確率的に発生するものではなく、ネットワークやハードウェアの一時的な障害に伴って引き起こされる設計上のトレードオフです。システムが安定して動いている限りは発生しないので、なるべく障害を起こさないことが信頼性を高めるために重要です。

最も避けたいのは、クライアントが送信したメッセージを受け取り損ねることです。再送のしくみがあれば欠損は避けられるものの、代わりに重複の可能性が高まります。そのため、メッセージを最初に受け取るフロントエンドからメッセージブローカに至る流れは、常に安定した書き込みが可能となるようにスケーラブルな実装を選びたいところです。

メッセージブローカを使うと書き込み性能が向上するだけでなく、後続の処理を安定化するのにも役立ちます。たとえば、分散データベースをメンテナンスで停止するような場合にでも、メッセージブローカさえ動いていればデータを受け取り損ねることはありません。また、何らかの理由で過去に遡って処理をやり直したくなったとしても、プル型のシステムであれば一定期間は何度でも同じデータを取り出せます。

以上のように、メッセージブローカはメッセージ配送の安定性を高める上で有用ですが、メッセージブローカ自体に障害が起きることもあるので油断は禁物です。メッセージブローカの中で重複が発生する可能性もあります。システムを設計する上では、こうした制約を見極めながら「性能」と「信頼性」を両立する必要があります。

4.3 時系列データの最適化

ストリーミング型のメッセージ配送では「メッセージが届くまでの時間の遅れ」が問題となります。本節では、遅れて届くデータが集計速度に与える影響について説明します。

プロセス時間とイベント時間　データ分析の対象はおもにイベント時間

スマートフォンからデータを集めようとすると、メッセージが数日遅れで届くことも珍しくありません。ユーザーが電波の届かない場所に出掛けたり、バッテリーが切れたりすることもあるからです。モバイルアプリによっては、画面が切り替わると次にアプリが起動されるまでメッセージが送信されない場合もあります。いずれにしても、数日程度の遅延を見越してデータ分析を考えなければなりません。

クライアント上でメッセージが生成される時間を**イベント時間**(*event time*)、サーバーがそれを処理する時間を**プロセス時間**(*process time*)と呼びます。多くの場合、データ分析の対象となるのは「イベント時間」であるため、この時間のズレが厄介な問題を引き起こします。

プロセス時間による分割と問題点　極力避けたいフルスキャン

例として、モバイルアプリのアクティブユーザー数を集計することを考えます。遅れてくるデータがあるということは、過去の集計結果が毎日少しずつ変わるということです。より実態に近い集計結果を得るには、「イベント時間」から数日が経過したところで過去に遡って集計しなければなりません(**図4.11**)。

図4.11 イベント時間とプロセス時間には差異がある

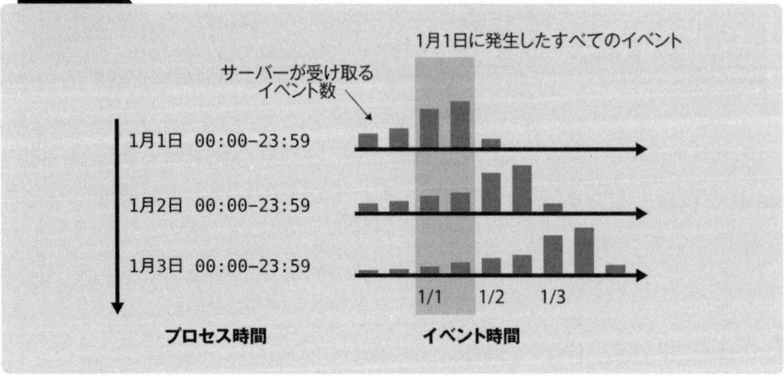

イベントの多くはその日のうちに送られてくるが、前日あるいはそれ以前に生成されたイベントも数多く届けられる。ある1日に発生したすべてのイベントを集めるには何日も待たなければならない。

その一方で、分散ストレージにデータを取り込む段階では、イベント時間ではなく「プロセス時間」を用いるのが普通です。たとえば、2021年1月1日に届いたデータには20210101のような名前を付けます。そして、それらのファイルには、イベント時間で見ると多数の過去データが含まれた状態になります(**図4.12**)。

図4.12 プロセス時間を用いてファイルを作成する

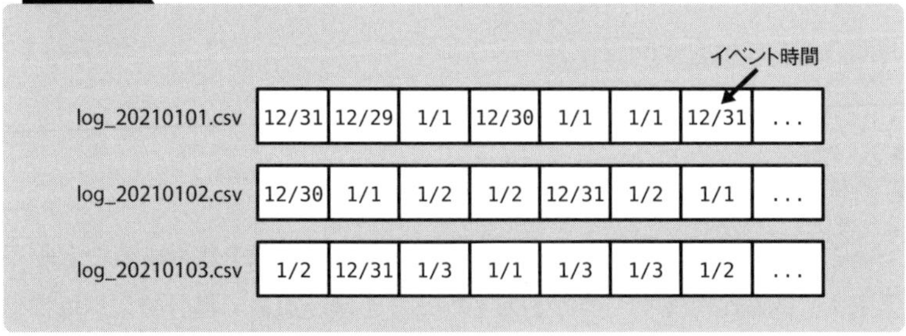

分散ストレージ上ではプロセス時間を用いてファイルを分割する。各ファイルには過去のイベント時間が多数書き込まれている。このようなファイルが毎日何千、何万と作られると、非常の多くのファイルを開かなければ目的のイベントを見つけられなくなる。

この状態から、過去のある1日に発生したイベントを集計したいとしましょう。たとえば、1月1日に発生したイベントであれば、それよりも後に作られるすべてのファイルに含まれている可能性があります。1ヵ月後の2月1日に、それまでに作られたすべてのファイルを開いて、そこから1月1日のデータだけを抜き出せばかなり正確な結果が得られるでしょう。

しかし、少し考えればわかることですが、1ヵ月の間に作られる何十万というファイルの中から特定の1日のデータだけを見つけるのは非常に無駄の多い処理となります。このようなことが起きる原因は、データがイベント時間では並べ替えられておらず、すべてのデータを読み込まなければ目的のイベント時間が含まれているかわからないからです。

多数のファイルを全探索するクエリを**フルスキャン**(*full scan*)と呼び、これがシステムの負荷を大きく高める要因となります。それでもどうにかしてしまうのがビッグデータの技術ではありますが、不必要にフルスキャンを繰り返すのは限られたリソースの無駄使いであり、可能な限り避けたいところです。

時系列インデックス　イベント時間による集計の効率化❶

イベント時間の扱いを効率化するために、データを並べ替えることを考えましょう。これにはいくつかの方法があります。

一つはRDBでインデックスを作るのと同じように、イベント時間に対してインデックスを作成することです。たとえば、Cassandraのような**時系列インデックス**(*time-series index*)に対応した分散データベースを用いると、最初からイベント時間でインデックスされたテーブルを作ることができます[注6]。

時系列インデックスを使うと、ごく短かい範囲の特定の時間に絞り込んだデータの集計を高速に実行できます。ある時間帯に発生したイベントを調査したり、リアルタイムなダッシュボードを作るような場合に有用です。一方、長期にわたる大量のデータを集計する場合には、分散データベース

注6　「Advanced Time Series Data Modelling」
URL https://www.datastax.com/blog/advanced-time-series-data-modelling

はあまり効率的ではありません。長期的なデータ分析では、より集計効率の高い列指向ストレージを継続的に作りたいところです。

述語プッシュダウン　イベント時間による集計の効率化❷

そこで毎日1回、新しく届いたデータをバッチ処理で変換することを考えます。列指向ストレージでは、RDBと同等のインデックスを作成することはできませんが、最初にデータを並べ替えることは可能です。そこで**図4.13**のように、イベント時間でデータを並び換えてから列指向ストレージに変換するようにします。

図4.13　イベント時間で並べ替える

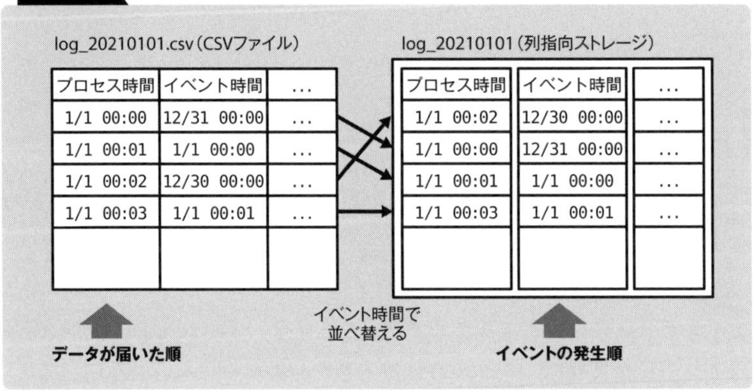

列指向ストレージでは「カラム単位の統計情報」を用いて最適化が行われます[注7]。たとえば、時間であれば各カラムの最小値（開始時間）や最大値（終了時間）などがすべてのファイルにメタ情報として格納されており、それらの情報を参照することで、どのファイルのどの部分に目的のデータが含まれているかがわかります。

この統計情報を用いて、必要最小限のデータだけを読み込むようにする

注7　URL https://orc.apache.org/docs/indexes.html

最適化を**述語プッシュダウン**(*predicate pushdown*)と呼びます[注8]。列指向ストレージを作るときには、なるべく読み込むデータ量が少なくて済むよう**図4.14**のようにデータを並べ替えておくことで、述語プッシュダウンによる最適化が働いてフルスキャンを避けられます。

図4.14 述語プッシュダウンによる最適化

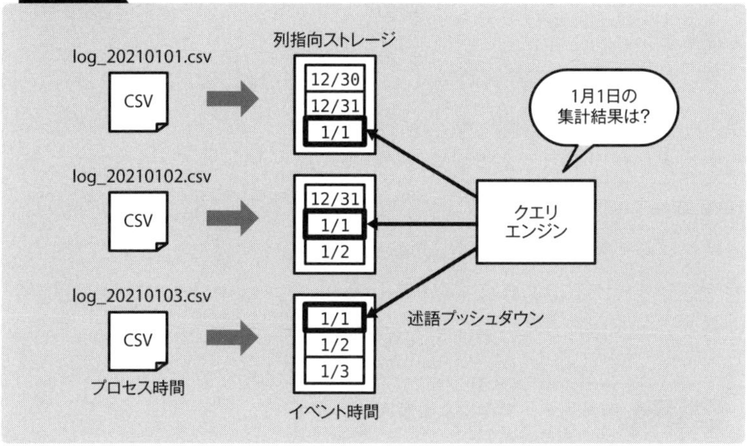

Tip 頻繁な書き込みは最適化の効果を下げる

述語プッシュダウンを最大限に生かすには、集計時のデータ読み込みが最小限で済むように、なるべく多くの連続するデータを1ヵ所に配置することです。データを並べ替えるのはそのためです。逆に言うと、データが十分に連続して配置されなければ最適化の効果は上がりません。

列指向ストレージは、あまり頻繁に作るべきではありません。たとえば、列指向ストレージを1分間隔で作ったりすると、多数のファイルに細かくデータが分散されることになり、その中でいくら並べ替えが行われていたところで、データの読み込みは細かく分断されることになってしまいます。

注8 「ORCFILE IN HDP 2: BETTER COMPRESSION, BETTER PERFORMANCE」
URL https://blog.cloudera.com/orcfile-in-hdp-2-better-compression-better-performance/

イベント時間による分割 テーブルパーティショニング、時系列テーブル

イベント時間によるデータの絞り込みをもっと効率良くする方法を考えてみます。プロセス時間でファイルを分割している限りは、同じイベント時間のデータがどうしても多数のファイルに分散されます。そのため正確な集計結果を得るためには、非常に多くのファイルを開かなければならなくなります。

そこで、イベント時間を使ってテーブルを分割することを考えます。前章ではテーブルを物理的に分けるテーブルパーティショニングの考え方を説明しました。中でも時間を用いて分割されたテーブルは**時系列テーブル**(*time-series table*)と呼ばれます。ここでは**図4.15**のように、イベントの発生日時をパーティションの名前に含めることにします。たとえば、1月1日に発生したイベントであれば、それがいつ届いたのかによらず"event_0101"というパーティションに追加するものとします。

図4.15 時系列テーブルによる最適化

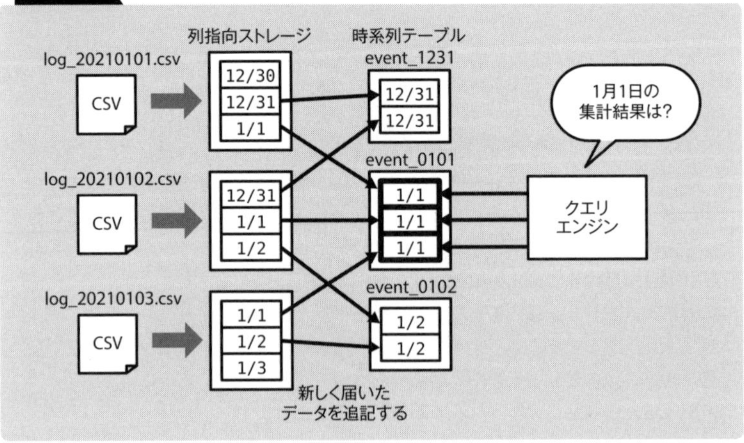

このやり方がうまくいくかどうかは、時系列テーブルへのデータの追記をどう実装するかに掛かっています。新しく届いたデータを新しいファイルとして作ることには潜在的な問題があります。過去のイベント時間を持

つデータは、わずかながらも何年にもわたって送られてくる可能性があります。そのため、時系列テーブルを構成する各パーティションには、毎日少しずつデータが追加されます。

結果として、分散ストレージには大量の小さなファイルが作られることになり、次第にクエリの性能が悪化していきます。イベント時間から時系列テーブルを作るのであれば、小さなデータを効率良く追記できる分散データベースを用いるか、あるいはあまりに古いデータは捨てるといった工夫が必要になります(p.188のコラム「モバイル機器の時計は狂っている(!?)」を参照)。

データマートをイベント時間で並び替える

もっと良いのは、イベント時間による並び換えを考えるのはデータマートだけにしておくことです。データインジェスションの段階ではイベント時間のことは考えずに、プロセス時間だけを使ってデータを蓄えます。そこからデータマートを作る段階で、イベント時間による並び換えをまとめて行うようにします(**図4.16**)。そうすればファイルが断片化されることもなく、常に最適なデータマートを維持し続けることができます。

図4.16 データマートを作り直す

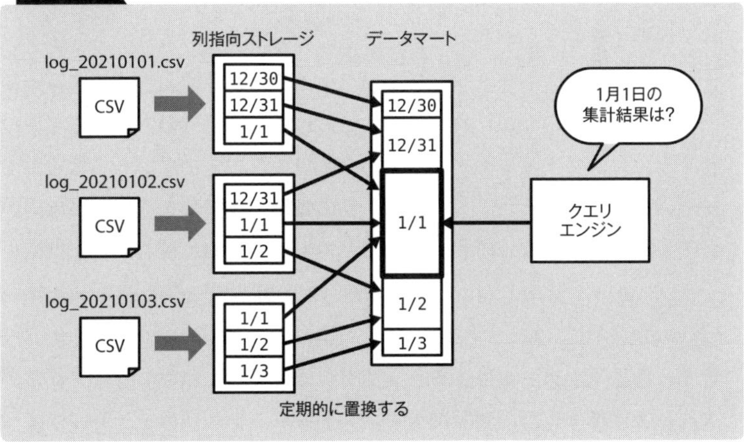

4.4 非構造化データの分散ストレージ

NoSQLデータベースを活用すると、データをただ集めて保存するだけでなく、アプリケーションからオンラインで利用したり、リアルタイムに集計したりすることも可能となります。本節では、いくつかのNoSQLデータベースの特徴を説明します。

> **Note**
>
> 本節は以下のWebページなどを参考にしています。
>
> • 「**DB-Engines Ranking**」 URL https://db-engines.com/en/ranking/

［基本戦略］NoSQLデータベースによるデータ活用

ビッグデータのための分散ストレージには、必要に応じていくらでも拡張できるスケーラビリティや、データを構造化せずとも格納できる柔軟性が求められます。中でも基本となるオブジェクトストレージは任意のファイルを保存できることが利点ですが、その一方で多くの欠点もあります。

まず、オブジェクトストレージ上のファイルは書き換え困難です。一度ファイルを書き込むと、それをまるごと入れ替える以外の方法では変更できません。ログファイルのように後から変更することがないものはそれでもかまいませんが、データベースのように頻繁に書き換える用途には向いていません。書き込みの頻度が高いデータは別途RDBに保存して定期的にスナップショットを取るか、あるいは何らかの**分散データベース**(*distributed database*)に格納するようにします。

とりわけ重要なデータは、トランザクション処理について考慮されたデータベースに書き込むのが原則です。ストリーミング型のメッセージ配送などではトランザクション処理は行われないので、確実な書き込みを保証するのは困難です。ほとんどのアプリケーションでは一般的なRDBでも十分な書き込み性能を得られるはずですが、それでは不十分な場合には分散データベースを検討することになるでしょう。

また、オブジェクトストレージに格納したデータを集計できるようになるまでには時間が掛かる、という問題もあります。列指向ストレージを作ることで集計は高速化されるものの、その作成にはどうしても時間が掛かってしまいます。データを書き込んですぐに活用したい場合には、リアルタイムの集計や検索に適したデータストアが必要です。

特定の用途に最適化されたデータストアの総称として**NoSQLデータベース**という言葉がよく使われます。以下では、NoSQLデータベースの例として「分散KVS」「ワイドカラムストア」「ドキュメントストア」、そして「検索エンジン」の特徴を見ていきます。

分散KVS　ディスクへの書き込み性能を高める

分散KVS(*distributed key-value store*)は、あらゆるデータをキーと値のペアとして格納するように設計されたデータストアの総称です。オブジェクトストレージも広い意味では分散KVSの一種ですが、ここではもっと「小さなデータ」を想定します。具体的には、数KB程度のデータを毎秒何万回も読み書きするようなケースです。

分散KVSではすべてのデータに固有のキーを付けて、それを負荷分散のために利用します。キーが決まると、その値をクラスタ内のどのノードに配置するかが決まります。このしくみによってノード間の負荷を均等に分散し、ノードを増減するだけでクラスタの性能を変えられるようになっています(**図4.17**)。

最も単純な場合には、1つのキーに1つの値のみが割り当てられます。システムによってはキーに複数の値を割り当てたり、あるいは逆に複数のキーの組み合わせに対して値を割り当てたりするものもあります。一言に分散KVSと言っても実装は様々であるため、その使い勝手はシステムによって大きく異なります。

図4.17 分散KVSのアーキテクチャの例

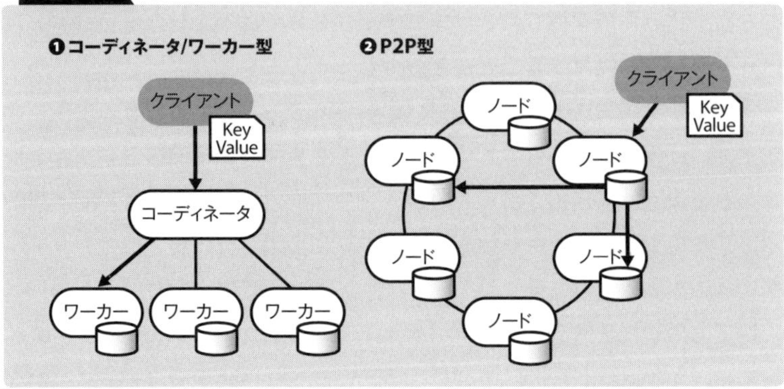

「コーディネータ/ワーカー型」のシステムでは、1台のコーディネータが全体を管理するようになっており、コーディネータが停止すると誰もデータを読み書きできなくなる。「P2P型」のシステムでは、すべてのノードが対等な関係であり、クライアントはどのノードに接続してもデータを読み書きできる。

Amazon DynamoDB

ここではクラウドサービスに統合された例として、Amazon Web Services (AWS)の「Amazon DynamoDB」[注9]を見ておきましょう。DynamoDBは常に安定した読み書き性能を実現するようにデザインされた分散型のNoSQLデータベースで、1つまたは2つのキーに結び付ける形で任意のスキーマレスデータを格納できます。JSONのように入れ子になったデータ構造も扱えるため、単純な分散KVSと言うよりはドキュメントストア(後述)としても使えます。

DynamoDBはP2P型の分散アーキテクチャを持ち、あらかじめ設定した秒間のリクエスト数に応じてノードが増減されるという特徴があります。そのため、データの読み書きに遅延が発生すると困るようなアプリケーションで役立ちます。たとえば、ユーザーからのリクエストにユニークIDを付けてDynamoDBに保存するとします。ユーザーが増えて書き込み頻度が上昇すれば、それに応じて設定を変えるだけで性能が上がり、データベースによる遅延が発生することのないように運用できます。

注9 URL https://aws.amazon.com/jp/dynamodb/

DynamoDBのデータを分析するには、同じくAWSのサービスであるAmazon EMRやAmazon Redshiftなどと組み合わせることで、Hiveによるバッチ処理を実行したり、あるいはデータウェアハウスにデータ転送したりできるようになっています。DynamoDBに固有の機能である「DynamoDB Streams」を用いると、データの変更をイベントとして外部に転送し、リアルタイムなストリーム処理を行えます(**図4.18**)。

図4.18 DynamoDBを中心とするデータパイプライン

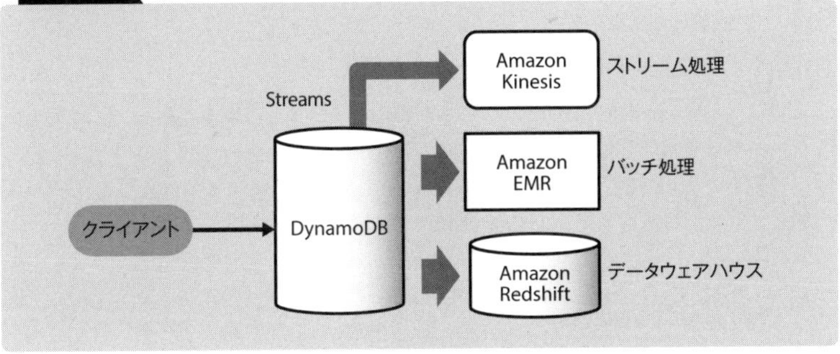

DynamoDBだけに限らず、NoSQLデータベースは一般に、アプリケーションから最初にデータを書き込む場所として利用されます。NoSQLデータベース自体は、大量のデータを集計する機能を持たないものが多く、データ分析のためには外部にデータを取り出す必要があります。ただし、RDBなどと比べると読み込み性能が高いため、クエリエンジンから接続しても性能上の問題は起きにくくなります。そのため、アドホック分析などではデータを事前にコピーすることなく、必要時に直接接続して利用されます。

Tip DynamoDB StreamsとKinesis Data Streams

AWSにはDynamoDB Streamsとは似て非なるものとして「Kinesis Data Streams」というサービスもあります。Kinesisはデータベースではなくメッセージブローカです。DynamoDBはデータベースとして使えますが、メッセージブローカは一方向のメッセージ配送にしか使えません。しかし、メッセージブローカの方が単純な分だけずっと効率の良いデータ転送を実現します。

Column

[基礎知識]ACID特性とCAP定理

分散データベースを詳しく説明するのは本書の目的ではありませんが、NoSQLデータベースを理解する上で「ACID特性」と「CAP定理」については知っておいた方が良いでしょう。

ACID特性はトランザクション処理に求められる4つの性質で、

- **原始性(*atomicity*)**
- **一貫性(*consistency*)**
- **独立性(*isolation*)**
- **耐久性(*durability*)**

を意味します。一般的なRDBはこれらを満たしており、信頼性のあるトランザクション処理を実現していると言えます。

一方で、ACID特性を満たしながら分散システムを構築するのは難しく、その限界について提唱されたのが**CAP定理**です。一般に分散システムでは

- **一貫性(*consistency*)**
- **可用性(*availability*)**
- **分断耐性(*partition-tolerance*)**

の3つを同時に満たすことはできず、どれか一つが犠牲になるとされます。

CAP定理は限られた条件でのみ成り立つものであり、分散システムではトランザクション処理を実行できないという意味ではありません[注a]。しかしながら、現実には性能上の理由により、NoSQLデータベースの中にはACID特性を満たしていないものがあるので注意が必要です。つまり、RDBと同じように信頼性のあるトランザクション処理を実行できるとは限りません。

結果整合性

NoSQLデータベースのいくつかは、CAP定理のうち「一貫性」か「可用性」かのどちらかを選んでいます。つまり、一貫性を優先して可用性を諦める(短時間の障害発生を受け入れる)か、逆に可用性を優先して一貫性を諦める(古いデータを読むことがある)かの選択です。中でもよく見るのが**結果整合性**(*eventual consistency*)の概念で、「書き込んだデータをすぐに読み出せるとは限らない」というものです。

結果整合性でも、時間が経てばいつか最新のデータを読み出せることは保証されていますが、それがいつになるのかはわかりません。前述のAmazon DynamoDBなどはその例で、規定の動作としては結果整合性が保証されるようになっています。

結果整合性はAmazon S3でも長らく取り入れられていて、既存のオブジェクトを上書きしたり削除したりした場合には、その変更が反映されるまでに時間が掛かっていましたが、2020年12月になってようやく解消されました[注b]。

歴史的にNoSQLデータベースの多くはRDBの限界を超えるために開発されてきたため、ACID特性を部分的に諦めるか、あるいは何らかの制約を設けることで高い性能を実現しています。そのためNoSQLデータベースを使うならば、最初にその制約をよく理解しておかなければ予期せぬ挙動に悩まされることになります。

NoSQLはRDBの常識が通用しないので、学習コストが高くなりがちです。本書ではNoSQLデータベースの特徴を取り上げてはいますが、その利用を推奨するものではありません。何か特別な理由があるのでもなければ、強い一貫性が保証された信頼性のあるデータベースを用いる方が安全です。

注a 「12年後のCAP定理："法則"はどのように変わったか」 URL https://www.infoq.com/jp/articles/cap-twelve-years-later-how-the-rules-have-changed/

注b 「Amazon S3 Update – Strong Read-After-Write Consistency」 URL https://aws.amazon.com/blogs/aws/amazon-s3-update-strong-read-after-write-consistency/

ワイドカラムストア　構造化データを分散して格納する

分散KVSを発展させて、2つ以上の任意のキーでデータを格納できるようにしたものが**ワイドカラムストア**(*wide-column store*)です。「Google Cloud Bigtable」[注10]や「Apache HBase」[注11]そして後述する「Apache Cassandra」などが代表的です。

ワイドカラムストアでは、内部的に行キーとカラム名の組み合わせに対して値を格納します。テーブルに新しい行を追加するのと同じように、カラムもいくらでも追加できる構造になっており、何億ものカラムを作ることさえ可能です。つまり、1つのテーブルに縦と横の2次元(またはそれ以上の多次元)でデータを書き込めるようにしたのがワイドカラムストアの特徴です(**図4.19**)。

注10 URL https://cloud.google.com/bigtable/

注11 URL https://hbase.apache.org

図4.19 ワイドカラムストアにおけるデータの格納方法

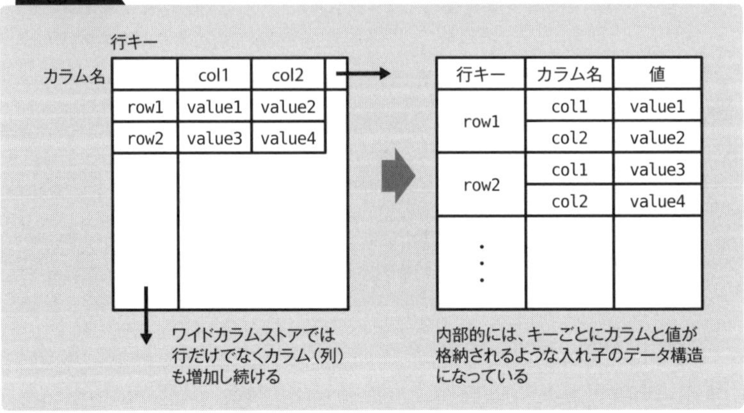

Apache Cassandra

ここではオープンソースのワイドカラムストアである「Apache Cassandra」[注12]を見ておきましょう。Cassandraは内部的なデータストアとしてワイドカラムストアを用いつつも、「CQL」と呼ばれる高レベルのクエリ言語を実装しており、**図4.20**のようにSQLと同じ感覚でテーブルを操作できます。

図4.20 Cassandraによるテーブルの作成とクエリの実行

テーブルの作成

```
cqlsh> CREATE TABLE access_log(
   ...   user_id int,
   ...   time timestamp,
   ...   path text,
   ...   PRIMARY KEY (user_id, time)
   ... );
```

1行追加

```
cqlsh> INSERT INTO access_log(user_id, time, path)
   ... VALUES (1001, '2021-01-01 00:00:00', '/login');
```

注12 URL https://cassandra.apache.org

```
結果を確認
cqlsh> SELECT * FROM access_log;
 user_id | time                            | path
---------+---------------------------------+-------
    1001 | 2021-01-01 00:00:00.000000+0900 | /login

(1 rows)
```

Cassandraでは最初にテーブルのスキーマを定める必要があり、構造化データのみ扱えるようになっています。これは一見するとRDBのようですが、クエリの意味はSQLとは多くの点で異なります。たとえば、`INSERT INTO`は「追記、または更新」(いわゆる`"upsert"`)として動作し、同じキーを持つレコードが存在すれば上書きされます。

CassandraはP2P型の分散アーキテクチャを持ち、指定したキーによって決まるノードに、そのキーに関係するすべての値を格納します。ユーザーIDをキーとする場合、そのユーザーに関するレコードは1つのノードに集められ、そのノードの中でクエリが実行されます。そのため多数の独立したキーがある場合に、うまく処理を分散することができます。

たとえば、全世界で1億人のアクティブユーザーがいるメッセージサービスがあるとして、各ユーザーが毎日数十のメッセージを書き込むとします。テーブルには毎日数十億レコードが追加されます。この場合、ユーザーIDをキーとしてデータを分散し、さらにメッセージのタイムスタンプでレコードを分けることで、ユーザーごとのタイムラインが構築されます。CQLでは、このような巨大テーブルを**複合キー**(*compound key*)を用いて実現します[注13]。

ワイドカラムストアもデータを集計するのには向いていません。集計のためには、分散されたすべてのノードからデータを集めてくる必要があるからです。HiveやPresto、Sparkなどのクエリエンジンは、どれもCassandraからの読み込みに対応しており、データを分析するにはそれらを用いてデ

注13 「Using a compound primary key」
URL https://docs.datastax.com/en/cql-oss/3.3/cql/cql_using/useCompoundPrimaryKey.html

ータを取り出します(**図4.21**)。

図4.21 Cassandraを中心とするデータパイプライン※

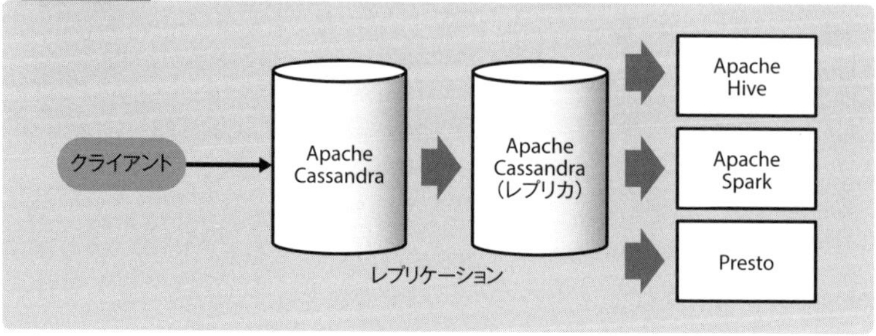

アプリケーションへの影響をなくすため、Cassandraクラスタをレプリケーションして利用する。データは複数のノードに分散されるので、SparkやPrestoなどを用いると高速な読み込みが可能となる。

※参考「BI, Reporting and Analytics on Apache Cassandra」 URL https://www.slideshare.net/VictorCoustenoble/bi-reporting-and-analytics-on-apache-cassandra/

ドキュメントストア スキーマレスデータを管理する

NoSQLデータベースを代表するもう一つの形が**ドキュメントストア**(*document store*)です。ワイドカラムストアがおもに「性能の向上」を目的としているのに対して、ドキュメントストアではおもに「データ処理の柔軟性」が目的となります。具体的には、JSONのように複雑に入り組んだスキーマレスデータをそのままの形で格納してクエリを実行できるようにします。

単純な分散KVSでもJSONをテキストとして保存することはできますが、それに対して複雑なクエリを実行できるとは限りません。ドキュメントストアでは、配列や連想配列(マップ型)のような入れ子になったデータ構造に対してインデックスを作ったり、ドキュメントの一部だけを置き換えたりするようなクエリが簡単に実行できるようになります。

ドキュメントストアの利点は、スキーマを定めることなくデータ処理を行えるところにあり、外部から取り寄せたデータを格納するのに特に適しています。自社開発のアプリケーションなどでは明示的にスキーマを定めた方が良いことも多いので、ドキュメントストアはどちらかと言うと参照系のデータやログの保存などに向いています。

Tip RDBとドキュメントストア

ここ数年で、MySQLやPostgreSQLのようなRDBにもドキュメントストアの機能が組み込まれるようになりました。高い信頼性を必要とするデータ処理では、RDBの内部でトランザクションの一部としてドキュメントを更新するのが安全です。

MongoDB

「MongoDB」[注14]はオープンソースの分散型ドキュメントストアで、JavaScriptや各種のプログラミング言語を用いてデータを読み書きします（**図4.22**）。歴史的に性能を優先して信頼性を犠牲にしてきたために批判されることも多いものの[注15]、その手軽さからかNoSQLデータベースの中でも特に高い人気があります。

図4.22 MongoDBによるデータの読み書き（JavaScript）

データを書き込む

```
> db.users.insert({user_id: 1234, name: "user1"})
WriteResult({ "nInserted" : 1 })
```

データを見つける

```
> db.users.find({user_id: 1234})
{
  "_id" : ObjectId("58f182d09e64b6f69c945628"),
  "user_id" : 1234,
  "name" : "user1"
}
```

MongoDBも複数のノードにデータを分散できますが、それ自体は大量のデータを集計するのに向いているわけではありません。データ分析が目的である場合には、やはりクエリエンジンから接続するなどしてデータを取り出す必要があります。

注14 URL https://www.mongodb.com

注15 「Broken by Design: MongoDB Fault Tolerance」
URL https://hackingdistributed.com/2013/01/29/mongo-ft/

検索エンジン キーワード検索でデータを絞り込む

検索エンジン(*search engine*)は、NoSQLデータベースとは少し性質が異なりますが、格納したデータをクエリで見つけ出すという点では類似する部分も多く、特にテキストデータやスキーマレスデータを集計するのによく用いられます。

検索エンジンの特徴は、テキストデータを全文検索するために**転置インデックス**(以下のコラムを参照)を作るところです。そのため、データを書き込むシステム負荷やディスク消費量は大きくなりますが、そのお陰でキーワード検索が大幅に高速化されます。

Column

フルスキャンによる全文検索

検索エンジンは、テキストデータを検索するために**転置インデックス**(*inverted index*)を作成します。つまり、テキストに含まれる単語を分解し、どの単語がどのレコードに含まれるかという索引を先に作っておくことで検索を高速化します。もし転置インデックスがなければ、すべてのテキストをフルスキャンしなければ目的のレコードを見つけられず、検索効率は著しく低下します。

以前であれば、検索エンジンを使わずにフルスキャンするなど考えられないことでしたが、ビッグデータの技術の発展により、それもあり得ないことではなくなってきています。SQLでも正規表現でキーワードを見つけたり、パターンに一致する文字列を抜き出すことはできるので、後は処理速度だけの問題です。

たとえば、Google BigQueryを利用すると、大量の計算リソースを利用して、数秒でビッグデータのフルスキャンが可能です。クエリを走らせるたびにすべてのデータを読み込むことになる(=お金が掛かる)ので、非常に効率の悪いやり方ではありますが、実行の頻度が多くなければ問題になることもありません。

検索エンジンは独自のクエリ言語を用いるものが多く、SQLに慣れた人にとっては学習コストが高くなります。日頃から頻繁にログ検索する人はともかくとして、稀にしかテキストデータを扱うことがないのであれば、SQLを中心とするデータ分析のしくみをそのまま用いて検索する方が簡単です。

NoSQLデータベースの多くが性能向上のためにインデックスの作成を制限しているのとは対照的に、検索エンジンは積極的にインデックスを作ることでデータを探すことに特化しています。結果として、検索エンジンはデータの集計にも適しており、特に異常検知やセキュリティチェック、顧客サポートのように即応性が求められる用途で直近のデータを見るために使われます。

検索エンジンは長期的にデータを蓄えるというよりは、リアルタイムな集計システムの一部として利用されます。たとえば、メッセージ配送されてきたデータを分散ストレージに格納する一方で、同じデータを検索エンジンにも転送してリアルタイム性の高いデータ処理のために活用します(**図4.23**)。

図4.23 **用途に応じて配送先を分ける**

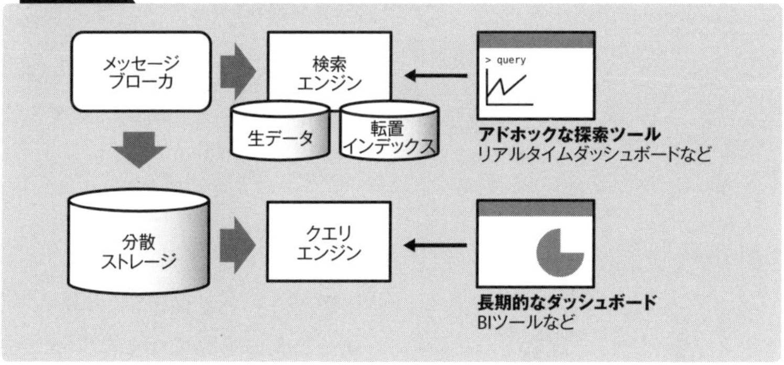

Elasticsearch

オープンソースの検索エンジンとして人気を集めているのが「Elasticsearch」です。ログ収集ソフトウェアである「Logstash」、可視化ソフトウェアである「Kibana」と組み合わせて「ELKスタック」、あるいは「Elasticスタック」[注16]としてよく利用されます。

Elasticsearchには任意のJSONデータを格納できるためドキュメントストアと似ていますが、何も指定しなければすべてのフィールドにインデッ

注16 URL https://www.elastic.co/elastic-stack/

クスが作られるという特徴があります。テキストデータでは転置インデックスが構築されます。そのため、単純なドキュメントストアと比べると書き込みの負荷が大きく、必要に応じて明示的にスキーマを定めることでインデックスを無効化するといったチューニングが必要となります。

Elasticsearchは独自のクエリ言語による高度な集計機能を備えています。列指向ストレージにも対応しており[注17]、それ単体でデータを集計するための基盤となります。ただし、標準のクエリ言語は人手で書くには複雑過ぎるため、Kibanaのようなフロントエンドを利用するか、あるいはプログラムの中から呼び出すのがおもな使い方となります。

Tip ドキュメントストアとしてのElasticsearch

Elasticsearchを検索エンジンとしてではなく、汎用のドキュメントストアとして、任意のスキーマレスデータを読み書きするのに使うケースもあるようです。特に頻繁にデータを集計するアプリケーションでは、Elasticsearchの集計機能が役立つでしょう。ただし、その成り立ちから考えるならば、あくまで検索と集計を目的とした参照用データストアとして考えるのが安全です。

Splunk

オープンソースではありませんが、商用の検索エンジンである「Splunk」[注18]もテキストデータを集計するためのツールとして知られています。Splunkが得意とするのは、主としてWebサーバーやネットワーク機器などから出力されるログファイルやJSONファイルで、テキスト処理しなければ分析できないような非構造化データです。たとえば、次のようなログがあるとします。

```
2021-01-01 00:00:00 [INFO] user connected: user1
2021-01-01 00:00:01 [INFO] user connected: user2
2021-01-01 00:00:02 [INFO] user connected: user3
```

注17 「Elasticsearch as a column store」
URL https://www.elastic.co/blog/elasticsearch-as-a-column-store/

注18 URL https://www.splunk.com

Splunkは検索エンジンなので、キーワードを入力すればそれを含むログが見つかります。直近のデータから順に検索されるため、日々発生する各種のイベントを素早く見つけたり、レポートを作成したりするような目的で利用されます(**図4.24**)。

図4.24　Splunkによる検索結果の表示

Splunkのおもしろいところは、検索の実行時にテキストからフィールドが抽出されることです。最初にキーワード検索によってログを見つけると、パターンマッチによりキーと値が抜き出されます。その結果、検索を行うたびにデータが構造化されるようになっており、クエリを書き換えることでどのようなテーブルでも柔軟に作り出せます。

図4.25では先ほどのログデータを用いて、正規表現でユーザー名を抜き出してテーブルとして出力したところです。Splunkではパイプライン(|)を用いて、データを次々と加工します。このような対話的なクエリを用いてデータを抽出、フィルタリングしながら、最終的にクロス集計や可視化までを1つの画面で実行できるようになっており、テキストデータを素早くアドホック分析したいときに役立ちます。

図4.25 検索時に構造化されたテーブルが作られる

Column

モバイル機器の時計は狂っている(!?) 壊れたデータは除外する

スマートフォンから送られてくるデータを見ていると、まだPCが誕生したばかりの1970年代のデータや、何百年も先の未来からやってきたデータが少なからず出てきて驚かされます。もちろん本当にそのような過去や未来からデータが届いたわけではなく、単に時計が狂っていただけのことでしょう。

メッセージ配送の時点で時間の正しさを検証することなく、送られてきたイベント時間をそのまま信じてしまうと使えないデータが多数含まれることになります。筆者が以前調べたところでは、イベント時間の99%以上は直近の10日以内のものでしたが、残り1%弱のデータは過去から未来へと広く分布していました。そのように明らかに時間のおかしいデータは、なるべく早い段階で除外して集計対象から外すべきです。

ビッグデータの集計では、最初に対象となるデータを時間で絞り込みます。このとき集計効率を上げるために、テーブルを時間でパーティションに分けることがあります。しかし、その時間が何百年にも分布していると、分散ストレージに大量の小さなファイルが生成されることになり、その読み書きのために時間の大半が費やされます。わずか1%弱の壊れたデータのために、クエリの実行性能が著しく悪化するのです。そのような問題を未然に防ぐためにも、遠い過去や未来の時間を含むデータは、それを分散ストレージに取り込む前に除外するのが一番です。

4.5 まとめ

本章では、**データを集めて分散ストレージに格納する**までの「**データインジェスションの流れ**」について説明しました。ビッグデータを効率良く集計するには、**長期的なデータ分析**を想定した**ストレージ作り**が欠かせず、データを取り込むプロセスはどうしても複雑なものとなります。

あまり頻繁にデータをコピーするとデータが細かく分断されて、**集計効率**は徐々に悪化します。**バルク型のデータ転送**であれば、一度にまとめて大量のデータをコピーするので問題にはなりませんが、**ストリーミング型のデータ転送**では小さなメッセージが大量に送られてくるため、それを定期的にまとめて書き込むような工夫が必要となります。

多数のクライアントから**リアルタイム**にデータを集めるには、**メッセージ配送のしくみ**が用いられます。**メッセージブローカ**を導入することで分散ストレージへの**書き込み速度を安定化**させられます。メッセージを複数の経路へと**ルーティング**することで、同じデータを**ストリーミング処理とバッチ処理との両方で利用する**ことも可能となります。

メッセージ配送では効率を重視して**トランザクション処理を行わない**ことが多いので、潜在的にデータが**重複**したり**欠損**したりする可能性があります。一般にはデータの欠損を避けるために**"at least once"**なデータ転送を行いますが、そうして重複したデータを取り除くのは利用者の責任です。実際には**多少の重複は許容**した上で、**信頼性が求められる部分ではバルク型のデータ転送**を行うのが現実的です。

メッセージ配送のしくみは使わずに、**NoSQLデータベースなどの分散ストレージ**にアプリケーションから直接データを書き込む方法もあります。NoSQLデータベースはデータの読み書きには優れているものの、大量のデータを集計できるわけではありません。**集計**のためには**クエリエンジンから接続してアドホックに分析する**か、あるいは**定期的にデータを取り出して長期的なデータ分析**に備えます。

第5章
ビッグデータのパイプライン

本章ではデータパイプラインを自動化するためのしくみを見ていきます。

5.1節では「ワークフロー管理」の考え方を説明します。ワークフロー管理ツールを導入すると、データを処理する「タスク」を定期的に実行し、エラーが発生した場合にでも「リカバリー」しやすくなります。ただし、そのためにはワークフローを「冪等」に実装することが必要です。

5.2節では、「DAG」の内部表現を使った「データフロー」の考え方を説明します。データフローとワークフローとを適材適所で組み合わせて、「バッチ処理」のデータパイプラインを作ります。

5.3節では、データフローを用いた「ストリーム処理」について説明します。ストリーム処理の結果を、後からバッチ処理によって置き換える「ラムダアーキテクチャ」の考え方も取り上げます。

図5.A データパイプラインの自動化とワークフロー管理のおもな関連分野

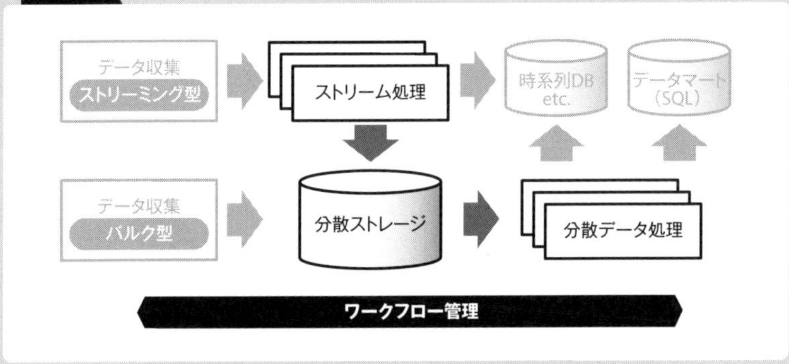

5.1 ワークフロー管理

定期的なデータ処理を自動化し、安定してバッチ処理を実行するために、ワークフロー管理ツールを導入します。本節では、その基本的な考え方について説明します。

[基礎知識]ワークフロー管理　データの流れを一元管理する

企業内の定型的な業務プロセス(申請、承認、報告など)のような、決まった仕事を円滑に進めるためのしくみを一般に**ワークフロー管理**(*workflow management*)と呼びます。ワークフロー管理の機能は多くの業務システムに組み込まれており、日々のタスクを管理するのに利用されていますが、このしくみが定期的なバッチ処理の実行にも都合が良いことから、データ処理の現場でもよく利用されます。

日々の業務には手動のものと自動化されたものとがありますが、ここでは自動化されたワークフローのみを想定します。タスクは決められたスケジュールに従って自動的に実行され、何か異常が発生した場合には人が介在して問題を解決します。

ワークフロー管理ツール

ワークフロー管理ツールのおもな役割は「定期的にタスクを実行する」ことと「異常を検知してその解決を手助けする」ことです。

従来は業務用に開発されたワークフロー管理ツールが、そのままデータ処理にも使われていました。しかし、ここ数年でデータパイプラインの実行に特化したオープンソースのワークフロー管理ツールがいくつも開発されるようになり、徐々に利用者を増やしています(**表5.1**)。

表5.1 オープンソースのワークフロー管理ツールの例

名称	種類	開発元
Airflow (エアフロー)	スクリプト型	Airbnb
Argo (アルゴ)	宣言型	Cloud Native Computing Foundation
dbt (ディービーティー)	宣言型	Fichtown Analytics
Digdag (ディグダグ)	宣言型	Treasure Data
Luigi (ルイージ)	スクリプト型	Spotify
Prefect (プリフェクト)	スクリプト型	Prefect Technologies

ワークフロー管理ツールとタスク

データパイプラインの実行過程では、データを次から次へと移動しながら決まった処理を繰り返します。このとき実行される個々の処理を**タスク**(*task*)と呼びます(**図5.1**)。タスクをただ実行するだけであれば特別なツールは必要なく、自作のスクリプトを走らせるだけでもデータパイプラインは実現できます。

図5.1 ワークフロー管理ツールによるタスクの実行

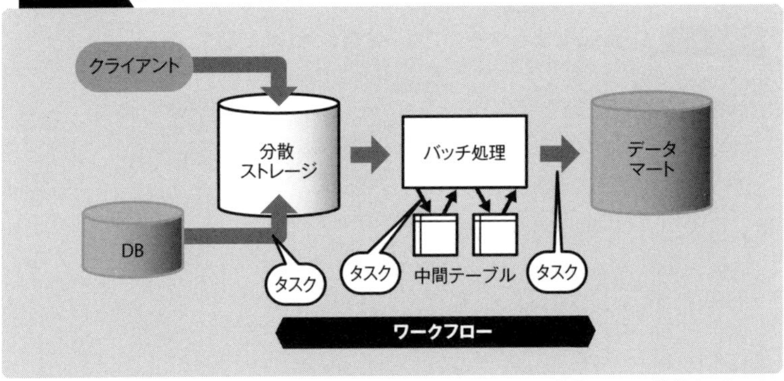

データの移動は、それぞれが1つのタスクとして表現される。ワークフロー管理ツールの役割は、すべてのタスクが間違いなく実行されるように管理することにある。

基本機能とビッグデータで求められる機能

ワークフロー管理のために専用のツールが使われるのは、タスクの実行に失敗することがあるからです。データパイプラインが複雑になり、タスクの数が増えてくると、失敗したタスクを実行し直すのも徐々に難しくなってきます。ワークフロー管理ツールは、主として次のような機能を提供します。

- **タスクを定期的なスケジュールで実行し、その結果を通知する**
- **タスク間の依存関係を定めて、決められた順に漏れなく実行する**
- **タスクの実行結果を保持し、エラー発生時には再実行できるようにする**

こうした基本機能に加えて、Hadoopのジョブを簡単に呼び出せるようにしたり、集計結果をデータマートへと書き込む機能を提供したりすることによって、データパイプラインのすべてのタスクを一元管理しやすくしたものが「ビッグデータのためのワークフロー管理ツール」です。

宣言型とスクリプト型　ワークフロー管理ツールの種類

ワークフロー管理ツールには大きく分けて二つの種類があります。一つはXMLやYAMLなどの書式でワークフローを記述するタイプで、本書ではこれを**宣言型**(*declarative*)のツールと呼びます(**リスト5.1**)。

リスト5.1　Digdagによるワークフロー定義の例(YAML)※

```
timezone: UTC

+step1:
  sh>: tasks/shell_sample.sh

+step2:
  py>: tasks.MyWorkflow.step2
  param1: this is param1

+step3:
  rb>: MyWorkflow.step3
  require: tasks/ruby_sample.rb
```

※ 参考：「Workflow definition - Digdag 0.9.42 documentation」
URL https://docs.digdag.io/workflow_definition.html

宣言型のツールでは、あらかじめ提供された機能しか利用できませんが、その範囲内なら最小限の記述でタスクを定義できるのが特徴です。誰が書いても同じようなワークフローになるので保守性が高まります。同じクエリをパラメータだけ変えて何度も実行したり、あるいはワークフローを機械的に自動生成したりする場合にも宣言型のツールが使われます。

もう一つはスクリプト言語でワークフローを定義するタイプで、本書ではこれを**スクリプト型**(*scripting*)のツールと呼びます(**リスト5.2**)。

リスト5.2 Airflowによるワークフロー定義の例(Python)

```
シェルスクリプトのテンプレートを定義
SCRIPT = '''
aws s3 cp --recursive s3://example/logs/{{ ds }}/ .
'''
シェルスクリプトを実行するタスクを登録
task = BashOperator(task_id='data_transfer', bash_command=SCRIPT)
```

スクリプト型のツールの特徴はその柔軟性です。通常のスクリプトと同じように変数や制御構文を使えるので、タスクの定義をプログラミングできます。スクリプト言語によるデータ処理をタスクの中で実行することも可能です。たとえば、ファイルの文字コードを変換してからサーバーにアップロードする、などといったタスクはスクリプト型のツールが得意とす

Column

自家製のワークフロー管理ツール

ビッグデータのワークフロー管理ツールには、これといった業界標準はありません。業務用のツールに慣れた人はそれをそのまま利用するし、ソフトウェア開発に慣れた人はオープンソースのツールを選ぶことも多いでしょう。データウェアハウス向けの商用ETL製品には、組み込みのワークフロー管理機能が付いてきます。各種のクラウドサービスでは、そのサービスに特化したワークフロー管理機能が提供されます。

結局のところ、ワークフローというのは個々の環境に強く依存したものにならざるを得ず、特定の目的に適したものほど他の用途では使いにくくなるのかもしれません。既存のものには満足できずに、新たなツールを自作する人も大勢います。実際一定以上の規模になると、最終的には自家製のツールを作っているケースをよく見かけます。

るところです。

ETLプロセスにはスクリプト型のツール、SQLの実行には宣言型のツール、などと使い分けるのも一つの方法です。一般に、データ収集の過程では何らかのスクリプト処理が必要になることも多く、スクリプト型のツールを使うことで柔軟にワークフローを組み立てられます。一方、データを集めてしまえば後は定型の処理ばかりなので、そこから先は宣言型のツールを使う方が簡潔です。

Note

スクリプト型のワークフローについては、以下の章で詳しく取り上げます。

- **第7章 ➡ワークフロー管理ツールによる自動化**

エラーからのリカバリー方法を先に考える

データパイプラインを日々走らせていると、何らかの予期せぬエラーが必ず発生します。それが一時的な障害にしろ、実装上の不具合にしろ、速やかに問題を解決してタスクを再実行しなければなりません。

この対応に手間取ると被害が拡大します。たとえば、1日のアクセスログを集計するのに、4時間のバッチ処理を走らせているとします。もしこの処理が失敗し、また4時間掛けてやり直すとしたら、その日のワークフローに大きな遅延が発生します。後続のタスクの中には、予定された時間までに終わらないと新たな問題を起こすものがあるかもしれません。そうすると一つの失敗が連鎖的に拡大していき、最終的にはすべてのタスクを最初からやり直すことになって、1日を無駄にするかもしれません。

ビッグデータを扱っているとさまざまなエラーが発生します。ネットワークの一時的な障害や、ハードウェアの故障をはじめとして、ストレージの容量不足、クエリの増加による性能不足など、日常的に発生するものから滅多に起きないものまで様々です。そのすべてを事前に想定することは不可能なので、あらかじめ予期せぬエラーが発生する可能性を考慮して、エラー発生時の対処方法を決めておくことが重要です。

ワークフロー管理では、タスクの実行順序を決めるのと同時に、エラーからどのように回復するかというプランを定めます。何か問題が起きても速やかに回復できるようなエラーに強いワークフローを構築し、毎日のデータ処理を安定して実行できるように努めます。

リカバリーとフローの再実行

エラーの中には、通信エラーのように何度かやり直せば成功するものと、認証エラーのように何度やり直しても失敗するものとがあります。前者の場合にはしばらく待てば済むことですが、後者の場合には人手で対処する必要があります。エラーから回復するまでには数日を要する場合もあります。ハードウェアの交換に時間が掛かるとか、あるいは休日に発生した問題を週明けに対処する、などです。

エラーには無数の可能性があるので、ワークフロー管理では基本的にはエラーから自動回復できるものとは考えません。代わりに、手作業による**リカバリー**(*recovery*)を前提としてタスクを設計します。失敗したタスクはすべて記録して、それを後から再実行できるようにします(**図5.2**)。

図5.2 日次バッチ処理が数日間停止した後のリカバリー処理

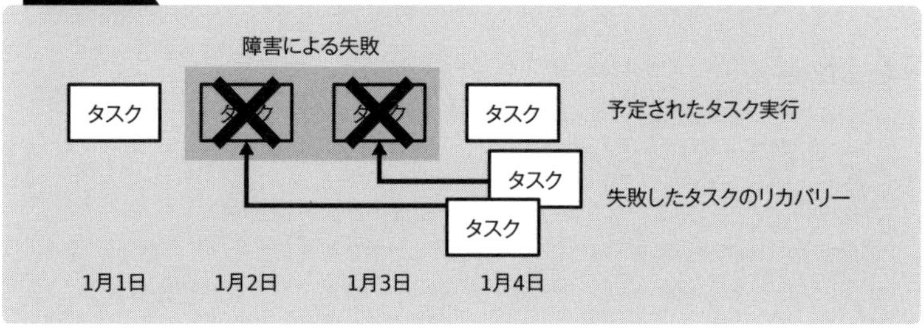

障害が何日も続いた場合には、その間に失敗した処理をやり直す必要がある。そのためには失敗したタスクの内容を記録して、後から同じタスクを実行できなければならない。

ワークフロー管理ツールによって実行される一連のタスクを、ここでは**フロー**(*flow*)と呼ぶことにします。各フローには実行時に固定のパラメータが与えられます。日次のバッチ処理であれば、特定の日付がパラメータとなります。同じフローに同じパラメータを渡すと、まったく同じタスクが実行されるようにします。そうするとフローが途中で失敗しても、後から同じパラメータで再実行が可能になるからです。これがリカバリーの基礎となります。

ワークフロー管理ツールの多くは、過去に実行したフローとそのパラメータを自動的にデータベースに記録するようになっています。そのため、失敗したフローを選択して再実行するだけでリカバリーが完了します（**図5.3**）。Webブラウザでエラーの詳細を確認し、クリック1つで再実行できるようなツールを選ぶと良いでしょう。多くのエラーは一時的なものであり、時間を空けて再実行するだけで解決する場合が多いからです。

図5.3 フローの再実行

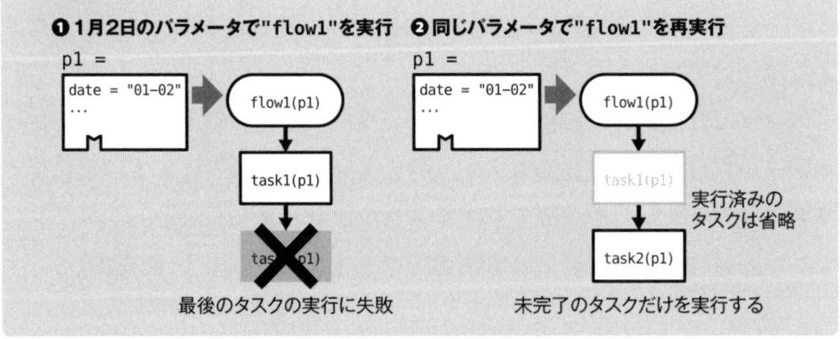

ワークフロー管理ツールの中にはフローだけでなく、そこに含まれるすべてのタスクのステータスを管理するものもある。その場合、すでに成功したタスクはスキップし、未完了のタスクのみを実行するのも難しくない。

Column

ワークフローのバージョン管理

オープンソースのワークフロー管理ツールは、いずれもテキストファイルによってワークフローを定義します。これはワークフローを「バージョン管理する」のに適しています。ソフトウェア開発の世界では、分散バージョン管理システムであるGitを用いてソースコードを管理するのが一般的になりましたが、同じようにワークフローもGitなどでバージョン管理すると良いでしょう。

スクリプトにせよSQLにせよ、ワークフローの大部分は元々テキスト情報です。複雑化したデータパイプラインの構築は、もはやシステム開発と何ら異なるものではないので、ソフトウェア開発の世界で培われてきたバージョン管理の手法を導入することをお勧めします。

Tip タスクをなるべく小さく保つ

ビッグデータのワークフローは数時間に及ぶこともあるため、エラーのたびに最初からやり直すのでは時間が掛かり過ぎます。大きなタスクは分割して、適度に小さな複数のタスクからフローを構成するようにしましょう。問題が起きても途中から再開できるため、スケジュールの遅れを最小限に抑えられます。

リトライ　何度も繰り返すエラーは自動化したい

何度も発生するエラーについては、なるべく自動化して人手を介さずにリカバリーしたいものです。簡単なのはタスク単位の自動的な**リトライ**(*retry*)、つまり単純な再実行です。すぐにリトライしても失敗を繰り返すことが多いので、リトライ間隔を5分か10分くらい空けると成功しやすくなります。

タスクをリトライするのは簡単ですが「リトライ回数」には注意が必要です。リトライが少ないと、障害から回復する前にリトライが終了してタスクの実行に失敗します。逆にリトライが多過ぎると、タスクがいつまでも失敗しないので、重大な問題が起きていても気づかなくなります。

どの程度のリトライ回数が良いかはタスクの性質によって異なります。理想的にはまったくリトライせずに、すべてのエラーを通知するのが好ましいでしょう。エラーの原因をその都度調べて、エラーが起きないように対策するのが正しい解決策です。

それでも予期せぬエラーは発生するものなので、そのときには無理のない範囲で手作業でリカバリーします。ログを見て想定外の問題が起きていないか必ず確認します。エラーが起きていても、データ転送には成功している場合もあります。タスクの内容によっては、リトライするとデータが重複するものもあります。安易なリトライは想定外の問題を隠してしまいます。

リトライを繰り返しても問題のないタスクであれば、1回か2回のリトライを実行しても良いでしょう。しかし、それ以上はタスクのリトライで対処するのではなく、正しい問題解決方法を見つけるべきです。

バックフィル　一定期間のフローを連続して実行するしくみ

失敗したフローをリカバリーするもう一つの手段は、フロー全体を最初から実行し直すことです。そのために利用できるのが**バックフィル**(*backfill*)の機能です。

バックフィルとは、パラメータに含まれる日時を順に変えながら、一定期間のフローを連続して実行するしくみです。タスクの失敗が何日も続いた後にまとめて再実行したい時や、新しく作ったワークフローを過去に遡って実行したい場合などに使います(**図5.4**)。

図5.4　過去のフローをバックフィルする

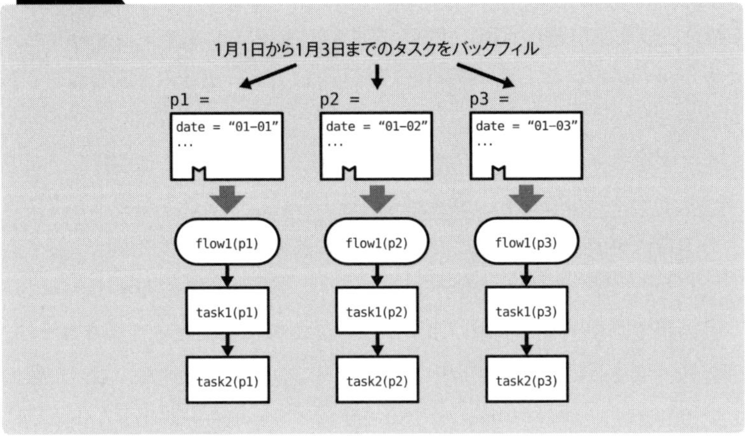

パラメータを変えながら一定期間のタスクをすべて実行する。利用するツールによっては、前回失敗したタスクだけが再実行される場合もある。

バックフィルによって大量のタスクを実行するときには性能上の注意が必要です。たとえば、新しく日次のフローを作ったとして、それをバックフィルすることで過去30日分のデータを処理したいと思うかもしれません。1日のデータ量は大したことがなくても、その30倍のデータを一度に処理しようとすると大きな負荷が掛かります。その結果、普段なら起きることのないエラーが大量に発生する場合があります。

大規模なバックフィルを行うときは、自動的なリトライはすべて無効化して、エラーはすべて通知した方が良いでしょう。試しに少しずつバックフィルを実行し、どのようなエラーが起きるか、あるいは起きないかを確認します。エラーが多発するなら、実行速度を落とすなどして負荷を下げる必要があります。最後に、エラーになったタスクだけを再実行すれば、すべてのバックフィルが完了します。

冪《べき》等《とう》な操作としてタスクを記述する　同じタスクを何度実行しても同じ結果になる

リカバリーの前提として忘れてはならないのが、再実行の安全性です。タスクを途中まで実行して失敗したときに、その途中経過が消えずに残っていると、タスクの再実行によってデータが混在して問題になります。各タスクは原則として「最後まで成功」するか「失敗して何も残らない」のどちらかであるべきであり、「途中まで成功」のような中途半端な状態は許されません。

アトミック操作

たとえば、SQLを実行するタスクがあり、その中でINSERT文を2回呼び出しているとします。もし1つめのINSERTが終わったところでエラーになると、タスクが再実行されたときに同じデータがまた書き込まれてしまうかもしれません(**図5.5**)。

図5.5　タスクを再実行するとデータが重複する

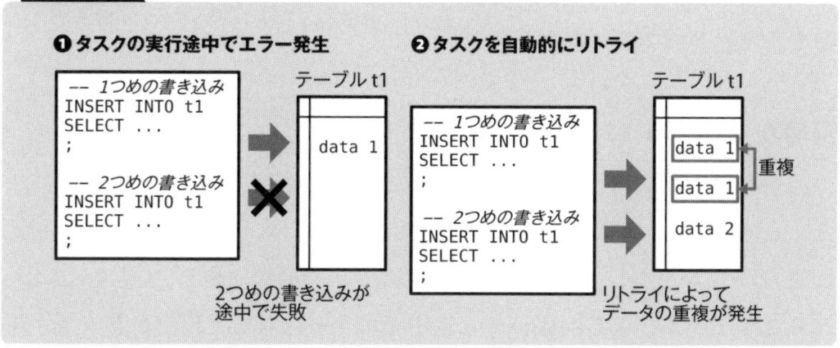

ワークフロー管理ツールはタスク単位でリトライを行うため、もし途中まで書き込まれたデータがあるとリトライ時に重複が発生する。この問題を回避するには、トランザクションを開始して一度にCOMMITすることが必要となる。しかし、分散ストレージはトランザクションに対応していないことも多く、その場合はタスクを安全には再実行できない。

この問題を回避する一つの方法は、各タスクがシステムに変更を加えるのを一度きりにすることです。トランザクション処理に対応したデータベースであれば、複数の書き込みを1回のトランザクションとして実行できますが、そうでなければ、書き込みが必要な数だけタスクを分割するようにします。これは一般に**アトミック操作**(*atomic operation*)と呼ばれる考え方で、ワークフローに含まれるタスクをすべてアトミックな操作として実装することで、リトライ時の安全性を高められます。

ただし、アトミック操作でも問題を起こす可能性はあります。タスクの実装上の不具合などで、アトミック操作の直後に問題が発生すると、アトミック操作自体は成功しているのにもかかわらず、ワークフロー管理ツールはそれをエラーとみなす場合があるからです。

たとえば、データベースにデータをロードするタスクがあるとします。ネットワーク経由でロード命令を発行し、その直後に通信が切れてエラーになったとします。この場合、ロード命令がキャンセルされるか、それとも実行が続けられるかはデータベースに問い合わせてみなければわかりません。ワークフロー管理ツールはエラーの内容には関知しないので、もしロード命令の実行が続いていれば、リトライで重複が発生します。

そのようなわずかな可能性も許されない場合には、アトミック操作に依存したフローを作ってはなりません。少なくともワークフロー管理ツールによる自動的なリトライは避け、エラーの内容をきちんと確認した上で手動でリカバリーするべきです。

冪等な操作 追記と置換

より確実なのは「同じタスクを何度実行しても同じ結果になる」ようにすることです。これを**冪等《べきとう》な操作**(*idempotent operation*)と呼びます。SQLであれば「テーブルを消してから作り直す」のが冪等な操作の例です(**リスト5.3**)。このようなタスクであれば、もし途中でエラーになって再実行しても、もう一度テーブルを作り直すところから始まるので重複は起こりません。

各タスクをどうやって冪等にするのかを考えるのは利用者の責任です。原則としては、常にデータを上書きすることです。一般に、ワークフロー

リスト5.3 SQLにおける冪等なテーブル作成の例

```
テーブル「t1」がもしあれば削除する
DROP TABLE IF EXISTS "t1";
テーブル「t1」を作成する
CREATE TABLE "t1" (...);
テーブル「t1」にデータを書き込む
INSERT INTO "t1" ...;
```

の各タスクは**追記**(*append*)、または**置換**(*replace*)のどちらかを行います。たとえば、分散ストレージにファイルをアップロードするのであれば、毎回新しいファイル名を作るとデータを追記することになり、同じファイル名で上書きすると置換することになります。

追記を繰り返すとデータが重複しますが、置換は繰り返しても結果が変わらないので冪等であると言えます。つまり、冪等なタスクを作るためには、タスクに与えられたパラメータをうまく使って固有の名前を生成し、何度実行しても常に置換が行われるように設計すれば良いということです。そうでなければ冪等なタスクにはならず、自動でリカバリーするのが難しいフローになります。

冪等な追記

しかし現実には、常に冪等なタスクを実装できるとは限りません。たとえば、SQLによるテーブルへの書き込みでは、その日のデータだけをINSERT文で既存のテーブルに追記したいときもあるでしょう。この場合、そのタスクはアトミックに実行することはできますが、そのままでは冪等にはなりません(**図5.6❶**)。

過去のすべてのデータを置換すれば冪等にはなりますが、それでは負荷が大きくなります。INSERTの前に既存のデータを削除(DELETE)すれば、間接的にデータを置換することになりますが、一般にテーブルから一部のデータだけを削除するのは非効率であり、予期せぬ性能の劣化を招く可能性もあるので注意が必要です。

そこで用いられるのが「テーブルパーティショニング」の考え方です。た

図5.6 パーティションを置換する

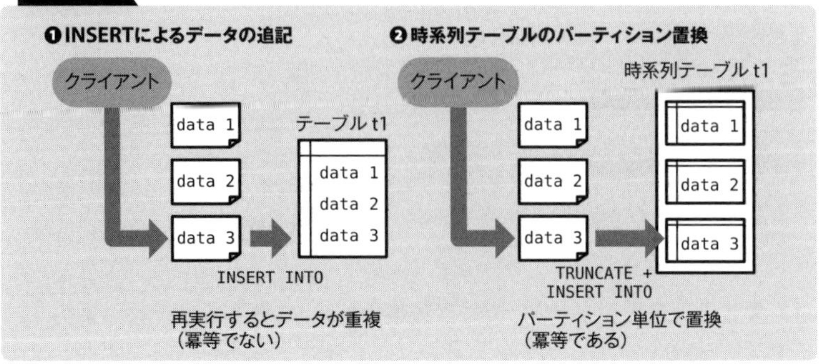

Column

タスク内部でのリトライ制御

リトライだけでは解決しづらいのが「エラーがどれだけ続くのかわからない」ケースです。とりわけ第三者のサービスからAPIでデータを取得するような場合、サービスのメンテナンスで数時間の停止があったり、あるいはAPIの呼び出し制限が掛かったりすることもあります。

そのような「予期されるエラー」についてはワークフロー管理ツールのリトライに頼るのではなく、タスクの内部で明示的に対処するべきです。ワークフロー管理ツールはエラーの種類を区別しないので、予期されるエラーと想定外のエラーとが混在すると、本当に重要な問題を見逃してしまいます。

エクスポネンシャルバックオフ

多くのデータ転送ツールやクライアントライブラリには、リトライ回数を細かく制御するためのオプションがあります。タスクの内部でリトライを制御することで、エラーの発生そのものを回避します。とりわけ何時間ものリトライが予想される場合には、そのエラーだけに絞ってリトライ制御を行います。リトライ回数を増やしつつ、少しずつリトライ間隔を伸ばすために**エクスポネンシャルバックオフ**（*exponential backoff*）を有効にします。

リストC5.1は、Pythonで実装されたタスクの中で、限られた条件でのみリトライを行う例です。リトライ間隔を倍々に増やしながら最大で7回、約1分間のリトライを繰り返し、それでも失敗する場合にはタスクがエラーとなります。こうしてエラーの発生確率を下げることで、ワークフロー管理ツールには想定外のとえば、テーブルを1日ごと、あるいは1時間ごとのパーティションに分割し、パーティション単位で置換を行うようにします(図5.6❷)。

パーティションの全データを削除するには、TRUNCATE文やINSERT OVERWRITE文などの効率の良い命令が使えます。そうするとタスク単位の冪等性を保ちながら、見た目上は1つの時系列テーブルにデータが追記されていくようなワークフローを組むことが可能です。

テーブルパーティショニングの実装はシステムによってまったく異なるため、具体的な実行内容は利用するシステムに合わせる必要があります。たとえば、HiveやGoogle BigQueryは標準でパーティショニングに対応し

問題だけが通知されるようにします。

タイムアウト

それとは逆に、タスクがいつまでも終わらなくて問題になる場合もあります。たとえば、システムのリソース不足で実行時間が通常よりも伸びる、エラーは発生しないけれども実行が止まっている、といったケースです。このような問題を検知するには、ワークフロー管理ツールの側でタイムアウトを指定するのが確実です。

利用するツールによっては、タスクごとに想定される実行時間や終了予定時間を設定して、その時間を超えると通知してくれるものもあります。そのタスクが満たすべき基準を定めるという意味で、ワークフロー管理における**SLA**(*service level agreement*)と呼ばれます。

リストC5.1 Pythonによるエクスポネンシャルバックオフ

```
from retry import retry

SomeErrorが発生した場合にはリトライを繰り返す
(リトライ間隔を1秒、2秒、4秒... と増やしながら最大7回実行)
@retry(exceptions=SomeError, tries=7, delay=1, backoff=2)
def get_something():
    return make_call('https://api.example.com/...')

def my_task1():
    res = get_something()  リトライが必要な処理
    ...
```

ていますが、Amazon Redshiftにはパーティショニングの概念はなく、同じことをするにはUNION ALLを使ったビューを作成するか[注1]、あるいはRedshift Spectrumの外部テーブルを使ってパーティショニングする必要があります[注2]。

タスクを冪等にするのが難しければ、諦めてアトミックな追記だけで運用します。その場合、タスクを再実行するとデータが重複する可能性があるため、自動的なリトライは必ず無効化し、エラー発生時には手作業でリカバリーした方が良いでしょう。

アトミックな追記

複雑なフローでは、1つのテーブルに何度もデータを書き込みたいときがあります。その場合には追記を繰り返すのではなく、一度中間テーブルを作成してから、最後に一度だけ目的のテーブルに追記するのが安全です(**図5.7**)。これならもしフローの実行途中で問題が起きても、中途半端にデータが書き込まれることはなく、最悪の場合でも中間テーブルを削除してもう一度最初からやり直せます。

図5.7　中間テーブルを作って最後に追記する

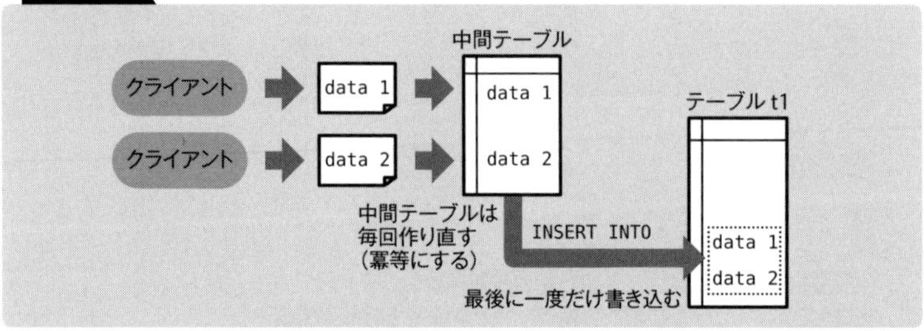

これをSQLで記述すると**リスト5.4**のようになります。前半部分(タスク

注1　「Use Time-Series Tables - Amazon Redshift」
URL https://docs.aws.amazon.com/redshift/latest/dg/c_best-practices-time-series-tables.html

注2　「Creating external tables for Amazon Redshift Spectrum - Amazon Redshift」
URL https://docs.aws.amazon.com/redshift/latest/dg/c-spectrum-external-tables.html

1)では中間テーブルを作成するためにテーブルを置換しているので、この部分は冪等です。しかし、最後のINSERT文(タスク2)だけは単純な追記となっており、全体としては冪等ではありません。ただし、最後の書き込みは1回で行われるので、これはアトミックな操作にはなっています。そのため、フローが失敗した場合には何も書き込まれず、失敗したタスクを再実行すればリカバリーが完了します。

リスト5.4 追記をアトミックにすることで重複リスクを軽減する

```
タスク1：中間テーブルの作成（置換）
DROP TABLE IF EXISTS "t1";
CREATE TABLE "t1" (...);
INSERT INTO "t1" ...;        何回かに分けてデータを書き込み
INSERT INTO "t1" ...;        ...

タスク2：対象のテーブルにまとめて書き込む（追記）
INSERT INTO "target_table"
SELECT * FROM "t1";
```

ワークフロー全体を冪等にする

データパイプラインを安定して運用するためには、そこに含まれるタスクやフローを可能な限り冪等にすることです(**図5.8**)。データインジェスションのパイプラインでは、テーブルパーティショニングを導入することでパーティション単位の置換が可能です。バルク型のデータ転送についても、ワークフロー管理ツールから日時をパラメータとして渡すことで、置換型のタスクを実装できるでしょう。

データマートを構築するフローでも、なるべく追記は避けてテーブルごと置換するようにします。その過程で作られる中間テーブルも可能な限り置換するのが望ましいですが、性能上の理由などから追記せざるを得ない場合もあるでしょう。

各タスクを冪等にするのは理想ですが、必須ではありません。最終的にワークフローが安定して実行される限りは、タスクが冪等でなくとも動作

図5.8 データパイプライン全体を冪等にする

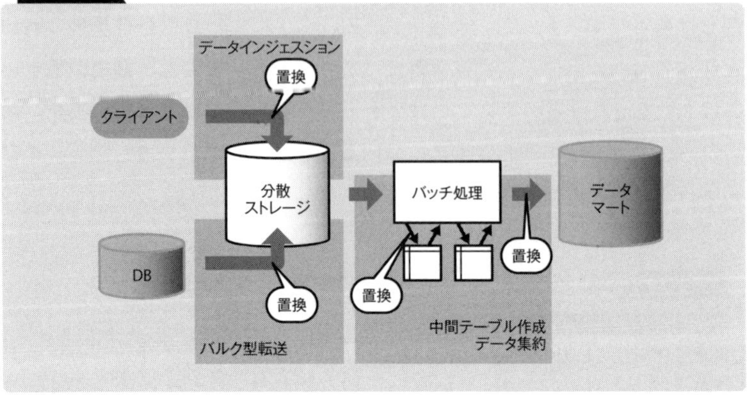

に支障はありません。追記が問題視されるのは、リトライ時に重複の可能性があるからであり、その点にさえ注意していれば、通常の運用で問題となることはまずありません。

ただし、何らかの理由で一度成功したタスクを取り消して、もう一度やり直さなければならないときもあります。たとえば、データ自体に問題が見つかって修正するような場合です。冪等なタスクはそのような場合にでも安全にやり直せますが、追記が含まれているとそうはいきません。

再実行の安全性を高めるためには、少なくとも各フローが全体として冪等になるように実装するべきです。たとえば、最初に中間テーブルを初期化するタスクを実行し、その後から追記のタスクを続けます。それならフロー全体を最初からやり直せば安全です。すべてのフローがそのように実装されていれば、安心してワークフローを再実行できるでしょう。

タスクキュー リソースの消費量をコントロールする

ワークフロー管理ツールに求められるもう一つの大きな役割が、外部システムの負荷コントロールです。タスクの大きさや同時実行数を変えることでリソースの消費量を調整し、すべてのタスクがスムーズに実行されるようにします。

ここでは例として、ファイルサーバーから分散ストレージへのファイル転送を考えます。2MBの未圧縮テキストファイルが全部で1万、合計20GBあるとします。このうち1つのファイルを圧縮して転送するのに5秒掛かるとします。これを単純に1万回繰り返すと約14時間です。このタスクをワークフロー管理ツールで実行しましょう。

最初に考えるのは並列化です。データ転送に8コアのサーバーが利用できるとしましょう。まずは単純に、1つのファイルを1つのタスクとして考えます。各タスクはファイルサーバーからファイルを取り出し、圧縮し、そして分散ストレージへと転送します。このような一連の手順はシェルスクリプト化して、ワークフロー管理ツールの中から呼び出せます。

この場合、ファイルの数だけタスクを実行することになります。あまりに大量のタスクを同時実行するとサーバーが過負荷になるので、ある程度のところで制限しなければなりません。そのために用いられるのが**ジョブキュー**(*job queue*)、あるいは**タスクキュー**(*task queue*)と呼ばれるしくみです(**図5.9**)。すべてのタスクは一旦キューに格納され、一定数のワーカープロセスがそれらを順に取り出すことで並列化が実現されます。今の場合、8つのワーカーを起動すれば、8並列でのタスク実行を実現できます。

図5.9 タスクキューを用いて並列実行する

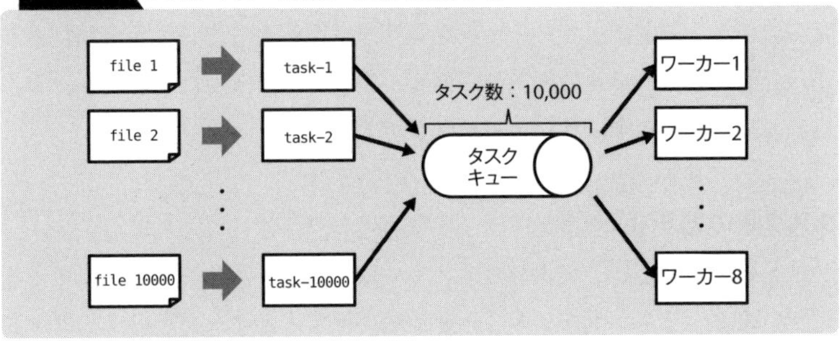

ボトルネックの解消

しかし実際には、8コアのサーバーに対して8つのワーカーでは少な過ぎます。各タスクはCPUを使うだけでなく、ディスクI/OやネットワークI/Oも消費します。ワーカーの数を増やしていけば、まだまだ実行速度を上げられます。8コアのサーバーなら20程度のタスクを同時実行しても問題ないでしょう。

ワーカーを増やし過ぎると、どこかがボトルネックになって性能向上が頭打ちになるか、あるいはエラーが発生し始めます。これはワークフローを実行するサーバーの内部的な要因と、外部的な要因とに分けらます。前者の場合は、**表5.2**のような対策によって改善できるかもしれません。

表5.2 ワークフロー実行時によく発生する問題（サーバーの内部的な要因）

症状	対策
CPU使用率100%	CPUコアを増やす。サーバーを増設
メモリ不足	メモリを増設。スワップディスクを追加。タスクを小さく分割
ディスク溢れ	各タスクが一時ファイルを削除しているか確認。ディスクを増設
ディスクI/Oの限界	SSDなどの高速なディスクを使う。複数のディスクに分散
ネットワーク帯域の限界	高速なネットワークを使う。データの圧縮率を高める
通信エラーやタイムアウト	システム上の限界である可能性。サーバーを分割

しかし、後者の場合にはその問題を取り除くことはできません。たとえば、ファイルのコピーがエラーになるなら、ファイルサーバー側が性能の限界なのかもしれません。だとするとワーカーを増やすのは逆効果で、問題が起きない程度にまでワーカーを減らす必要があるでしょう。同じように、分散ストレージへの書き込み頻度が多過ぎてエラーになるなら、書き込みの頻度を減らすような工夫が必要です。

タスク数の適正化 大き過ぎず、小さ過ぎず、程良く分割

そもそもの問題として「1つのファイル転送を1つのタスク」として考えることが間違いです。小さなタスクを多数実行するとオーバーヘッドばかりが大きくなり、実行時間の増加やエラー発生率を高める要因となります。1つのファイルを5秒で処理できるのなら、数百ファイル程度をまとめて1つのタスクにするのが適正サイズです。

タスクには日時がパラメータとして渡されることを思い出しましょう。各タスクは指定された時間のデータをまとめて処理するように実装します。仮にフ

ァイルが1年かけて作られたものだとすると、**図5.10**のようにタスクを1日ごとに分割することで、生成されるタスクの数は365個にまで減らせます。

図5.10 タスクを1日単位で分割する

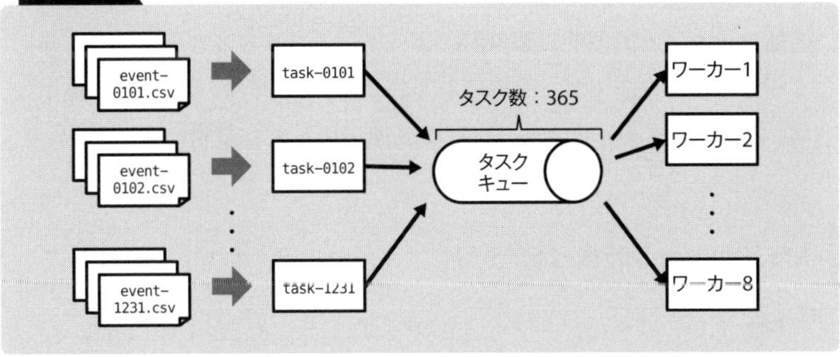

1つのタスクが1日のデータを処理するようにして、過去365日に対してバックフィルを実行する。1つのタスクが30程度のファイルを読み込むことになるので、それらをまとめて転送するとさらに効率を上げられる。

タスクを大きくすると、それを効率良く実行できる余地が生まれます。小さなファイルをまとめて1つのファイルにしたり、複数のファイルを一度にアップロードしたりするようなコマンドが使えるかもしれません。そのようなタスクを、さらに複数のワーカーで同時に走らせることで、全体として処理効率を最大化できる組み合わせを見つけます。

こうした最適化のプロセスは、Hadoopのような分散システムを利用する場合でも変わりません。タスクが大き過ぎる場合には分割し、小さ過ぎる場合には一つにまとめることで、各タスクが適度な大きさになるように調整します。その上で複数のタスクを同時実行するようにワーカーの数を増やしておけば、限られた計算リソースを無駄なく活用することができます。

最終的には、ワークフロー管理ツールに登録されるタスクはどれも大き過ぎず、小さ過ぎず、程良く分割された多数のタスクが複数のワーカーから呼び出されている状態になります。もしも負荷の上昇などで遅延やエラーが起きるようであれば、タスクの大きさを変えたりリソースを増強したりするなどして問題を解決します。このようにデータパイプライン全体がスムーズに実行されるようにコントロールするのもワークフロー管理ツールの役割です。

5.2 バッチ型のデータフロー

複雑なテキスト処理や、多段階のデータパイプラインを実装するために、プログラミング言語でデータ処理を実装したいときもあります。本節では、DAGを用いたバッチ型の分散データ処理の考え方を説明します。

MapReduceの時代は終わった　データフローとワークフロー

分散ストレージへのデータ転送が完了すれば、そこから先は分散システムのフレームワークが使えます。このときSQLだけでデータを処理するのではなく、プログラミング言語を用いてデータパイプラインを記述したくなる場合もあります。

以前からMapReduceを使ったデータ処理では、MapReduceプログラムをワークフローのタスクとして登録することで、多段階の複雑なデータ処理が行われてきました。その後の技術的な発展により、現在では多段階のデータ処理をそのまま分散システムの内部で実行できるようになってきています。以下ではこれを**データフロー**(*data flow*)と呼んで、外部ツールに依存するワークフローとは区別して扱います(**表5.3**)。

ここ数年の傾向として、バッチ処理とストリーム処理とが統合され、両者は統一的なフレームワークから実行されるようになりました。この分野は今もまだ発展途上ではありますが、今後はどれほど複雑なデータパイプラインでも、単一のプログラムとして実行することが増えてくるのかもしれません。

表5.3 データフローのためのフレームワーク

名称	開発元
Google Cloud Dataflow	Google
Apache Spark	The Apache Software Foundation
Apache Flink	The Apache Software Foundation

MapReduceのしくみ

かつてはビッグデータの代表的な技術であったMapReduceですが、今ではもう過去の技術であると見なされており、新たに利用されることはなくなってきています。Googleでは次世代の技術としてMillWheelというフレームワークを開発しており、クラウドサービスであるGoogle Cloud Dataflowの内部でも使われています[注3]。HadoopではTezが開発されており、SparkもMapReduceに代わるフレームワークとして人気を集めています。

とはいえ、MapReduceの考え方自体は今でも目にする機会が多いので、ここで簡単にそのしくみを振り返っておきましょう。例として、テキストファイルに含まれる単語を数える処理を考えます（**図5.11**）。

図5.11 MapReduceの実行例

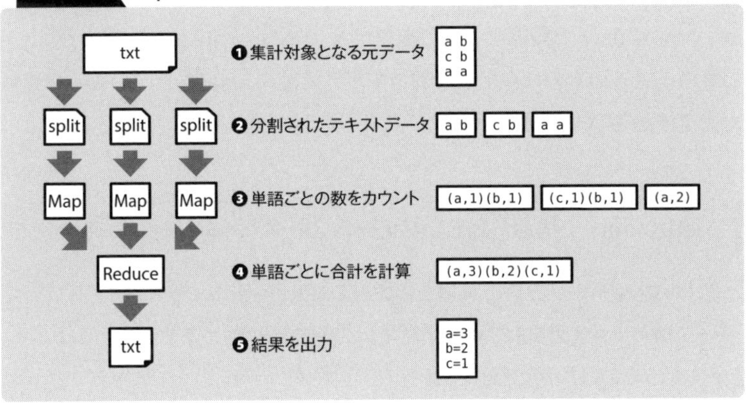

データ処理を分散したいので、ファイルを一定サイズで区切って小さなデータの塊（「split」などと呼ばれる）を作ります（図5.11❷）。最初のステップは「分割したデータを読み込んで、その中に含まれる単語を数える」ことです（図5.11❸）。一つ一つの処理は独立しているので、これは多数のコンピュータに分散できます。

注3 「Cloud Platform at Google I/O - new Big Data, Mobile and Monitoring products」
URL https://developers.googleblog.com/2014/06/cloud-platform-at-google-io-new-big.html

分散処理の結果は、最後に集めなければなりません。複数のコンピュータが同じ単語を数えている場合もあるので、次のステップとして「単語ごとに数を合計」します(図5.11❹)。

分割されたデータを処理する第一のステップを「Map」(図5.11❸)、その結果を集めて集計する第二のステップを「Reduce」(図5.11❹)と呼びます。このようにMapとReduceを繰り返しながら、目的とする結果が得られるまで次々とデータを変換していくしくみがMapReduceです。

MapReduceはそのしくみ上、MapとReduceの一つのサイクルが終わらないと次の処理に移りません。複雑なデータ処理では、MapとReduceを何度も繰り返さないと求める結果が得られないため、一つのサイクルから次のサイクルに移るまでの待ち時間が少なからず発生します。

とりわけアドホックなデータ分析で求められるような遅延の小さい集計は、MapReduceで実現するのは困難です。「MapとReduceを繰り返す」という考え方そのものは今でも有効ですが、初期のMapReduceの実装は無駄が大きく、もはや時代に合わない設計となってしまったのです。

MapReduceに代わる新しいフレームワーク DAGによる内部表現

新しいフレームワークに共通するのが**DAG**(*directed acyclic graph*)と呼ばれるデータ構造です(**図5.12**)。日本語では「有向非循環グラフ」と呼ばれます。DAGそのものは何かの技術ではなく、数学やコンピュータアルゴリズムで用いられるデータモデルの一つです。DAGは、次のような性質を持ちます。

- **ノードとノードが矢印で結ばれる(有向)**
- **矢印をいくら辿っても同じノードに戻らない(非循環)**

データフローでは、実行すべき一連のタスクをDAGによるデータ構造として表現します。図中の矢印はタスクの実行順序を示しており、その依存関係を保ちながらうまく実行順序を決めることで、すべてのタスクを漏れなく完了させることができます。後は、これをどれだけ効率良く実行できるかという問題です。

図5.12　DAGの例

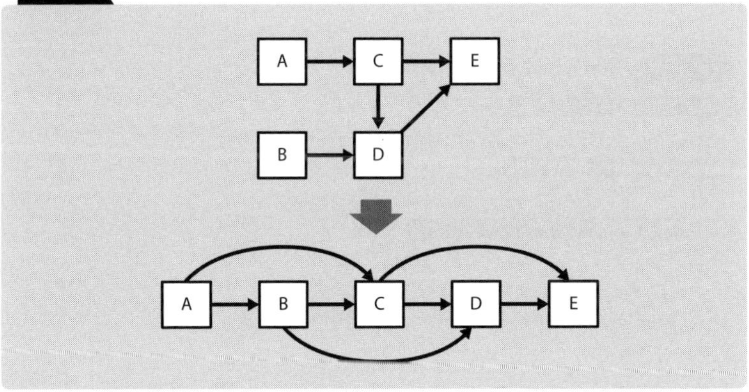

ノードとノードは一方向の矢印で結ばれるが、矢印をどのように辿っても同じノードに戻ってくることはない。DAGのノードを並べ替えると、矢印の順序関係を保ちながら一つの順列にすることができる（トポロジカルソート）。実行すべきタスクをDAGとして定義すると、タスク間の依存関係を保ちながら実行順序を決めることができる。

従来のMapReduceも「Map」と「Reduce」の2種類のノードから成るシンプルなDAGであると考えることができます。ただし、一つのノードで処理が終わらなければ次の処理に進めないという非効率なものでした。

一方、データフローではDAGを構成する各ノードがすべて同時並行で実行されます。処理の終わったデータは、ネットワーク経由で次々と受け渡され、MapReduceにあった待ち時間をなくしています。

SparkにおけるDAG

DAGはシステムの内部的な表現であり、利用者がその存在を意識することはほとんどありません。データフローに限らず、Hive on TezやPrestoのようなクエリエンジンでもDAGは採用されており、SQLからDAGのデータ構造が内部で自動生成されています。一方、Sparkのようなデータフローのフレームワークでは、プログラミング言語を用いてより直接的にDAGのデータ構造を組み立てます。

リスト5.5は、Sparkでデータ処理を行うPythonスクリプトの例です。これは内部的には**図5.13**のようなDAGを生成します。各ノードは、その名前が示すようにMapやReduceに相当する処理を行っており、処理内容が増えるにつれてDAGもより複雑なものになっていきます。

リスト5.5 単語を数えるSparkプログラム

```
❶ファイルからデータを読み込む
lines = sc.textFile("sample.txt")
❷ファイルの各行を単語に分解
words = lines.flatMap(lambda line: line.split())
❸❹❺単語ごとのカウントをファイルに出力
words.map(lambda word: (word, 1)) \
     .reduceByKey(lambda a, b: a + b) \
     .saveAsTextFile("word_counts")  ここで実行開始
```

図5.13 SparkにおけるDAGの例

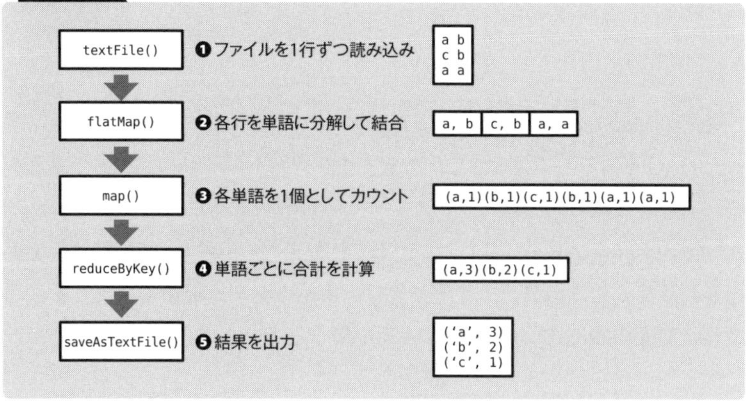

DAGによるプログラミングの特徴が**遅延評価**（*lazy evaluation*）です。プログラムの各行は、実際にはDAGのデータ構造を組み立てているだけであり、その場では何の処理も行いません。まずはDAGを構築し、その後で明示的に、あるいは暗黙的に実行結果を要求することによって、ようやくデータ処理が開始されます。

MapReduceのようにMapやReduceを一つずつ実行するのではなく、最初にデータパイプライン全体をDAGとして組み立ててから実行に移すことで、内部のスケジューラが分散システムにとって効率の良い実行計画を立ててくれるのがデータフローの優れたところです。

データフローとワークフローとを組み合わせる

データフローでプログラミングするようになると、データの入出力をすべて一つのDAGとして記述できます。そうするとワークフロー管理ツールを使わずとも、任意のデータパイプラインを実行できるのではないかと考えてしまいますが、話はそう簡単ではありません。実際には両者は補完関係にあり、うまく使い分けるべき存在です。

たとえば、タスクを定期的に実行したり、失敗したタスクを記録してリカバリーしたりするようなことはデータフローではできません。そのような目的には、やはりワークフロー管理が必要です。そのためデータフローのプログラムもまた、ワークフローの一部として実行される一つのタスクであると考えられます。

分散システムの中でのみ実行されるデータ処理であれば、それは一つのデータフローとして記述できます。たとえば、中間テーブルを作って、それを次のクエリで読み込むのであれば、別のタスクとして分離する必要はありません。その一方で、分散システムの外部とデータをやり取りする場合には、いつどのようなエラーが発生するかもわからないため、リカバリーのことを考えるとワークフローの中から実行するのが確実です。

データを取り込むフロー

データフローから読み込むデータは、性能的に安定した分散ストレージに配置するようにします。特にフローが完成するまでの開発時には、同じデータを何度も読み込んではテストするので、分散ストレージにコピーされたデータだけを利用します。さもなければ、外部のデータソースに何度も接続することになって性能問題を引き起こすかもしれません(**図5.14**)。

外部のデータソースからデータを取り込むときには、バルク型の転送ツールでタスクを実装するようにします(**図5.15❶**)。データソースからの読み込み速度はどうやっても限界があり、データフローを使ったからといって速くなるとも限りません。それよりもエラーの発生に対して確実に対処し、コピーを終わらせてしまうことが先決です。そのためのタスク実行には、ワークフロー管理ツールを使うのが向いています。

データのコピーさえ完了すれば、そこから先はデータフローが得意とするところです(図5.15❷)。テキストデータの加工や、列指向ストレージへの変換などといった負荷の大きい処理はデータフローとして実行できます。そこまでを1つのタスクとして実装すれば、定期的にデータを取り込むためのワークフローが完成します。

図5.14 データはコピーしてから利用する

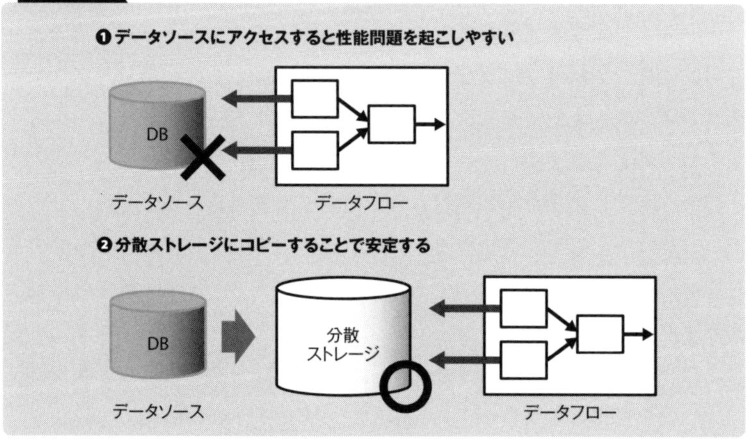

図5.15 データを取り込むフロー

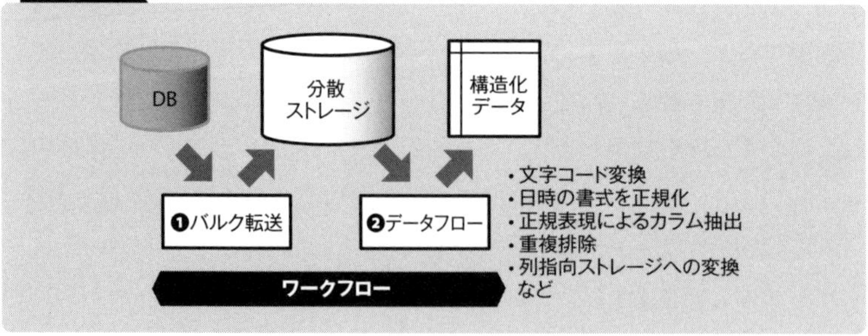

外部のデータソースからの読み込みでは、どのようなエラーが発生するか予期できない。そのような部分ではワークフローを利用して、データフローでは安定した分散ストレージだけを利用する。

データを書き出すフロー

データの集計結果を外部システムに書き出す場合には、ちょうど逆の関係が成り立ちます。データフローの中から大量のデータを外部に転送するのは避けた方が無難です。書き込みに長い時間が掛かると、いつまでも実行が完了せずにリソースを消費し続けたり、最悪の場合には書き込みに失敗して最初からデータ処理をやり直したりすることにもなりかねません。

データフローの出力はCSVファイルのような扱いやすい形式に変換し、一旦分散ストレージに書き込みます(**図5.16❶**)。保存さえ終わってしまえば、データフローの役割は終わりです。空いたリソースを使って、次のタスクを実行することができるでしょう。

外部システムにデータを転送するのはワークフローの役割です。バルク型の転送ツールを使ってタスクを実装するか、あるいは外部システムの側からファイルを読み込むように指示を出します(図5.16❷)。たとえば、データマートとしてMPPデータベースを利用するなら、分散ストレージからファイルをロードするコマンドを発行できるでしょう。

図5.16 **データを書き出すフロー**

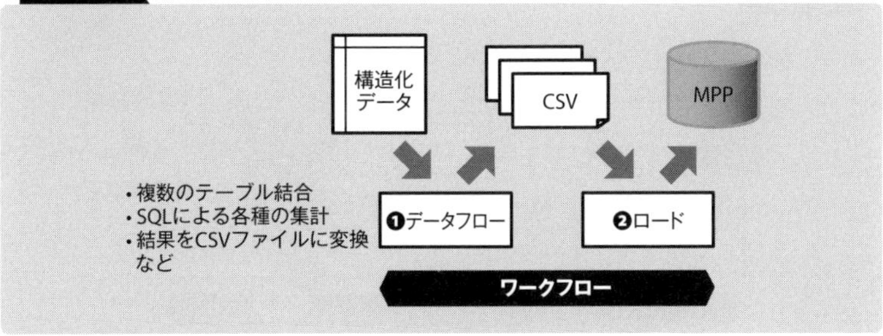

外部システムへのデータ転送では、どのようなエラーが発生するか予期できない。データフローではCSVのようなファイルを作るだけにして、それをワークフローの中から転送する。

データフローとSQLとを使い分ける
データウェアハウスのパイプラインとデータマートのパイプラン

以上のようなデータ入出力に加えて、SQLによるクエリの実行までを組み合わせることで、バッチ型のデータパイプラインは完成します。すべての処理をデータフローとして実装したい場合は別として、おもにデータ分析を目的とする場合には、SQLでクエリを走らせることも多いでしょう。それを呼び出すのもワークフローの仕事です。

SQLをMPPデータベースで実行する場合と、分散システム上のクエリエンジンで実行する場合とに分けて考えてみます。前者は典型的な「データウェアハウスのパイプライン」、後者は「データマートのパイプラン」となります。

データウェアハウスを構築する場合には、**図5.17❶**のように、ロードされるデータを作るところまでがデータフローの役割です。非構造化データを加工して、CSVファイルなどを作って分散ストレージに書き込みます。そこから先のタスク実行や、SQLによるクエリの実行はワークフローに任せます。

クエリエンジンを使ってデータマートを構築する場合には、図5.17❷のように、構造化データを作るところまでがデータフローの役割となります。分散ストレージ上のデータを日々のバッチ処理で加工し、列指向のストレージ形式で保存しておきます。クエリエンジンを使ったSQLの実行や、その結果をデータマートへと書き出すのはワークフローから実行します。

図5.17 データフローとSQLとをワークフローから実行する

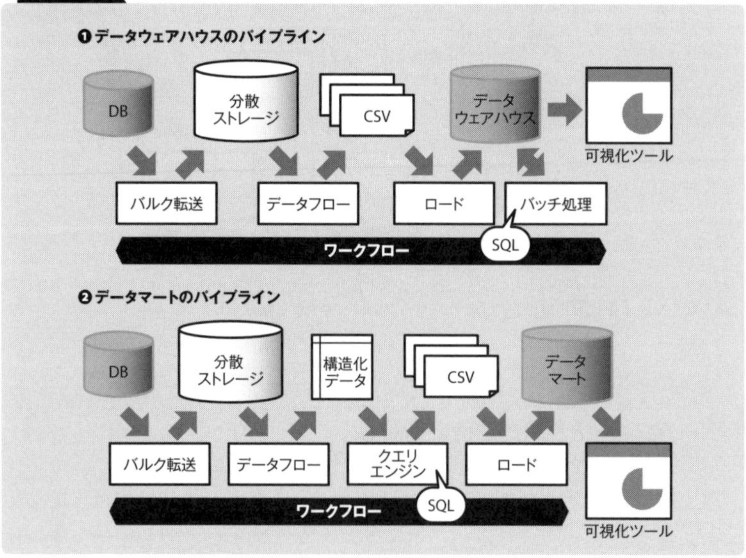

対話的なフロー　アドホック分析のパイプライン

アドホックなデータ分析では、これとはまた違ったパイプラインとなります。そもそもアドホック分析では多くのデータ処理を手作業で行うので、ワークフローは必要ありません(**図5.18**)。

図5.18　クエリエンジンで対話的に集計する

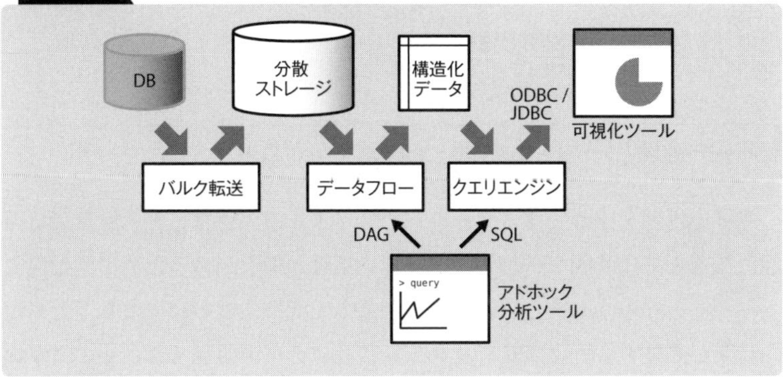

まだ構造化されていないデータをアドホックに分析するときには、データフローは非常に有用です。ローデータ(生データ)に直接接続し、スクリプト言語を使ってその場でデータを加工、集計することができます。データを構造化するところまで終わればその後の集計は高速であり、クエリエンジンによるSQLの実行と比べても遜色のない処理速度が得られます。

分析したいデータがすでに構造化されている場合には、クエリエンジンを使ってそれを参照します。コマンドラインやノートブックの中からSQLを実行することもできますが、可視化ツールとクエリエンジンとを直接接続する場合もあります。これにはODBCやJDBCのドライバが用いられます。

ただし、クエリエンジンと可視化ツールとの組み合わせは無数にあり、まだまだ安定して接続できない場合も多いようです。安定したワークフロー運用を求める場合には、実績のあるRDBやMPPデータベースをデータマートにする方が確実です。

5.3 ストリーミング型のデータフロー

データ処理のリアルタイム性を高めるには、バッチ処理とはまったく異なるデータパイプラインが必要です。本節ではDAGを用いたストリーム処理のしくみについて説明します。

バッチ処理とストリーム処理とで経路を分ける

バッチ処理を中心とするデータパイプラインの欠点は、データを分析可能になるまでに時間が掛かることです。集計効率を高めるために列指向ストレージを作ろうとすると、データを蓄えて変換するのにどうしても一定の時間が必要です。よりリアルタイムに近いデータ処理では、そのようなステップをすべて省略した別系統のパイプラインを作ります。

ここで言う「リアルタイム」とは、概ね「イベントの発生から数秒後には結果がわかる」ものを指します。もっと時間の長い、たとえば1時間後にわかれば良いということであれば、バッチ処理でも間に合うのでストリーム処理は必要ありません。ストリーム処理を導入するのは即応性が求められるケースに限られます。

リアルタイム性の高いデータ処理システムは古くからいくつもあり、たとえば**表5.4**のようなものが用いられます。これらはビッグデータという言葉が使われるよりも以前から大量のデータを処理しており、それぞれの

表5.4 リアルタイム性の高いデータ処理システムの例

名称	説明
システムモニタリング	サーバーやネットワークの状態を監視し、その時間推移をグラフにして表示する
ログ管理システム	OSのシステムイベントやログファイルを検索し、異常があればアラートを生成する
複合イベント処理 (*complex event processing*、CEP)	多数の業務システムから送られてくるイベントデータを自動処理する

専門分野ではうまく機能します。一方、本書で想定するようなイベントデータ、たとえば何百万台ものスマートフォンから送られてくるメッセージを処理しようとしても、そのまますぐに使えるわけではありません。

前章では、リアルタイムなメッセージ配送のしくみとして、メッセージブローカを中心とするデータの流れを取り上げました。そうして受け取ったデータを分散ストレージに格納するところから始まるのがバッチ処理だとすると、分散ストレージを経由せずに処理を続けるのが**ストリーム処理**(*stream processing*)です(**図5.19**)。

図5.19　バッチ処理とストリーム処理

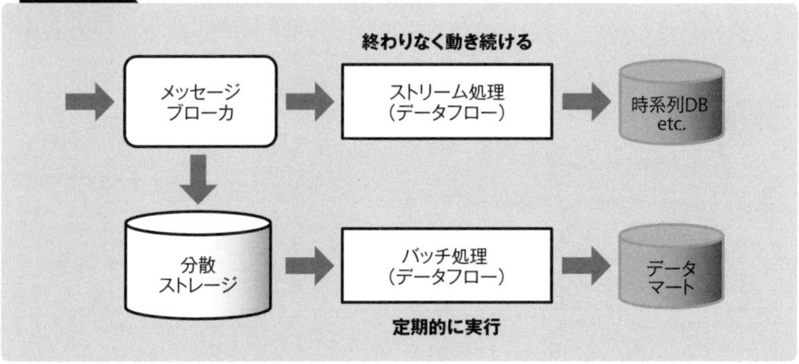

バッチ処理では、届いたデータをまず分散ストレージに格納し、それを定期的に取り出すことでデータ処理を行う。データは永続的に保存されるため、何度でも処理をやり直すことができる。長期的なデータ分析を想定して、集計効率の高い列指向ストレージを構築する。
ストリーム処理では、データが届くのとほぼ同時に処理が開始される。処理内容は先に決めておく必要があり、過去に遡ってやり直すことは考えない。処理した結果は時系列データに適したデータストアに格納するか、あるいは既存のリアルタイムシステムへと転送する。

バッチ処理とストリーム処理とは、互いに欠点を補完する関係にあります。バッチ処理は1年を超えるような長期的なデータ分析を想定したストレージを構築するところから始まります。そうすると一度にまとまったデータを処理しないと効率が落ちるため、1時間ごとといった比較的大きな単位でデータを取り込みます。したがって、バッチ処理のサイクルが回るまではデータを見ることができず、リアルタイムの集計には向いていません。

ストリーム処理はリアルタイム性こそ高いものの、過去のデータを扱うのには不向きです。処理内容を変更すると新しく届いたデータには適用されますが、すでに処理の終わった過去データが変更されるわけではありません。これから届くデータにしか興味がないならストリーム処理が適していますが、過去データを集計したいならバッチ処理の方が優れています。

ストリーム処理とバッチ処理とを統合する

ストリーム処理のためのフレームワークはいくつかありますが、本書ではバッチ処理と同様に、DAGによるデータフローを記述するものについて説明します。バッチ処理ではまず先にデータがあり、それを小さく分割してDAGに流し込みます。一方、ストリーム処理では絶え間なくデータが生成され、それがDAGの中を流れることによって処理が進みます(**図5.20**)。

図5.20 ストリーム処理とバッチ処理の違い

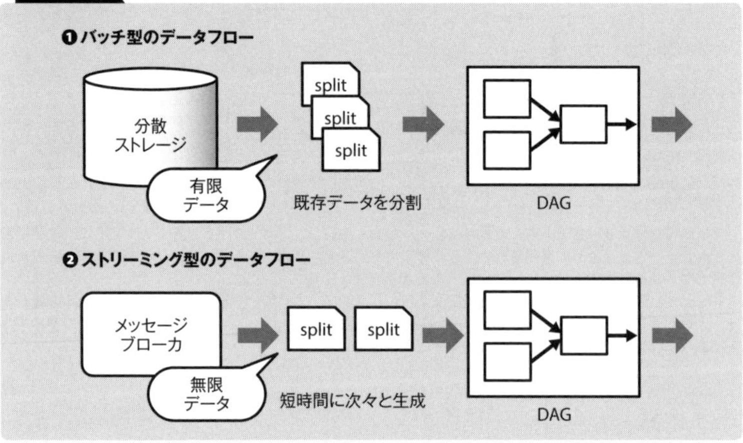

バッチ処理のように実行時にデータ量が決まるものを**有限データ**(*bounded data*)、ストリーム処理のように際限なくデータが送られてくるものを**無限データ**(*unbounded data*)と呼びます。この両者は性質の違いこそあれ、データを小さく分割してDAGで実行するという点では変わりありません。

そのため、DAGを用いたデータフローでは、バッチ処理とストリーム処理とを同じようにプログラミングすることが可能となってきます。たとえば、ストリーム処理のためのDAGに手を加えて、分散ストレージ上の過去データ、つまり有限データを読み込むようにすれば、それはもうバッチ処理となります。

Spark StreamingにおけるDAG

具体的な例として、Sparkにおけるプログラミングモデルを見てみましょう。Sparkは元々バッチ処理のための分散システムでしたが、「Spark Streaming」と呼ばれる機能が統合されたことで、現在ではストリーム処理までが透過的に扱えるフレームワークとなっています。

リスト5.6は、Spark Streamingでストリーム処理を行うPythonスクリプトです。前述のバッチ処理のスクリプト(リスト5.5)と比較すると、データを読み書きする初期化の部分に違いこそあれ、データ処理の中心となる部分(Map処理とReduce処理)はまったく同じであることがわかります。

リスト5.6 単語を数えるSpark Streamingプログラム

```
1秒ごとのストリーム処理を行う
sc = SparkContext("local[2]", "NetworkWordCount")
ssc = StreamingContext(sc, 1)
TCPポート9999からデータを読み込む
lines = ssc.socketTextStream("localhost", 9999)
入力の各行を単語に分解
words = lines.flatMap(lambda line: line.split())
単語ごとのカウントをコンソールに出力
words.map(lambda word: (word, 1)) \
     .reduceByKey(lambda a, b: a + b) \
     .pprint()
ストリーム処理を開始
ssc.start()
```

バッチ処理はデータの処理が終わると終了しますが、ストリーム処理はプログラムを停止するまで延々と実行が続けられます。バッチ処理とストリーム処理とでは達成したい目的が異なるので、実際には両方で同じコードを動かすことはあまりないかもしれませんが、このように一つのフレームワークで統合的にデータ処理を記述できるのもデータフローの利点です。

Column

ストリーム処理による1次集計

データ量があまりにも多くて、そのすべてを保存したくない場合には、データ量を削減するためだけにストリーム処理が用いられます。たとえば、明らかに不要なデータが送られてくるなら、最初にそれを取り除くことでストレージ使用量を減らせるでしょう。あるいは1秒ごとの統計値だけを記録したい場合には、その集計をストリーム処理に任せることができます。

仮に1万台のデバイスから1秒ごとにデータを集めると、生成されるデータは1日で8億件を超えます。そのすべてを残しておきたいというのでもなければ、最初にストリーム処理した結果だけを保存すれば済みます。たとえば、統計的なデータ分析にしか興味がなければ、ちょうどサマリーテーブルを作るのと同じように、分析に必要なディメンションだけを残して1秒ごとにデータを集約すれば良いでしょう。

ストリーム処理の結果は、メッセージブローカに書き戻して再利用できます。その後は削減されたデータを通常のメッセージ配送と同様に、一方ではバッチ処理のために分散ストレージに格納しつつ、他方ではリアルタイムなレポートのために時系列データベースなどに転送できます(**図C5.1**)。

分散ストレージにも性能上、あるいはコスト上の限界があります。データ量があまりに多くてその限界を超えるなら、ストリーム処理を用いて現実的な流量へと削減することが一つの選択肢となります。

図C5.1 ストリーム処理した結果のみを保存する

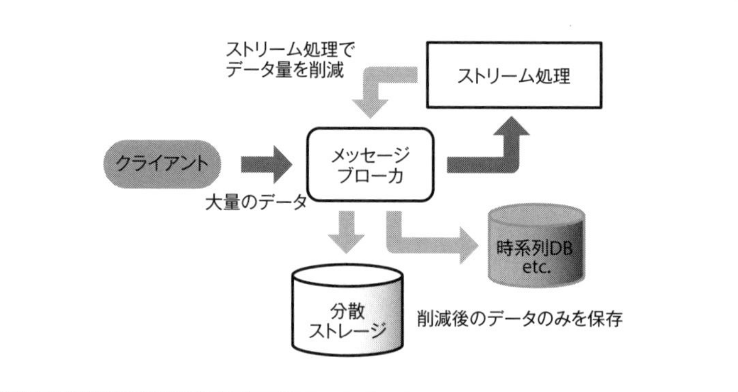

ストリーム処理の結果をバッチ処理で置き換える
ストリーム処理の二つの問題への対処

ストリーム処理には潜在的に二つの問題があります。一つは「間違った結果をどのように修正するか」です。プログラムの不具合や、一時的な障害などによって予期せぬ結果となった場合に、過去の結果を修正したくなることもあるでしょう。しかし、ストリーム処理は原則として新しく届いたデータを処理するのみであり、「時間を巻き戻す」という概念は基本的にはありません。

もう一つは「遅れてくるデータの扱い」です。前章でも取り上げたように、メッセージ配送には遅延がつきものですが、それをイベント時間で集計すると問題になります。集計が終わった後になって届くデータも多数あるので、ストリーム処理の結果は本質的に不正確にならざるを得ません。

これらの問題に対する伝統的な対処方法は、ストリーム処理とは別にバッチ処理を走らせて、後者の結果を正とすることです。これは定期的なレポートでもよく用いられる方法です。たとえば日次レポートを速報値とし、月次レポートを確定値として作り分けるなどです。ストリーム処理の結果も、バッチ処理の結果が出るまでの暫定値として利用する限りは問題となりません。

ラムダアーキテクチャ　バッチレイヤ、サービングレイヤ、スピードレイヤ

これを発展させた考え方として、**ラムダアーキテクチャ**(*lambda architecture*)が導入される場合もあります。ラムダアーキテクチャでは、データパイプラインを**図5.21**のような三つのレイヤに区分します。すべてのデータは必ず**バッチレイヤ**(*batch layer*)で処理します。過去のデータを長期的なストレージに蓄えて、何度でも集計をやり直せるようにします。バッチレイヤは大規模なバッチ処理を実行できる一方で、1回の処理には長い時間が掛かります。

図5.21 ラムダアーキテクチャ※

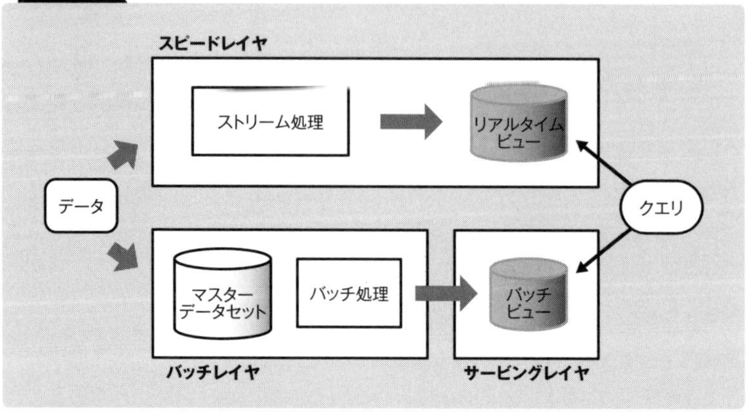

※参考 URL http://lambda-architecture.net

バッチ処理の結果には**サービングレイヤ**(*serving layer*)を通してアクセスします。ここには応答の早いデータベースを設置し、集計結果をすぐに取り出せるようにします。サービングレイヤから得られる結果を**バッチビュー**(*batch view*)と呼びます。バッチビューは定期的に更新されますが、リアルタイムの情報を得ることはできません。

そこで、別経路でストリーム処理を行うための**スピードレイヤ**(*speed layer*)を設置します。スピードレイヤから得られる結果を**リアルタイムビュー**(*realtime view*)と呼びます。リアルタイムビューはバッチビューが更新されるまでの間しか利用されず、古いデータは順次削除されていきます。

最後に、バッチビューとリアルタイムビューの両方を組み合わせる形でクエリを実行します。たとえば、直近24時間の集計結果はリアルタイムビューを参照し、それ以前のデータにはバッチビューを用いることができるでしょう。この組み合わせによって、バッチ処理とストリーム処理の欠点を補おうとするのがラムダアーキテクチャです。

ラムダアーキテクチャの良いところは、リアルタイムビューの結果はいずれバッチビューで置き換えられるということです。ストリーム処理の結果は一時的にしか利用されず、しばらく待てばバッチ処理による正しい結果が得られます。そのため、ストリーム処理が不正確でも長い目で見れば問題になりません。バッチ処理さえ安定して動いている限りは「ストリーム処理をやり直す必要はない」というのがラムダアーキテクチャの考え方です。

カッパアーキテクチャ

ラムダアーキテクチャの問題点として、開発効率の悪さが挙げられます。スピードレイヤとバッチレイヤは、どちらも同じような処理を実装することになるので二度手間です。そのためラムダアーキテクチャを単純化した**カッパアーキテクチャ**(*kappa architecture*)が選ばれる場合もあります[注4]。

カッパアーキテクチャでは、ラムダアーキテクチャからバッチレイヤとサービングレイヤを完全に取り除いて、スピードレイヤのみを残します。代わりにメッセージブローカのデータ保持期間を十分に長くして、何か問題が起きたときにはメッセージ配送時間を過去にセットし直します。そうすると過去のデータが再びストリーム処理へと流れてきて、実質的に再実行が行われます。ストリーム処理の内容が冪等になっていれば、出力データが上書きされて新しい結果へと書き換えられます。つまり、バッチ処理と同じような過去データの一括処理を、ストリーム処理だけで実行しようというわけです。

カッパアーキテクチャの懸念点は負荷の上昇です。ストリーム処理のデータフローに大量の過去データを流し込むと、平常時と比べて何倍、あるいは何十倍もの計算リソースを一時的に消費することになります。しかし、クラウドサービスの普及によって、そのようなリソースを確保するのは難しいことではなくなったので、必要に応じて「ストリーム処理をやり直す方が簡単だ」というのがカッパアーキテクチャの考え方です。

アウトオブオーダーなデータ処理

バッチ処理に頼ることなく、ストリーム処理で正しい集計結果を得るための努力も続けられています。そのとき問題となるのは遅れてくるメッセ

注4　「カッパ(κ)」はギリシャ文字で「ラムダ(λ)」の1つ前の文字で、ラムダアーキテクチャを単純化したことからこの名前になったようです。URL https://milinda.pathirage.org/kappa-architecture.com/

ージ、つまりプロセス時間とイベント時間との差異です。これは技術的には**アウトオブオーダー**(*out of order*)なデータ処理と呼ばれます。ここではその概要だけを簡単に説明します。

Note

アウトオブオーダーなデータ処理については、以下のブログや論文で詳しく取り上げられています。

- 「**Streaming 101: The world beyond batch**」
  URL https://www.oreilly.com/radar/the-world-beyond-batch-streaming-101/
- 「**The Dataflow Model: A Practical Approach to Balancing Correctness, Latency, and Cost in Massive-Scale, Unbounded, Out-of-Order Data Processing**」 URL https://research.google/pubs/pub43864/

本来のデータの姿は「イベント時間」から得られる

前述のとおり、ストリーム処理とは、基本的にはプロセス時間によるリアルタイムなデータ処理です。データが届いた途端に集計を始めるので、時間に対して特別な操作を行わない限りは、その出力はプロセス時間と結び付いたものになります。この性質が予期せぬ混乱を招きます。

たとえば、メンテナンス等の理由でストリーム処理を一時的に止めたとします。再起動後に貯まっていたデータ処理が再開されますが、その様子をダッシュボード等で可視化すると、流れてくるデータ量が突然変化したように見えるかもしれません。実際に送られてくるデータ量は変わらずとも、ストリーム処理のシステム上の都合で集計結果が変わることになるわけです。

同じような現象は、メッセージ配送の経路上のどこでも起こり得ます。どこかで遅延が起きるたびにストリーム処理の結果が揺らいでいたのでは、何を信じて良いのかわからなくなります。結局のところ、プロセス時間で集計している限りは本来のデータの姿はわからず、データが最初に生成された時間、つまり「イベント時間」で集計しなければ正しい結果は得られません。

イベント時間ウィンドウイング

ストリーム処理では、しばしば時間を一定の間隔で区切って**ウィンドウ**(*window*)を作り、その中でデータの集計を行います。たとえば、過去1時間のイベント数の推移をグラフにしたければ、データを1分間隔の60個のウィンドウに区切り、それぞれのウィンドウでイベント数を数えます。

イベント時間によってウィンドウを分けることを**イベント時間ウィンドウイング**(*event-time windowing*)と言います。イベント時間で見ると、メッセージ配送されてくるデータは順不同に並んでいる、つまりアウトオブオーダーな状態にあるため、これを適切に並べ替えて集計結果を更新しなければなりません(**図5.22**)。

図5.22 アウトオブオーダーなイベントの集計

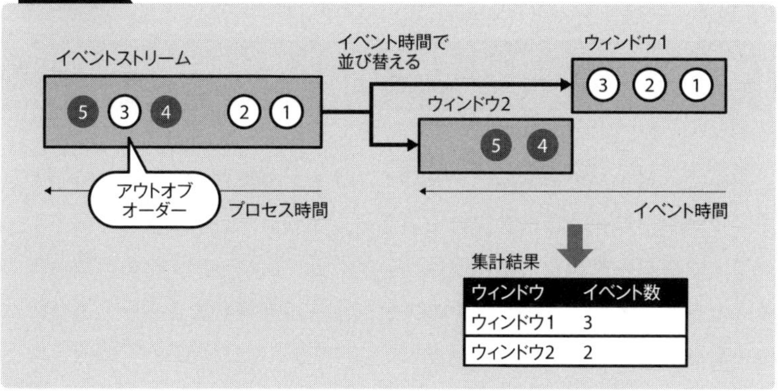

集計時点でのウィンドウの状態に基づいて、最新の集計結果が出力される。データが遅れて届いた場合には、過去のウィンドウの結果が更新される。そのため、すべてのウィンドウの正確な状態を一定時間は保持し続ける必要がある。

そのためには過去のウィンドウの状態を保持しながら、データが届くたびに該当するウィンドウの集計をやり直す必要があります。データを無限に保持し続けることはできないので、一定以上遅れてきたデータは無視することも必要です。イベント時間ウィンドウイングのためには、これらのことを考慮しながらDAGを記述することになります(**リスト5.7**)。

リスト5.7 Google Cloud Dataflowにおけるウィンドウの例※

```
PCollection<KV<String, Integer>> scores = input
  2分間隔のウィンドウを作成
  .apply(Window.into(FixedWindows.of(Duration.standardMinutes(2)))
               集計結果を出力するタイミング（トリガー）を設定
               .triggering(
                 AtWatermark()
                   .withEarlyFirings(AtPeriod(Duration.standardMinutes(1)))
                   .withLateFirings(AtCount(1))))
  .apply(Sum.integersPerKey());
```

※出典：「Streaming 102: The world beyond batch」
URL https://www.oreilly.com/radar/the-world-beyond-batch-streaming-102/

5.4 まとめ

本章では**ビッグデータのデータパイプライン**を構築するための技術として、**ワークフロー**と**データフロー**の考え方について説明しました。

ワークフロー管理ツールは複数のシステムに命令を出すための**司令塔**のような役割であり、**各種タスクのスケジュール実行**や**エラーからのリカバリー**を助けます。

ビッグデータの**集計**には**障害**がつきものです。いざというときに困らないためにも、可能な限り**冪等なタスク**を実装するなどして、日頃から**リカバリー可能なワークフロー**を記述することが大切です。さもなければトラブルのたびに時間を奪われることになり、生産的な活動ができなくなります。

ワークフロー管理ツールは、**外部システムに与える負荷を調整する役割**も担います。**タスクの大きさ**や**同時実行数**をうまくコントロールして、**安定したタスク実行**と**リソースの有効活用**とを両立します。ワークフローに登録するタスクは、どれも大き過ぎず、小さ過ぎず、程良く分割することで効率の良い実行が可能となり、エラー発生時の影響も小さく抑えられます。

分散ストレージにデータを取り込んだ後は**データフロー**の出番です。以前であればワークフロー管理が必要とされた複雑なデータパイプラインでも、DAGという形でフローを記述することによって、**分散システムの内部で効率良く実行できる**ようになりました。**バッチ型のデータフローをスクリプト化**してしまえば、**データの構造化**や**データマートの構築**といったプロセスを**単独のタスクとしてワークフローから呼び出せます。**

リアルタイムなデータ処理のためには、**ストリーミング型のデータフロー**を実行できます。ただし、ストリーム処理は間違った集計をやり直すのが難しく、必然的に**バッチ処理**と組み合わせて**二系統のデータ処理**を行うことになります。これは一般に**ラムダアーキテクチャ**として知られますが、システムを複雑化する要因となるため、どうしても必要というのでもない限りは**ストリーム処理の導入には慎重に**なるべきでしょう。

本書で取り上げた各種の分散システムをまとめると**図5.B**のようになります。これはあくまで一例であり、実際にはもっと単純な構成もあれば、逆にもっと複雑に入り組んだシステムになることもあります。いずれにしても**データパイプラインの安定した運用**のためには**ワークフロー管理**が**不可欠**であり、まずは**ワークフロー管理ツール**をきちんと使い込み、**安定性**を高めることが大切です。

図5.B ビッグデータ分析基盤の例

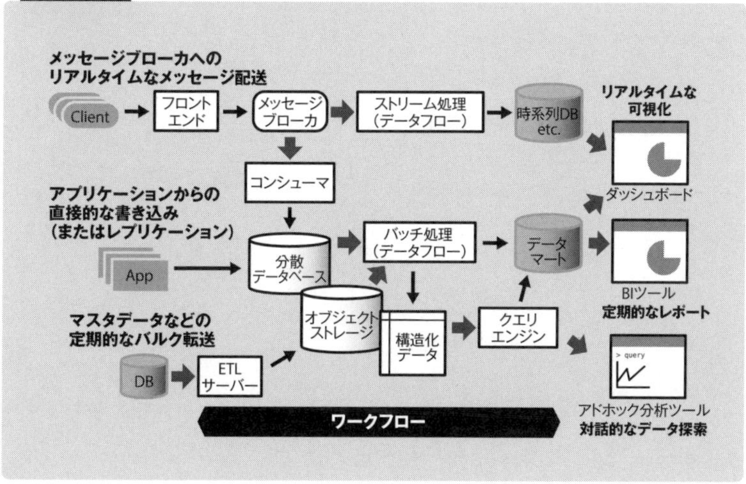

第6章
ビッグデータと機械学習

本章では、ビッグデータと機械学習の関係について見ていきます。機械学習では大量のデータから過去の傾向を学習することで、将来を予測するための「モデル」を作り上げます。ビッグデータを活用してモデルを何度も「訓練」することにより、より正確な予測結果を「推論」できるようになります。

6.1節では「特徴量ストア」の考え方を説明します。機械学習の元となるデータ(特徴量)は特徴量ストアへと格納され、それを使って訓練や推論が実行されます。特徴量を作成することを「特徴量エンジニアリング」と呼び、その過程でビッグデータが集計されます。特徴量ストアには大量のデータが格納されるため、そこでもビッグデータの技術が用いられています。

6.2節では「MLOps」について簡単に説明します。MLOpsは機械学習の開発と運用の効率を上げるための取り組みですが、本書でこれまでに取り上げた「ノートブック」や「ワークフロー管理」などのソフトウェアが取り入れられており、これから機械学習の環境を構築するときには知っておきたい概念です。データパイプラインの自動化に使われる「オーケストレーション」の概念についても説明します。

図6.A MLOps※

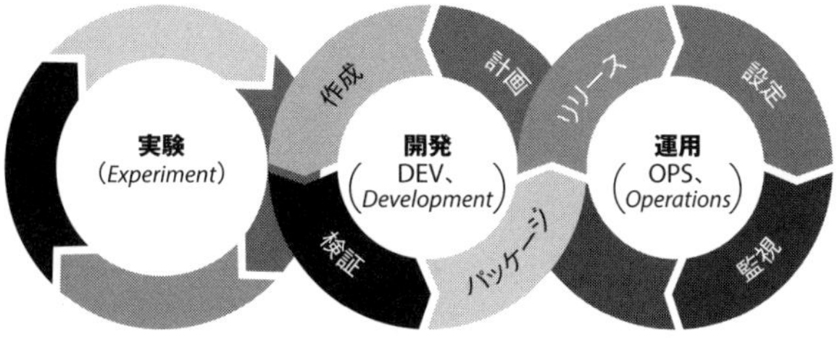

機械学習のプロジェクトでは、データを用いた実験が繰り返されるだけでなく、その成果物を本番環境へと適用するためにソフトウェアの開発(Dev)と運用(Ops)も必要となる。それらすべてを一つのライフサイクルとして効率良く実行するための取り組みを「MLOps」と呼ぶ。

※URL https://docs.microsoft.com/en-us/azure/architecture/example-scenario/mlops/mlops-technical-paper

6.1 特徴量ストア

ビッグデータを機械学習に利用する場合、集めたデータを加工することで機械学習の訓練や推論に適した特徴量を生成します。特徴量を保存してチームと共有するには「特徴量ストア」と呼ばれる特別なデータストアを作成します。

機械学習のための特徴量ストア

本書をここまで読み終えた読者であれば、次のステップとして**特徴量ストア**(*feature store*)の構築に興味を持つかもしれません。特徴量ストアは2018年頃から広がり始めた比較的新しいコンセプトであり、本書の執筆時点ではまだ確立された技術ではありませんが、今後のデータ基盤を構築する上で欠かせないコンポーネントになると考えられます。ここではその基本的な考え方を紹介します。

特徴量エンジニアリング 属性と特徴量

データ分析の過程では、しばしば顧客の分類などに用いる**属性**(*attribute*)を作成します。たとえば、顧客ごとに「最後に商品を購入した日」や、これまでの「購入金額の累計」などが属性として保存されます。データ分析が高度化するにつれて、属性の数はどんどん増えます。業界によっては顧客ごとに数百以上の属性を作成することも珍しくありません。

データマートに属性を保存する場合、たとえば**表6.1**のような形式のテーブルを作成します。テーブルには顧客ごとに1つのレコードを作成し、各レコードには数百の属性値を格納します。

機械学習を使う場合にも、同じようにして多数の属性データを作成します。ただし、文字列のようなそのままでは機械学習に適さないデータは数値データへと変換します。たとえば、顧客の性別が「男性/女性」という文

表6.1 属性テーブルの例

顧客ID	性別	最終購入日	累計購入金額	...
1	男性	2019-01-02	8000	...
2	女性	2020-03-04	1000	...
3	男性	2020-05-06	6000	...
:				

字列になっているなら、それを「0/1」という数値に変換します。あるいは顧客の誕生日を年齢に変換することもあるでしょう。このように、機械学習のために加工されたデータのことを**特徴量**（*feature*）と呼びます。

特徴量を作成する一連の作業は**特徴量エンジニアリング**（*feature engineering*）と呼ばれ、しばしばPythonによるプログラムとして実装されます。

特徴量のデータ形式　データフレームとして扱う

特徴量は、pandasやSparkのデータフレームとして扱われます。たとえば、表6.1のテーブルであれば次のような特徴量として表現されます。ここでは「最終購入日」を日付として格納する代わりに「現在までの経過日数」を特徴量として扱っています。

```
In [1]: import pandas as pd
      : 特徴量を作成する
      : features = pd.DataFrame({
      :   'customer_id': [1, 2, 3],                    # 顧客ID
      :   'gender': [0, 1, 0],                         # 0=男性 1=女性
      :   'days_from_last_sales': [657, 230, 167],     # 最終購入日からの経過日数
      :   'total_sales_amount': [8000, 1000, 6000],    # 累計購入金額
      : })
      : features
Out[1]:
   customer_id  gender  days_from_last_sales  total_sales_amount
0            1       0                   657                8000
1            2       1                   230                1000
2            3       0                   167                6000
```

「顧客ID」のような識別子は特徴量ではなく**エンティティ**（*entity*）と呼ばれます。また、複数の特徴量をまとめて一つにしたものを**特徴量セット**（*feature* *set*)、または**特徴量グループ**(*feature group*)などと呼びます。特徴量セットはエンティティごとに作られます。たとえば、顧客や商品、店舗などのエンティティのそれぞれについて特徴量セットを作成します。

特徴量はどのような方法で作成してもかまいません。データウェアハウスからSQLで集計することもあれば、ローデータを直接Pythonで加工することもあるでしょう。すでにあるデータ基盤を活用したり、あるいは不足するデータを自分で補ったりすることで、それぞれのエンティティに関連する特徴量を集めてデータフレームへと変換していきます。

特徴量ストア　ビッグデータと機械学習の境界線

どのような特徴量が役立つかは事前にはわからないため、試行錯誤しながら多数の特徴量が作られます。たとえば、「最終購入日」という属性データは、そのままの文字列としては機械学習の役には立ちません。しかし「現在までの経過日数」という数値に変換してみると、どれだけ最近購入されたのかが定量的にわかります。あるいは、もっと具体的に「過去7日以内に一度でも購入したかどうか」を1つの特徴量として「0/1」で表現する方が機械学習しやすいかもしれません。

このように同じデータからでも作り出せる特徴量は無数にあります。特徴量エンジニアリングはいわば職人の世界であり、これまでは機械学習のエンジニアやデータサイエンティストが各々のやり方で独自に実装していました。このプロセスを少しでも標準化して生産性を上げようとして開発されているのが特徴量ストアです。

「特徴量ストア」は特徴量の読み書きに特化したデータストアです。機械学習では特徴量を使ってモデルを「訓練」することにより過去の傾向を学習し、そして完成したモデルで「推論」することにより未来を予想します。そのときに必要となるデータを特徴量エンジニアリングによって作り上げ、そして特徴量ストアへと格納します(**図6.1**)。

図6.1 特徴量ストアの位置付け

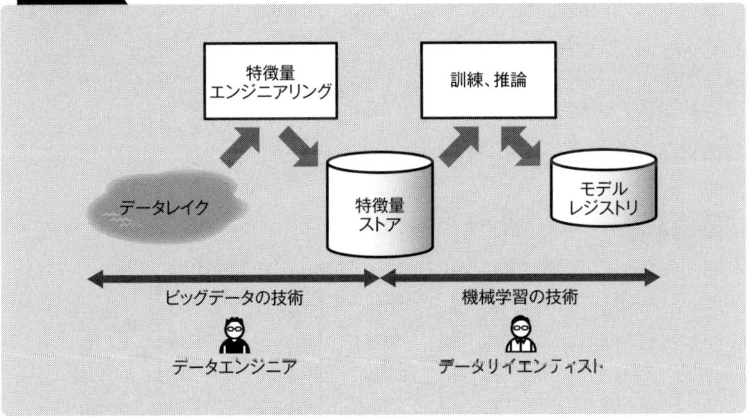

ビッグデータの技術が使われるのは特徴量を作成して保存するところまでであり、そこから先は機械学習の技術へと切り替わる。機械学習では特徴量を読み込むことで訓練を行い、その結果をモデルとして出力する。作成したモデルと特徴量を組み合わせることで推論が行われる。

特徴量ストアを作るためにビッグデータを使うとしても、特徴量そのものがビッグデータになるとは限りません。特徴量は顧客などのエンティティ単位で集計された値であるため、仮に顧客が数百万人なら作られるレコード数も数百万件に過ぎません。特徴量ストアから取り出されるデータはスモールデータになることが多いと考えられます。

もともと機械学習のライブラリはCSVファイルなどを読み込んでメモリ上で計算するものも多く、ビッグデータの技術が必要となるケースは限られます。従来のETLプロセスを特徴量エンジニアリングにまで発展させて、組織内の誰もが使える特徴量ストアを構築することがデータエンジニアの役割となります。そうして完成した特徴量ストアからデータを取り出して機械学習を実装するのがデータサイエンティストの役割です。つまり、特徴量ストアは「ビッグデータと機械学習の世界を隔てる境界線」となります。

特徴量ストアのデータパイプライン　オンラインとオフライン

特徴量として使われるのはデータレイクに格納されたデータばかりではありません。リアルタイムなデータが必要となる場合もあります。たとえば、直近5分の株価の動きを見て、次の価格を予測するようなプログラムを書くとしたら、ストリーム処理を使ってリアルタイムに特徴量を生成します。

特徴量ストアではリアルタイムに更新される特徴量と、定期的に更新される特徴量との両方を扱える必要があります。前者を**オンライン**(*online*)の特徴量、後者を**オフライン**(*offline*)の特徴量と呼びます。

図6.2 特徴量ストアのデータパイプライン

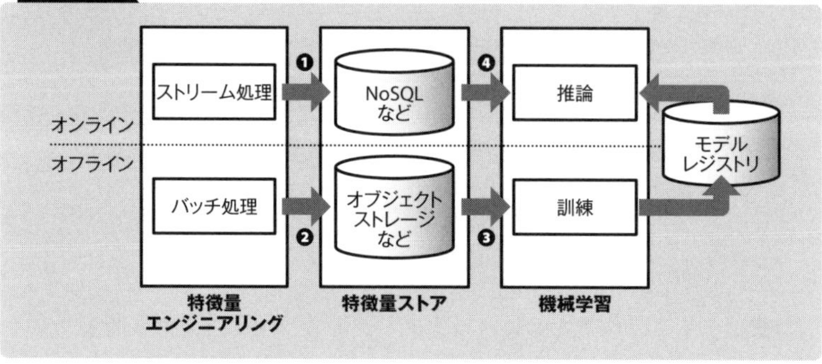

オンラインの特徴量には、ストリーミング型のメッセージ配送(4.2節)やストリーミング型のデータフロー(5.3節)が使われます(**図6.2❶**)。完成した特徴量はNoSQLデータベースのような高頻度の読み書きに耐えられるデータストアに格納されます。

一方、オフラインの特徴量では、オブジェクトストレージ(4.1節)やバッチ型のデータフロー(5.2節)が使われます(図6.2❷)。過去に蓄えられた長期的なデータを集計することで、毎日一回といった頻度で特徴量を計算します。

訓練と推論　オンラインとオフラインの使い分け

機械学習のフェーズでは、おもにオフラインの特徴量を用いて**訓練**(*training*)が行われます(図6.2❸)。特徴量ストアには事前に集計済みのデータが格納されるため、読み出すときには大規模なデータ処理は必要ありません。ただし、多数ある特徴量のうち一部だけを読み出したり、簡単なデータ処理をしてから読み出したりすることもあるため、データの読み出しにはクエリエンジンやデータフローが利用されます。

訓練が完了すると**モデル**(*model*)が**モデルレジストリ**(*model registry*)に登録され、それが**推論**(*prediction*)のために使われます(図6.2❹)。推論にはオンラインとオフラインの2種類があります。オンラインの推論は、本番環境のオンラインサービス(Webサービスなど)と結合され、ユーザーからのリクエストに応じてリアルタイムに結果を返します。一方、オフラインの推論はバッチ処理として定期的に実行されます。

推論のためにはモデルと特徴量の両方が使われます。オンラインの推論は瞬時に完了させる必要があるため、遅延なくデータを読み出せるオンラインの特徴量だけが利用されます。

以上のように、オンラインとオフラインという性質の異なる2つのシステムにデータを供給するのが特徴量ストアの特徴です。このようなデータストアを構築した上で、誰でも簡単に特徴量を読み書きできるようにAPIやライブラリを整備しなければなりません。

Column

ディープラーニングの特徴量

「特徴量」という言葉は、機械学習の一つの手法である「ディープラーニング」(*deep learning*)でも使われますが、その意味合いは本節で取り上げるものとはかなり異なります。伝統的な機械学習の特徴量は「人が定義するもの」であり、特徴量エンジニアリングをするのも人です。一方、ディープラーニングでは特徴量の計算自体が機械化されるため、生成された特徴量は人が見て理解できるものではなくなります。

画像認識や音声認識、あるいは自然言語処理などといった分野では、「猫の写真の特徴」や「『あ』という声の特徴」などのように単純には数値化できない特徴量が扱われます。そうした特徴量を手作業で作るのは困難なので、ディープラーニングでは機械的なアルゴリズムで特徴量を作って訓練や推論に用います。そのような特徴量が特徴量ストアに格納されることはありません。

ディープラーニングでは画像や音声などの「非構造化データ」をそのまま「大量の数値データ(バイナリデータ)」として処理します。本書でこれまでに取り上げてきたようなデータ構造化のプロセスは存在せず、まったく異なるデータパイプラインを構築する必要があります。

特徴量ストアによるデータ管理

特徴量ストアには単に特徴量を保存するだけではなく、「機械学習を本番運用したときに陥りがちな問題」を回避するために有用な機能が取り入れられます。

Googleのエンジニアによる2015年の論文「Hidden Technical Debt in Machine Learning Systems」注1には、「機械学習によってもたらされる典型的な技術的負債とその回避策」がまとめられています。たとえば、業務システムで生成されるデータが変更になったときに機械学習に悪影響が及ぶことを避けるために、データ構造にバージョンを付けて管理したり、想定外のデータが生成されていないかを監視したりする方法です。

然るべき準備をしないまま機械学習を取り入れると、長期的に保守するのが難しいシステムになってしまいます(**図6.3**)。

図6.3 機械学習を取り巻く多様な技術※

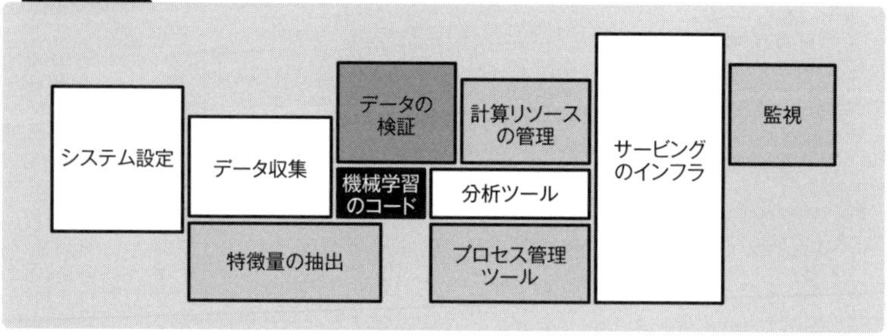

実世界のシステムにおいて機械学習のコード(中央の黒い部分)が占める割合はとても小さい。それを取り巻く周辺技術は多様で複雑なものとなる。

※出典:URL https://papers.nips.cc/paper/5656-hidden-technical-debt-in-machine-learning-systems.pdf

特徴量ストアで機械学習の技術的負債がすべてなくなるわけではありませんが、いくつかの問題を軽減するために、以下のような機能が開発されています。

注1 URL https://papers.nips.cc/paper/5656-hidden-technical-debt-in-machine-learning-systems.pdf

データリネージ　データの依存関係を追跡する

データがどこからどこへとコピーされ、誰によって使われているかという依存関係を示したものを**データリネージ**(*data lineage* / データの系統)と呼びます。データリネージを適切に管理できていないと、データパイプラインは簡単に壊れてしまいます。たとえば、データベースのスキーマを変更するだけで、ETLプロセスはエラーを出して動かなくなります。

アプリケーションを開発するときに、そのアプリケーションが正しく動作するかどうかは念入りにテストされますが、データベースに書き込んだデータが他のシステムでどう使われるかは知るすべがありません。アプリケーションの開発チームが本番環境を更新した途端に、データパイプラインの後方にあるシステムが壊れて動かなくなった経験のある人も多いでしょう。

データリネージを管理する1つの方法は**データカタログ**(*data catalog*)を整備することです。データカタログというのは、組織内にあるすべてのデータのメタデータ(スキーマやデータサイズなど)や、データ間の依存関係をまとめて管理するソフトウェアです。Googleでは「Goods」と呼ばれるデータカタログを構築しており、自動化されたシステムによってデータリネージを検知しています[注2]。

特徴量ストアを作るだけではデータカタログの代わりにはなりませんが、特徴量のデータ入出力を明確にすることで、後から調査するのが容易になります。このような機能を**データの起源**(*data provenance*)の**追跡**(*tracking*)と呼びます。特徴量ストアによっては特徴量と一緒にデータの起源まで管理できるものや、特徴量の一覧を検索できるものもあり、データリネージを把握する助けになります。

データの検証　特徴量のスキーマを定義する

データの検証(*data validation*)も特徴量ストアの重要な機能です。RDBでテーブルのスキーマを定義するのと同じように、特徴量ストアでは特徴量

注2　「Goods: Organizing Google's Datasets」 URL https://research.google/pubs/pub45390/

セットのスキーマを事前に定義するようになっています。もし期待する特徴量が存在しなかったり型が違っていたりする場合には、特徴量を書き込む時点でエラーが発生します。早い段階で問題を検出することにより、後になって問題に気づくことを避けられます。

タイムトラベル　任意の時点にデータを巻き戻す

タイムトラベル(*time travel*)は過去の任意の時点へとデータを巻き戻す機能です。具体的にはスナップショットテーブルと同様にして、タイムスタンプと共に特徴量を保存することで、過去の特徴量をいつでも読み出せるようになります。

特徴量ストアに固有の機能として、**時間的に正確な結合**(*point-in-time correct join*)という機能が提供されることもあります。すべての特徴量が同じタイムスタンプで保存されるわけではないので、完全一致でタイムスタンプを比較したのでは特徴量が見つからないことになります。時間的に正確な結合では、指定したタイムスタンプに近い特徴量を自動的に見つけることにより、その時点での特徴量がすべて埋まった状態で値を返してくれます。

バージョニング　特徴量の変更履歴を記録する

バージョニング(*versioning*)は特徴量を保存した履歴をすべて記録して、過去の任意のバージョンを取り出せるようにする機能です。タイムトラベルは時間的な履歴だけを保存する概念ですが、バージョニングでは特徴量セットの追加/削除やスキーマ変更を含めた完全な状態が保存されます。アプリケーションのソースコードをバージョン管理するのと同様に、特徴量のデータセットをバージョン管理して正確な変更履歴を追跡することが目的です。

機械学習では、あるデータセットで得られた結果が、別のデータセットでは異なる結果になる場合があり、**再現性の危機**(*reproducibility crisis*)と呼ばれています。Natureによる2016年の調査によると、「科学者による実験のうち70%が再現できなかった」として話題になりましたが注3、機械学習の分野でも同じことが起きています。機械学習のソースコードと同時に、データセットまで正確にバージョン管理することによって、再現性を確保できると考えられています。

特徴量ストアの実装例

特徴量ストアはまだ新しい技術であり、誰にでも導入を勧められる段階ではありませんが、オープンソースの実装やクラウドサービスも登場してきており、これから次第に利用者を増やしていくと考えられます。

以下では、いくつかのよく知られた特徴量ストアのアーキテクチャとその特徴を紹介します。

Note

本節は、以下のWebページなどを参考にしています。

- 「**Feature Store for ML**」 URL https://www.featurestore.org

Michelangelo

MichelangeloはUberが社内システムとして構築している機械学習プラットフォームで、2017年のブログでその概要が公表されました注4。その後、各社から同様のシステムが発表されるようになり、現代的な特徴量ストアの原型となったシステムであると考えられます。

Michelangeloは、オンラインとオフラインの2つの特徴量ストアを持ちます(**図6.4**)。オンラインではNoSQLデータベースであるCassandraが用いられ、オフラインではHadoopによるオブジェクトストレージ(HDFS)の上にHiveテーブルが作られます。

注3 Monya Baker「1,500 scientists lift the lid on reproducibility」(Nature、Vol.533、pp.452-454、26 May 2016)

注4 URL https://eng.uber.com/michelangelo-machine-learning-platform/

図6.4 Michelangeloのアーキテクチャ※

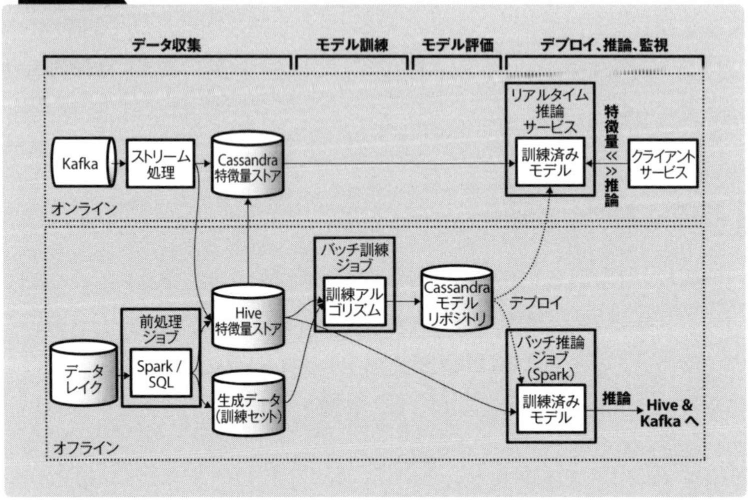

※参考：URL https://eng.uber.com/michelangelo-machine-learning-platform/

オンラインのデータはまずメッセージブローカであるKafka(p.156「メッセージブローカ」)へと集められ、そこからストリーム処理によってオンラインの特徴量が作られます。生成された特徴量は、リアルタイムの推論サービスから使えるようにCassandra特徴量ストアに格納されると同時に、バッチ処理からも使えるようにHive特徴量ストアにも保存されます。

オフラインのデータは最初にデータレイクへと格納された後、SparkやHiveによる特徴量エンジニアリングを経て、Hive特徴量ストアへと書き出されます。一部の特徴量はリアルタイムの推論でも利用されるため、定期的にCassandra特徴量ストアにもコピーされます。

Michelangeloに固有の機能として、特徴量の読み込みにはScala言語を使った独自のDSL(ドメイン固有言語)が用いられています。オンライン(Cassandra)とオフライン(Hive)のどちらから読み込むときにも同じDSLでデータを加工することにより、モデルを訓練するときと推論するときとで特徴量の食い違いが起きることのないようになっています。

Note

オフラインの訓練ではおもにPythonが用いられるのに対して、オンラインの推論はJavaなどで実装されることもあります。DSLにより特徴量ストアへのアクセス層を統一することで言語による違いを避けられます。一方、DSLよりも柔軟性の高いデータ処理のために、UberではPythonだけでデータにアクセスできる「PyML」というプロジェクトも立ち上げています。

- **「Michelangelo PyML: Introducing Uber's Platform for Rapid Python ML Model Development」** URL https://eng.uber.com/michelangelo-pyml/

Hopsworks

Hopsworks[注5]はオープンソースの機械学習プラットフォームで、機械学習のパイプラインを組み立てる「HopsML」、特徴量ストアである「Feature Store」、オブジェクトストレージである「HopsFS」などのシステムから構成されます。

Hopsworksもオンラインとオフラインの2つの特徴量ストアを持ちます(**図6.5**)。オンラインの特徴量はMySQL Clusterに格納され、オフラインではHDFS互換のオブジェクトストレージであるHopsFSの上にHiveテーブルが作られます。

図6.5 Hopsworksのアーキテクチャ※

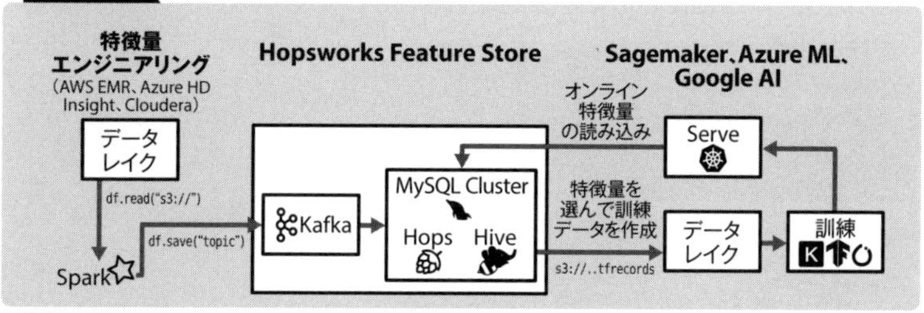

※参考：URL https://github.com/logicalclocks/hopsworks

注5 URL https://www.logicalclocks.com/hopsworks

Hopsworksでは特徴量エンジニアリングにSparkを利用します。Sparkでデータフレームを作成して次のようなコードを呼び出すと、メッセージブローカであるKafkaを経由して特徴量ストアへと書き出されます。オンラインとオフラインのどちらの特徴量ストアへと書き出すかはパラメータとして指定します。

```
from hops import featurestore

オンラインとオフラインの両方の特徴量ストアに書き込む
featurestore.insert_into_featuregroup(
  features_df, "featuregroup_name", online=True, offline=True, mode="append")
```

オンラインの特徴量は、次のようにSQLの構文でデータフレームとして読み出せます。

```
クエリの結果をオンラインの特徴量ストアから読み込む
query = "SELECT feature FROM featuregroup_name WHERE primary_key=x"
features_df = featurestore.sql(query, online=True)
```

オフラインの特徴量は、一度オブジェクトストレージへと書き出してから利用することもできます。次のコードでは、特徴量をまとめてTFRecord形式のファイルに書き出してから、TensorFlowのデータセットとして読み込んでいます。

```
import tensorflow as tf

指定した特徴量をTFRecord形式のファイルとして書き出す
features_df = featurestore.get_features(["feature"])
featurestore.create_training_dataset(
  features_df, "dataset_name", data_format="tfrecords")

ファイルをTensorFlowのデータセットとして読み込む
dataset_dir = featurestore.get_training_dataset_path("dataset_name")
input_files = tf.io.gfile.Glob(dataset_dir + "/part-r-*")
schema = featurestore.get_training_dataset_tf_record_schema("dataset_name")
def decode(example_proto):
    return tf.io.parse_single_example(example_proto, schema)
```

```
dataset = tf.data.TFRecordDataset(input_files)
            .map(decode)
            .shuffle(shuffle_buffer_size)
            .batch(batch_size)
            .repeat(num_epochs)
```

以上のように、Hopsworksの特徴量ストアはSparkやKafkaなどのオープンソースソフトウェアを積極的に活用したプラットフォームとなっています。

Feast

Feast[注6]はGoogle Cloudなどのクラウド環境を念頭に置いて開発が進められている特徴量ストアで、MLOpsフレームワークの1つである「Kubeflow」(後述)の特徴量ストアとして採用されています[注7]。元々はGoogle Cloudでなければ使えませんでしたが、バージョン0.8からはAWSのようなGoogle以外のクラウド環境もサポートされました。

FeastではオンラインのRedisを利用しており、特徴量を書き込む過程ではKafkaやSparkなどが利用されます(**図6.6**)。一方、オフラインの特徴量ストアとしては、以前はBigQueryが採用されていたものの、0.8ではその実装が取り除かれており、設計を見直している最中のようです。

Feastでは最初に特徴量の定義(スキーマ)をPythonで記述し、それを「Feastコア」というサービスに登録します。特徴量の作成そのものはFeastの外部で実装し、完成した特徴量はKafkaやオブジェクトストレージなどにいったん転送します。そしてAPIを通じてデータインジェスションのジョブを実行することにより、事前の定義に従って特徴量ストアへとデータが転送されます。

注6 URL https://feast.dev/

注7 「Introducing Feast: an open source feature store for machine learning」 URL https://cloud.google.com/blog/products/ai-machine-learning/introducing-feast-an-open-source-feature-store-for-machine-learning

図6.6 Feastのアーキテクチャ※

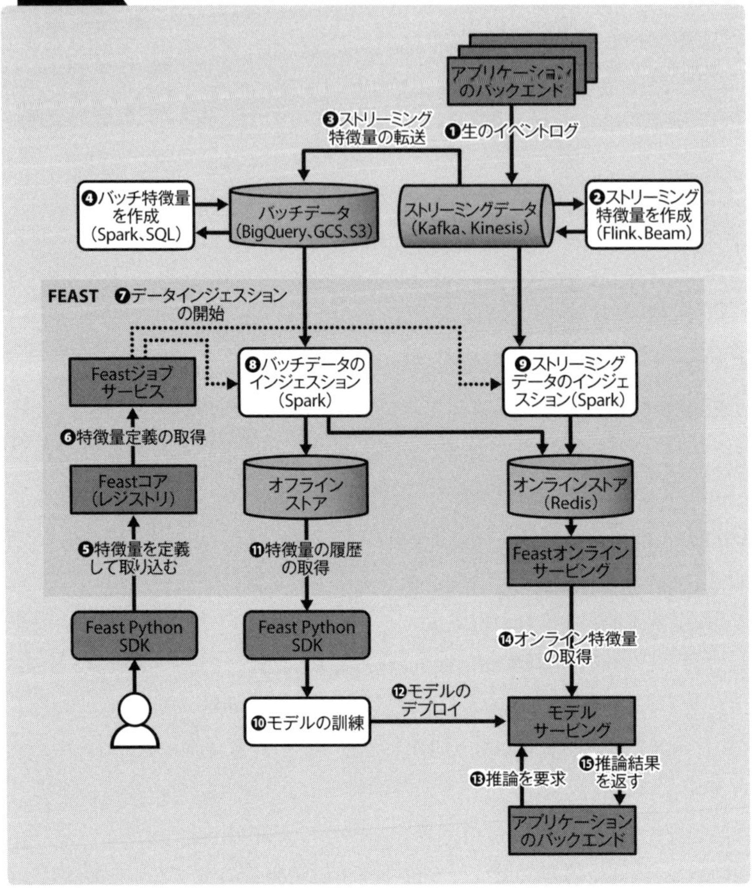

※参考：URL https://docs.feast.dev/concepts/architecture

特徴量を読み込む手順は比較的単純であり、特徴量の名前を渡してその値を受け取ることしかできません。MichelangeloのDSL、あるいはHopsworksのSQLのような構文はなく、必要な特徴量はあらかじめすべて作成して特徴量ストアに格納しておくか、あるいは取り出した後で自分で加工する必要がありそうです。

特徴量ストアをいつ作るか？

こうして見ると、いずれの特徴量ストアも同じようなアーキテクチャになっていることがわかります。「オフラインの訓練」と「オンラインの推論」とでは求められる性能が大きく異なるため、性質の異なる2つの特徴量ストアが作り分けられます。

いずれのシステムもパイプラインの前段にKafkaを置いて、ストリーム処理によってオンラインの特徴量ストアが更新されます。そして同じ特徴量をオフラインの特徴量ストアにも履歴として蓄えることにより、訓練用のデータとしても使えるようになっています。

逆に言うと、オンラインの推論を必要としないケースであれば、ここまで複雑なシステムは必要ありません。たとえば、オフラインでデータを分析してレポートを作るだけならもっと単純化したシステムでも十分です。完成したモデルを活用してリアルタイムなオンラインサービスを提供するようなケースでは特徴量ストアが役立ちます。

小規模な機械学習プロジェクトであれば、特徴量ストアは必要ありません。特徴量ストアが効果を発揮するのは、データサイエンティストが3人以上いて特徴量をチームで共有するのが難しくなってからだと言われています。本節で取り上げたような技術が必要だと感じられたら、導入を検討してみてください。

Column

クラウドサービスとしての特徴量ストア

特徴量ストアは単一のソフトウェアではなく、メッセージブローカであるKafkaや、NoSQLデータベース、オブジェクトストレージなどの複数のコンポーネントから構成されるため、クラウドサービスとして提供されるケースが増えています。

汎用的な機械学習のプラットフォームである「Amazon SageMaker」や「Google Cloud AI Platform」では、そのサービスの一部として特徴量ストアが提供されます。SageMakerでは「Feature Store」[注a]が2020年12月にリリースされました。AI Platformでも近日中のリリースが予告されています。特徴量ストアの今後の普及が期待されます。

注a　https://aws.amazon.com/sagemaker/feature-store/

Column

Sparkか、それともSQLか　バッチ処理によるデータ生成を考える

これまでに見てきたように、データレイクを使った特徴量エンジニアリングではSparkが事実上の標準となり、昔ながらのデータウェアハウスを作ることはせずにローデータを直接加工、集計して特徴量が作られています。

その一方で、機械学習以外の用途、つまりレポーティングなどでは、まだまだデータウェアハウスとSQLを使うのが一般的です。世の中にはSparkがわかる人よりもSQLを書ける人口の方が圧倒的に多く、今後もSQLはデータを集計するための中心的な存在であり続けるでしょう。

しかしながら、SQLで複雑なデータパイプラインを記述するのは簡単ではありません。属性テーブルを一つ作るにしても、属性の数だけ異なるクエリを実行しなければならず、多数の中間テーブルを作成してから最後に結合するようなワークフローが記述されます。

dbt　SQLに特化したデータ管理

この分野で人気を集めているのが、オープンソースの宣言型ワークフロー管理ツールである「dbt」[注a]です。dbtはデータウェアハウスでSQLを実行することに特化したツールであり、クエリをGitで管理できることに加えて、データの検証やデータリネージのような機能も実現しています(**図C6.1**)。

注a　URL https://www.getdbt.com

図C6.1　dbtによるテーブル情報とデータリネージの表示

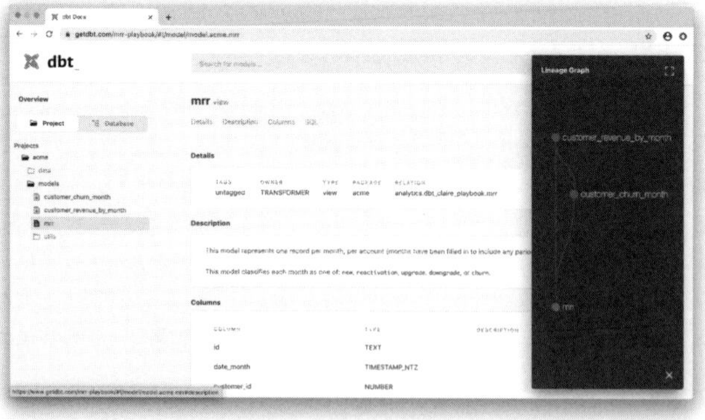

※出典：URL https://docs.getdbt.com/docs/building-a-dbt-project/documentation/

dbtには汎用的なワークフロー管理の機能はなく、データウェアハウスの中で中間テーブルやデータマートを作成することしかできません。データウェアハウスにデータを取り込んだ後から加工する「ELT」の「T」の部分を担当する存在です(p.24の図1.6「ETLプロセス」を参照)。

データレイクの非構造化データをPythonで加工する「ETLにはSpark」、データウェアハウスの構造化データをSQLで加工する「ELTにはdbt」のようにツールを使い分けていくのも良いかもしれません。

6.2 MLOps

機械学習システムを効率良く開発・運用するための取り組みを総称して「MLOps」と呼ぶようになりました。本節ではKubeflowを例としてMLOpsの概要を説明します。

機械学習のためにデータパイプラインを構築する

機械学習のプロジェクトではデータを整備して分析するだけでなく、作成したモデルを本番環境にデプロイして運用し、その効果を継続的にモニタリングします。このような開発・運用はしばしば複数のエンジニアによるチームワークとなりますが、従来から使われてきた「DevOps」という言葉を機械学習の分野にも適用し、「機械学習システムを効率良く開発・運用する」ための取り組みを「MLOps」と呼ぶようになりました。

MLOpsは機械学習に特化した概念なので、ここでその全貌について解説することはとてもできませんが、本書でこれまでに取り上げてきたツール群とも共通する要素が多々あります。以下ではMLOpsの位置付けについて「ビッグデータの技術との関係性」という観点から見ていきます。

もしもこれから機械学習のシステムを作るのであれば、最初からMLOpsに特化したツールを導入するのが合理的かもしれません。仮にそうでなくともデータ処理におけるMLOpsの位置付けを理解しておくことで、今後それが必要になったときにスムーズに導入を検討することができるでしょう。

MLOpsの全体構成 三段階の発展

MLOpsというのは抽象的な概念であり特定のシステムを指すものではありませんが、Googleによる解説[注8]が公開されているので、それに沿って全体の構成を見ていきます。

MLOpsは組織の成熟度に応じて段階的に発展するものであり、最初は手作業から始まります。Googleによる解説ではこれを「レベル0」のMLOpsと呼んでいます。レベル0ではモデルを作るところまでがデータサイエンティストの仕事です。完成したモデルは手作業でクラウドのモデルレジストリに登録され、運用担当者へと渡されます。

これを発展させた「レベル1」のステップとして、自動化されたパイプラインが構築されます。この段階では完成したモデルではなく、機械学習のソースコードが共有されます。運用担当者は受け取ったソースコードを利用して、モデルの構築から本番環境へのデプロイまでの一連のパイプラインを実装します。

レベル1を更に発展させた「レベル2」のステップとして、CI/CDが導入されます(**図6.7**)。レベル2ではシステム全体が一つのパイプラインとなり、ソースコードをリポジトリに入れるだけで本番環境が自動的に更新されます。Googleによる解説ではこれをMLOpsの完成系としています。

MLOpsと特徴量ストア

図6.7を見ると、開発環境と本番環境の両方から「特徴量ストア」が参照されていることがわかります。開発時にはデータサイエンティストが機械学習の実験を繰り返すために特徴量ストアが参照されます(❶)。そして同

注8 「MLOps: Continuous delivery and automation pipelines in machine learning」 URL https://cloud.google.com/solutions/machine-learning/mlops-continuous-delivery-and-automation-pipelines-in-machine-learning

図6.7 MLOpsのための機械学習のパイプライン※

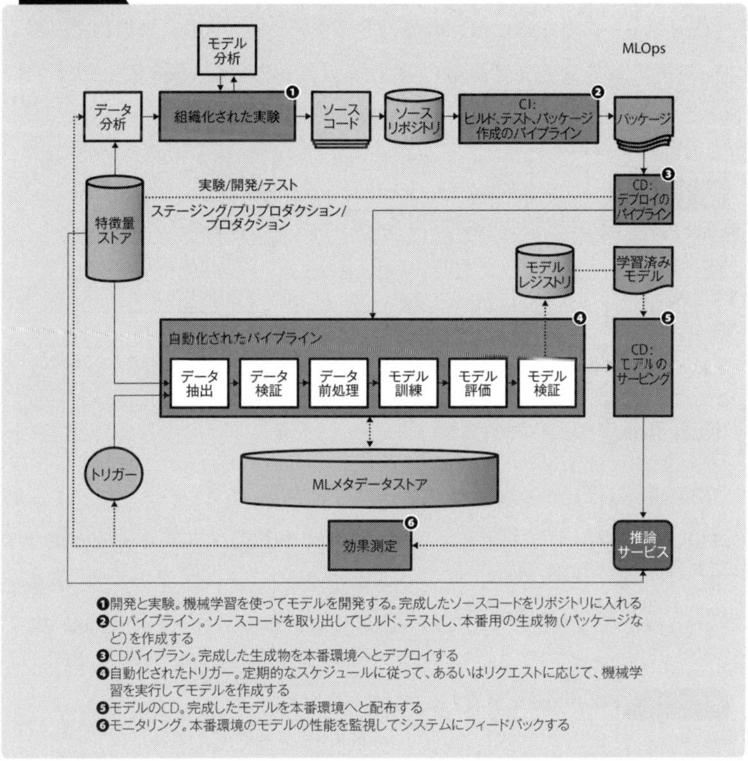

※出典：URL https://cloud.google.com/solutions/machine-learning/mlops-continuous-delivery-and-automation-pipelines-in-machine-learning

じデータがオフラインの訓練時にも利用されます(❹)。完成したモデルが本番環境へと配布された後、オンラインの推論時にも同じ特徴量ストアが参照されます(図中「推論サービス」)。

前節ではいくつかの特徴量ストアのアーキテクチャを取り上げましたが、それらは単体で用いられるのではなく、いずれもMLOpsの一部として導入されています。Michelangeloはまさに MLOpsのためのシステムですし、Hopsworksの特徴量ストアはHopsMLと呼ばれるMLOpsフレームワークの一部です。FeastはKubeflowの特徴量ストアとして使われています。

つまり、特徴量ストアはMLOpsとは切り離せない関係にあり、MLOps

フレームワークを選ぶと必然的に特徴量ストアの選択肢も限られてきます。MLOpsフレームワークには、有償のクラウドサービスから無償のオープンソースソフトウェアまで多数の選択肢がありますが(**表0.2**)、以下ではKubeflowを例としてその代表的な機能を見ていきます。

表6.2 オープンソースのMLOpsフレームワークの例

名称	開発元	最初のリリース
Kubeflow	Google	2018年3月
MLflow	Databricks	2019年6月
Metaflow	Netflix	2019年12月

Kubeflow　機械学習のオーケストレーション

「Kubeflow」はKubernetes上で動作するMLOpsのフレームワークで、**表6.3**のようなコンポーネントから構成される多数のソフトウェアの集合体です。その多くは機械学習のためのものですが、「ノートブック」や「特徴量ストア」のように本書ですでに取り上げたコンポーネントも含まれます。

表6.3 Kubeflowを構成するコンポーネント(一部)

名称	役割
Central Dashboard	管理コンソール(Web UI)
Metadata	メタデータサービス
Jupyter Notebooks	ノートブック
Fairing	訓練やモデルの登録
Feature Store	特徴量ストア
Pipeline	ワークフローのオーケストレーション
Katib	ハイパーパラメータチューニング
Tools for Serving	モデルをサービングするためのツール群

Kubeflowを起動し、管理コンソールを開くと**図6.8**のような画面になります。左のメニューから「Notebook Servers」を選んで、複数あるDockerイメージの中から一つを選択すると、新しくJupyter Notebookのコンテナが起動されます。Dockerイメージには機械学習でよく使われるライブラリが

あらかじめインストールされており、ノートブックを開くだけですぐにコーディングを開始できます。

図6.8 Kubeflowの管理コンソール(Central Dashboard)※

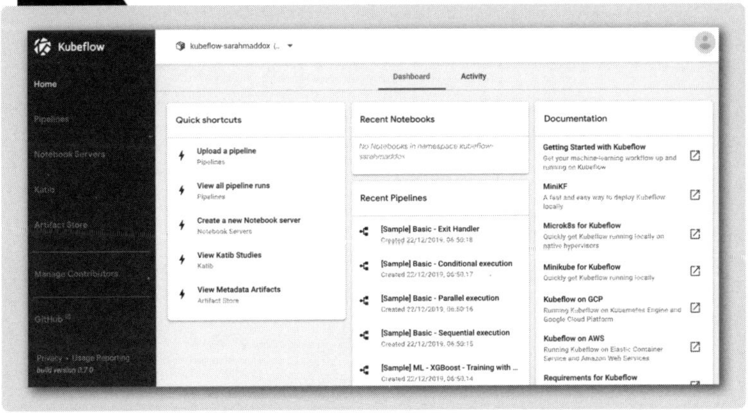

※URL https://www.kubeflow.org/docs/components/central-dash/overview/

ノートブックの中では特徴量ストアからデータを読み込んだり、完成したモデルをメタデータサービスに登録したりといった、機械学習でよくあるタスクを実行できます。そうしたタスクを支援するために多数のサーバーを立てておく必要があり、Kubeflowはそのために何十ものコンテナをKubernetesで実行します[注9]。

Kubeflow Fairing　訓練とモデル登録

「Fairing」は機械学習をクラウドで実行し、完成したモデルをデプロイするために使えるライブラリです。ノートブックの中から使えるようにデザインされています。

まず最初に、**リスト6.1**のような感じで機械学習を実行するスクリプトを用意します。これは、単体で実行できるようにしておきます。

注9　Kubeflowを実行するには最低でも16GBのメモリが必要であり、非力なマシンでは起動することさえできません。Google Cloudのようなクラウド環境でセットアップするのが簡単です。

リスト6.1 機械学習のスクリプトの例(model.py)

```
import tensorflow as tf

def main(_):
    機械学習の実装
    classifier = tf.estimator.LinearClassifier(...)
    ...

    訓練と評価を実行する
    tf.estimator.train_and_evaluate(classifier, train_spec, eval_spec)

    完成したモデルを登録する
    classifier.export_savedmodel(export_dir, ...)

if __name__ == '__main__':
    tf.app.run()
```

そして、次のようなコードをノートブックから実行します。これで機械学習のスクリプトを組み込んだDockerコンテナが作成され、それがKubernetesのクラスタ上で実行され、その結果としてモデルが登録されます。

```
In [1]: from kubeflow import fairing
      :
      : コンテナに含めるファイル
      : output_map = {
      :     "Dockerfile": "Dockerfile",
      :     "model.py": "model.py",
      : }
      : コンテナ内で実行するコマンド
      : command=["python", "/opt/model.py", ...]
      :
      : ❶Pythonスクリプトを実行する
      : fairing.config.set_preprocessor('python', ...)
      : ❷Dockerコンテナを作成する
      : fairing.config.set_builder(name='docker', ...)
      : ❸KubernetesでTFJobを実行する
      : fairing.config.set_deployer(name='tfjob', ...)
      : 以上の構成で実行開始
      : fairing.config.run()
```

オーケストレーション　設定や管理を自動化する

ノートブックは開発中には多用しますが、自動化のためには手作業を離れてパイプラインを構築しなければなりません。Kubeflowに限らず、MLOpsのフレームワークはどれも組み込みのワークフロー管理ツールを備えており、機械学習の訓練やデプロイのために多段階のパイプラインを記述できます。

MLOpsでは「ワークフロー管理」ではなく「**オーケストレーション**（*orchestration*）」という言葉がよく使われます。ソフトウェアの世界では、オーケストレーションとはインフラ管理の分野でよく使われる用語で、「クラウドオーケストレーション」や「コンテナオーケストレーション」など、さまざまなシステムの構築や設定管理を自動化するときに用いられます。

英語の「オーケストレイト」（*orchestrate*）という言葉は、「望んだ結果を得るために、多数の構成要素に指示を出して組織的に動かす」といったニュアンスを含みます。複数の独立したサーバーに対して、中央からAPIで指示する（オーケストレイトする）ことで目的を達成するのがオーケストレーションの概念です。

MLOpsでもワークフローという言葉は使われますが、オーケストレーションはそれよりも上位の概念であり、「機械学習のワークフローをオーケストレイトする」と言うときには「機械学習の一連のタスク（＝ワークフロー）がうまく実行されるようにシステムを組織する」のような意味になります。

Kubeflow Pipelines　Pythonによるスクリプト型のワークフロー

Kubeflowには「Pipelines」と呼ばれるオーケストレーションの機能がありますが、これは内部的には「Argo」[注10]というワークフロー管理ツールを用いており、その上にSDKや管理用のUIを被せたものとなっています。

Kubeflow Pipelinesを使ったワークフローの実装は**リスト6.2**のようになります。各タスクはDockerコンテナとして実装されます。機械学習のタスクなどは、コンテナの中に必要なものを全部詰め込んでおいて、それをパ

注10　URL https://github.com/argoproj/argo

イプラインの一部として実行します。

こうして実装されたワークフローは、ArgoのYAMLファイルへと書き出されます。ArgoはKubernetesでワークフローを管理するための宣言型のツールであり、YAMLの記述に従って次々とコンテナを実行します。

リスト6.2 Kubeflow Pipelinesによるワークフローの例※

```
import kfp
from kfp import dsl
タスク❶：コンテナでgsutilコマンドを実行
def gcs_download_op(url):
    return dsl.ContainerOp(
        name='GCS - Download',
        image='google/cloud-sdk:279.0.0',
        command=['sh', '-c'],
        arguments=['gsutil cat $0 | tee $1', url, '/tmp/results.txt'],
        file_outputs={
            'data': '/tmp/results.txt',
        }
    )
タスク❷：コンテナでechoコマンドを実行
def echo2_op(text1, text2):
    return dsl.ContainerOp(
        name='echo',
        image='library/bash:4.4.23',
        command=['sh', '-c'],
        arguments=['echo "Text 1: $0"; echo "Text 2: $1"', text1, text2]
    )
タスクを順に呼び出すワークフローを定義
@dsl.pipeline(name='Parallel pipeline')
def download_and_join(
    url1='gs://ml-pipeline/sample-data/shakespeare/shakespeare1.txt',
    url2='gs://ml-pipeline/sample-data/shakespeare/shakespeare2.txt'
):
    download1_task = gcs_download_op(url1)
    download2_task = gcs_download_op(url2)
    echo_task = echo2_op(download1_task.output, download2_task.output)
```

※出典：「pipelines/parallel_join.py at master - kubeflow/pipelines - GitHub」 URL https://github.com/kubeflow/pipelines/blob/master/samples/core/parallel_join/parallel_join.py

Column

データパイプライン、ワークフロー、オーケストレーション

ビッグデータの世界では「データパイプライン」「ワークフロー」「オーケストレーション」の三つの言葉が同じような文脈でよく使われます。それぞれ微妙に意味が異なるので、ここで改めて筆者の解釈をまとめておきます。

データパイプライン

ソフトウェア技術では「データパイプライン」というのは「連続して実行されるデータ処理」を意味する一般的な用語です。データ処理を行なう複数のプロセスやサーバーが並んでいて、その間を次々とデータが受け渡されていく実装がデータパイプラインと呼ばれます。

データパイプラインという言葉はバッチ処理でもストリーム処理でも使われます。実装の手段は問いません。

ワークフロー

一般にバッチ処理は「定期的に実行されるプロセス」として実装され、ストリーム処理は「停止することなく動き続けるプロセス」として実装されます。前者の「バッチ処理による一連のタスク」を「データワークフロー」、あるいは単に「ワークフロー」と呼びます。ストリーム処理は停止したら再起動するだけなのでワークフローではありません。

ワークフローもさまざまな業界で用いられる一般的な用語ですが、基本的には「タスク」という単位で仕事を定めて、「どのような条件でタスクを実行するか」を明確に定義します。タスクを順に実行するだけのこともあれば、複数のタスクを並列処理したり、フローチャートのように分岐が発生したりする場合もあります。

「ワークフロー管理」という概念には、単にタスクを実行するだけでなく、タスクが失敗したときのエラー通知やリカバリーの支援など、ワークフローを正常に完了させるための総合的な機能が含まれます。

オーケストレーション

「オーケストレーション」はインフラを含めた自動化に重点を置いた言葉であり、ワークフローを実行するのに必要なシステムリソースを確保することまでが想定されます。従来のワークフロー管理ツールでは、先にコンピュータを用意してから、与えられたリソースの中でタスクを実行するのが前提でした。現代的なデータ処理では「必要なリソースは必要なときに確保する」ことが当たり前となり、タスクの実行管理とリソースの管理とは切り離せないものとなっています。

具体的には、コンテナ技術で動的にリソースを割り当てながらワークフローを実行することが増えており、インフラ管理の分野で使われてきたオーケストレーションという言葉が、そのままワークフローの実行にも用いられるようになりました。
これからコンテナファーストの時代になり、データ処理をコンテナとして実装するのが当たり前になってくると、オーケストレーションという言葉を使うことがますます増えてくるかもしれません。

その他の機能 Metadata、Katib、Tools for Servingなど

これ以外にもKubeflowには機械学習に使われるいくつかの機能が統合されています。

「Metadata」はいわゆる**アーティファクトレジストリ**(*artifact registry*、生成物の登録所)のサービスで、次のようなデータに名前を付けて管理する機能が提供されます。

- **機械学習の元となるデータセット**
- **機械学習の結果として生成されるモデル**
- **モデルを評価した結果として生成されるメトリクス**

「Katib」はハイパーパラメータチューニングのためのサービスで、機械学習の最適なモデルを自動的に見つけ出すために使われます。

「Tools for Serving」はモデルサービングのためのソフトウェアであり、完成したモデルをAPIサーバーとして起動してオンラインの推論を実行するために利用されます。

以上のように、MLOpsのフレームワークでは機械学習を支援するために多くの機能が提供されますが、その過程で実行される特徴量エンジニアリングやデータパイプラインにはビッグデータの技術も使われるため、良い組み合わせを考えていく必要がありそうです。

Column

Pythonによるワークフロー管理の歴史

ワークフロー管理ツールの開発には長い歴史があり、この10年の間に次々と新しいソフトウェアが登場しています。筆者の知る限りでは、Pythonを使ったオープンソースのワークフロー管理ツールは三つの世代に分類されます。

第一世代のワークフロー管理　Luigi

Pythonを使ったスクリプト型のツールとして最初に有名になったのが、2012年にリリースされた「Luigi」[注a]です。シンプルなワークフローエンジンとして、今でも根強い人気があります。Luigiはサーバーを必要としない単体のライブラリであり、Pythonスクリプトを単純に実行するだけでデータパイプラインを走らせることができるため、コンピュータ1台で実行するタイプの処理に向いています。

Luigiの特徴は、データベースを使わずにローカルファイルなどにタスクの実行結果を記録していくことです。ファイルが存在すればタスクが完了したとみなされます。ファイルを次々と加工するようなデータ処理、とりわけ機械学習系のタスク実行によく使われます。

Luigiはコマンド引数一つで簡単にマルチプロセス化でき、8コアのインスタンスで8プロセスを起動して1万のタスクを実行する、などといった用途にも向いています。たとえば、遠隔地のFTPサーバーから大量のファイルをダウンロードしたいとします。Luigiではファイル1つにつきタスクを1つ作成し、それをマルチプロセスで並列実行します。もし途中でエラーが発生しても、もう一度スクリプトを実行すればすでにダウンロードの完了したファイルはスキップされます。

第二世代のワークフロー管理　Airflow

HiveやPrestoの開発元であるFacebookでは、自社のデータパイプラインを支える技術として「Dataswarm」というフレームワークを開発していました。Dataswarmはオープンソースにはなっておらず、その実装を見ることはできませんが、基本的なコンセプトが2014年のPyDataというイベントで発表されています[注b]。

その設計思想にインスパイアされて、2015年にAirbnbからオープンソースソフトウェアとして発表されたのが「Airflow」[注c]です。Airflowは2019年にはApacheプロジェクトにも正式登録され、「Google Cloud Composer」でも採用されるな

注a　URL https://github.com/spotify/luigi

注b　URL https://asiliconvalleyinsider.com/2016/05/01/data-engineering-facebook/

注c　「Airflow: a workflow management platform | by AirbnbEng | Airbnb Engineering & Data Science | Medium」 URL https://medium.com/airbnb-engineering/airflow-a-workflow-management-platform-46318b977fd8

ど、この分野では最も広く使われるソフトウェアの1つとなりました。

Airflowの特徴は、ワークフロー管理のためにサーバーを構築し、データベースでステータス管理するようになったことです。タスクの冪等性を重視することで、失敗からのリカバリーが簡単になり、大規模なワークフローを安定的に運用できるようになりました。

なぜAirflowでは駄目なのか より効率的なワークフロー管理を求めて

Airflowはその歴史的な背景からして、大規模なデータパイプラインの実行を念頭において設計されています。たとえば、Airflowで実行するタスクは数分から数時間かかるような大きなものが中心であり、数秒ごとに次々と実行するような小さなタスクには適していません。

Airflowの欠点を克服するために、2017年から開発が始まった「Prefect」というワークフロー管理ツールでは、「なぜAirflowでは駄目なのか」[注d]という記事を発表し、9つ以上の点でAirflowとの比較をしています。

実際にPrefectがAirflowよりも優れているかの判断はここでは控えますが、PrefectはAirflowと比べて短時間で終了するタスクに適した実装となっています(第7章で後述)。コンピュータの性能向上によりデータ処理は年々速くなっており、「個々のタスクはすぐ終わるけれども、そのようなタスクが大量にある」といった場合にはPrefectが使いやすいかもしれません。

Airflowが得意とする領域は、かつてはHiveクエリの実行、現在であればさまざまなバッチ処理やETLプロセスの実行など、時間の掛かるデータ処理です。つまり「失敗したら困るもの、最初からやり直すのが大変なもの」を管理するためのシステムがAirflowであり、そのようなワークフローには今でもAirflowの方が便利だと筆者は感じます。

第三世代のワークフロー管理 Prefect、Kubeflow、Metaflow

Airflowよりも後発の次世代型ワークフロー管理ツールでは、コンテナのオーケストレーションまでを含めた、より柔軟でスケーラビリティの高い設計が取り入れられています。MLOpsのフレームワークであるKubeflowやMetaflowなどでは、ワークフローをコンテナとしてクラウド上で実行できます。

PrefectはMLOpsではなく汎用的なワークフロー管理ツールですが、こちらもコンテナによる実行が標準機能として取り込まれています。データ処理や機械学習のパイプラインは、JavaやPythonを含めて多数のライブラリに依存することが多いため、コンテナとして実行環境をまとめることが今後も増えてくるでしょう。

注d 「Why Not Airflow?. An overview of the Prefect engine for Airflow users」
URL https://medium.com/the-prefect-blog/why-not-airflow-4cfa423299c4

6.3 まとめ

本章では、ビッグデータの技術が機械学習でどのように用いられるかを説明しました。機械学習では**特徴量**と呼ばれる多数の数値データが必要になるため、ローデータを加工、集計することで**データフレーム**を作成し、それを**特徴量ストア**に格納します。ローデータから特徴量を作成するまでの一連のプロセスを**特徴量エンジニアリング**と呼びます。

特徴量ストアに格納したデータは、機械学習の**訓練**と**推論**の両方から参照されます。訓練がおもにバッチ処理として**オフライン**で実行されるのに対して、推論はWebサービスなどの**オンライン**のシステムからも実行されます。性質の異なる要求に応えるために、特徴量ストアもオンライン(NoSQL)とオフライン(オブジェクトストレージ)の二種類が用意されます。

機械学習のプロセスでは、データサイエンティストによる試行錯誤が何度も繰り返されるため、データを管理するための適切なしくみがなければ**技術的負債**が生まれがちです。特徴量ストアには、特徴量やモデルがどのように作られたのかを追跡するための**データリネージ**や、意図した特徴量が保存されることを確かめる**データの検証**、過去に遡って特徴量を取り出すための**タイムトラベル**、あるいは**バージョニング**などといった機能があり、新たな技術的負債が生まれる可能性を軽減します。

本番環境の機械学習システムの効率的な開発と運用を推進するために、**MLOps**と呼ばれる取り組みが始まっています。MLOpsフレームワークの一つとして、**Kubeflow**の機能をいくつか紹介しました。Kubeflowでは管理コンソールからJupyterノートブックを作成し、機械学習の訓練やモデルのデプロイを実行できます。

Kubeflowには複雑なデータパイプラインをコンテナとして実行するための**Pipelines**と呼ばれる機能もあります。MLOpsでは機械学習をコンテナ化することが多いため、従来のワークフロー管理に加えてコンテナの作成まで含めた**オーケストレーション**が実現されています。

第7章

［実践］ビッグデータ分析基盤の構築

本章ではいくつかのオープンソースソフトウェアを使って、実際にデータを処理するサンプルコードを実行します。ソフトウェアの実行環境としては「Ubuntu 20.04」を利用します。1台のコンピュータのみを利用して、「オブジェクトストレージ」や「データマート」などといったよく使われるコンポーネントを動かすための最小限の環境を構築します。

7.1節では、Jupyterノートブックを使って対話的なアドホック分析の例を示します。最初にスモールデータをpandasで扱う例を取り上げ、次に同じことをSparkで実行します。加工したデータはBIツールで可視化して結果を確認します。

7.2節では、7.1節と同じことをバッチ処理として実装し直します。ここではDockerを使ってサービス一式をコンテナとして起動します。SparkによるETLプロセス、Prestoによるデータ集計、データマートの作成や可視化、特徴量エンジニアリングの例なども駆け足で見ていきます。

7.3節では、ワークフロー管理ツールであるPrefectを使って、バッチ処理のワークフロー化に取り組みます。サーバーを使わない単体スクリプトとしてのワークフロー実装や、本番環境を想定した「ワークフローのコンテナ化」を通して、ワークフロー管理やオーケストレーションの理解に努めます。

図7.A　Airflowでタスクの依存関係を定義する※

※Airflowを用いると、ワークフローをDAGとして定義することでタスクの実行順序を維持しながら、多数のタスクを並行して実行できる。

※出典：URL https://github.com/apache/airflow

7.1 ノートブックとアドホック分析

これまでに取り上げてきた各種の概念を振り返りつつ、PythonとSQLでデータ処理を行います。最初は対話的なアドホック分析でデータの性質を理解し、その後より実務的なワークフロー管理へと置き換えます。

Note

本節では以下のソフトウェアについて説明します。

- **ノートブック ➡JupyterLab 2.2.9**
- **データ整形 ➡pandas 1.1.4**
- **分散データ処理 ➡Apache Spark 3.0.1**

学習にあたって

本章ではなるべくオープンソースのソフトウェアを使って、ラップトップ1台でデータ処理できる環境を作ります。ただし、本章で扱う内容は実際の業務でそのまま使われるものではないことには注意してください。本当のビッグデータはラップトップ1台で扱えるものではなく、クラウドサービスなどを活用してシステム構築します。そのため利用するサービスに固有の知識が必要であり、本章で構築するような環境が実際に使われることはありません。

特定のクラウドサービスについて詳しく説明する代わりに、本章ではビッグデータのために「どのような技術が利用され、どのような手順でデータ処理が実行されるか」という一つの流れを説明することにしました。実務で使われる環境がどのようなものであれ、データを加工する手順や注意点にはそう大きな違いはありません。具体的な例を見ながら、各種のソフトウェアで何ができるのかを把握し、改めてデータ処理の基本的な手順を確認してください。

本章の後半では、コンテナ技術を活用したデータ処理の例も取り上げています。とりわけデータエンジニアとして、効率的なデータ基盤を作り上げる立場の人にとっては、コンテナ技術は欠かせないものになってきています。データ処理においてコンテナがどう利用されるかという例を確かめながら、より効率的な基盤作りに役立てることを意識してもらえればと思います。

サンプルデータの内容 5分ごとの気温

以下ではサンプルデータとして、米国の海洋大気庁（*National Oceanic and Atmospheric Administration*、NOAA）が公開している「Quality Controlled Datasets」[注1]を用いて、米国各地の気温を分析することを考えます。

Quality Controlled DatasetsのWebサイトからは何種類かのファイルをダウンロードできますが、最も詳細な5分単位のデータを参照します。本書の原稿執筆時点で157の観測所があり、1日に生成されるレコード数はおよそ23万件になります。

Webサイトで「Sub-hourly」を開いてファイルをダウンロードすると、**リスト7.1**のような内容になっていることが確認できます。一見するとTSV（*Tab-separated values*）形式のように見えますが、実際には固定長のテキストファイルで、区切り文字はタブではなく複数のスペース文字が並んでいます。ファイルにはヘッダ行がなく、詳しい仕様はドキュメント[注2]を参照する必要があります。

リスト7.1 Sub-hourlyファイルの例

```
23583 20200101 0005 20191231 1505      3 -158.61   59.28   -17.5      0.0...
23583 20200101 0010 20191231 1510      3 -158.61   59.28   -17.5      0.0...
23583 20200101 0015 20191231 1515      3 -158.61   59.28   -17.6      0.0...
...
```

各ファイルには、その年の1月1日から現在までの気象データが記載されています。ファイルは一日に何度か更新され、同じURLからその時点での最新データが得られます。ファイルは観測所ごとに分割されており、すべてのデータを取得するには観測所の数だけダウンロードを繰り返す必要があります。

注1 URL https://www.ncdc.noaa.gov/crn/qcdatasets.html
注2 URL https://www1.ncdc.noaa.gov/pub/data/uscrn/products/subhourly01/README.txt

作業環境の構築 MultipassでUbuntu 20.04を起動する

Ubuntu 20.04でデータ分析の環境を作ります。WindowsやmacOSを使っている場合は「Multipass」[注3]で仮想マシンを作るのが簡単です[注4]。Multipassをインストールしてから、端末で次のようにコマンドを実行します[注5]。

```
Ubuntu 20.04の仮想マシンを作成する（CPU4コア、メモリ4GB、ディスク20GB）
% multipass launch -n primary --cpus 4 --mem 4G --disk 20G 20.04
Launched: primary
Mounted '/Users/bigdata' into 'primary:Home'
```

multipass listでIPアドレスを確認しておきます[注6]。このアドレスはWebブラウザから仮想マシンに接続するときに使います[注7]。

```
% multipass list
Name                    State             IPv4             Image
primary                 Running           192.168.64.2     Ubuntu 20.04 LTS
```

仮想マシンを作るときに名前を「primary」にしておくと、ホストマシンのホームディレクトリが仮想マシンの「Home」にマウントされます。ホストと仮想マシンとの間でファイルを受け渡すには、このディレクトリを使うのが簡単です。

```
仮想マシンにログイン
% multipass shell
Welcome to Ubuntu 20.04.1 LTS (GNU/Linux 5.4.0-53-generic x86_64)
...
Homeの内容を確認。ホストのホームディレクトリにアクセスできる
ubuntu@primary:~$ ls Home
Applications  Desktop  ...
```

注3 URL https://multipass.run

注4 Windows 10 Homeには仮想マシンを作る機能（Hyper-V）がなく、事前にVirtualBoxをインストールしておく必要があります。

注5 うまく起動できないときは、OSのファイアウォールを無効にしてからやり直します。

注6 VirtualBoxを使うとIPアドレスが表示されません。その場合、後述する「Google Colab」などを用いてサンプルコードを実行してください。

注7 「/etc/hosts」などにIPアドレスを書いておくと便利です（例：「192.168.64.2 primary」）。

Python実行環境の整備 venvによる仮想環境

仮想マシンでPython 3.8が最初から使えます。venvで仮想環境を作り、その中で作業を続けます。

```
Python 3.8がインストールされている
ubuntu@primary:~$ python3 --version
Python 3.8.5
追加パッケージをインストール
ubuntu@primary:~$ sudo apt update
ubuntu@primary:~$ sudo apt install -y gcc python3-dev python3-venv
ubuntu@primary:~$ sudo apt install -y openjdk-8-jre-headless
仮想環境を作成。以下、スクリプトはすべてこの環境で実行する
ubuntu@primary:~$ python3 -m venv ~/env
ubuntu@primary:~$ source ~/env/bin/activate
基本パッケージを更新
(env) ubuntu@primary:~$ pip install --upgrade pip wheel
```

ノートブックの実行 JupyterLab

本章で実行するスクリプトをGitHubのリポジトリに上げてあるので、手元に取り寄せておきます。

```
GitHubのリポジトリをcloneする
(env) ubuntu@primary:~$ git clone \
        https://github.com/wdpressplus-bigdata/wdpressplus-bigdata.git
以下、cloneしたディレクトリで作業する
(env) ubuntu@primary:~$ cd wdpressplus-bigdata
```

アドホック分析のために、JupyterLabを起動します。Webブラウザを開いて「http://<仮想マシンのアドレス>:8888」に接続し、端末に表示されたトークンの値を入れるとログインできます。

```
パッケージのインストール
(env) ...$ pip install jupyter jupyterlab
JupyterLabを起動（リモートからの接続を許可する）
(env) ...$ jupyter lab --ip 0.0.0.0 --no-browser --notebook-dir=notebooks
...
        http://primary:8888/?token=c3051d5e...
     or http://127.0.0.1:8888/?token=c3051d5e...
```

作成済みのノートブックが表示されるので、それらを順に開いて実行することで、本章の内容を実際に動かしてみることができます(**図7.1**)。

図7.1 ノートブックからスクリプトを実行する

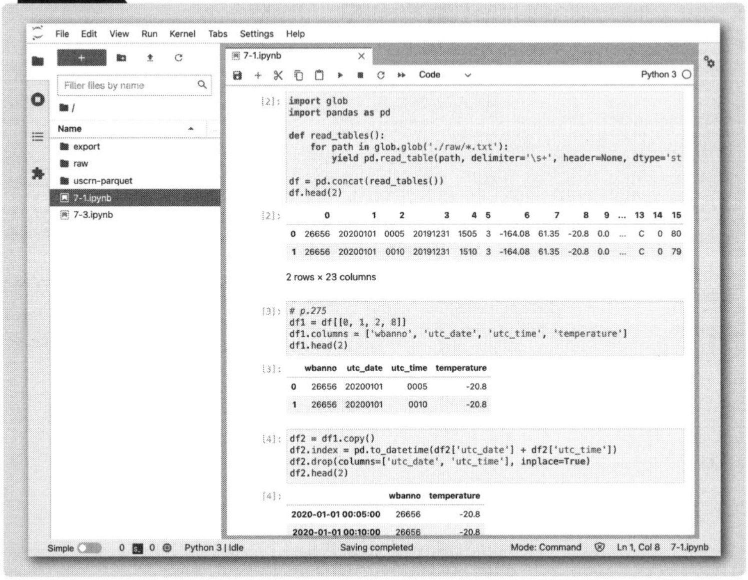

Pythonスクリプトによる CSV ファイルの収集

紙面の都合上、以下では端末からスクリプトを実行します。

まずは、Pythonを使ってデータを取ってみましょう。**リスト7.2**のスクリプトを次のようにして実行すると、2つのファイルをダウンロードして「raw」ディレクトリに保存します[注8]。

リスト7.2のスクリプトを実行

```
(env) ...$ python scripts/download.py
Saved raw/CRNS0101-05-2020-AK_Aleknagik_1_NNE.txt
Saved raw/CRNS0101-05-2020-AK_Bethel_87_WNW.txt
```

注8 NOAAのWebサイトからではなく、GitHubにコピーしたファイルをダウンロードするようにしてあります。ソースコード内のコメントを外すとNOAAから最新のデータをダウンロードできます。

リスト7.2 ファイルをダウンロードするPythonスクリプト(scripts/download.py)

```
import pathlib
import requests

ファイルをダウンロードする関数
def download_file(filename):                              ⬇ファイルをダウンロード
    prefix = 'https://github.com/wdpressplus-bigdata/uscrn/raw/main'
    (最新データを取得するには次のアドレスを用いる)
    # prefix = 'https://www1.ncdc.noaa.gov/pub/data/uscrn/products/subhourly01'
    r = requests.get(f"{prefix}/2020/{filename}")
    r.raise_for_status()
    出力先ディレクトリを作成
    path = pathlib.Path('./raw')
    path.mkdir(parents=True, exist_ok=True)
    保存
    with open(path / filename, 'wb') as f:
        f.write(r.content)
    print(f"Saved {path / filename}")

2つの観測所のデータをダウンロードする
FILES = [
    'CRNS0101-05-2020-AK_Aleknagik_1_NNE.txt',
    'CRNS0101-05-2020-AK_Bethel_87_WNW.txt',
]
for filename in FILES:
    download_file(filename)
```

Column

Google Colabによるサンプルコードの実行

Ubuntu 20.04の環境がなくても手軽にサンプルコードを実行できるように、「Google Colab」でノートブックを開けるようにしてあります。GitHubのリポジトリから「notebooks」のフォルダをWebブラウザで開くと、「7-1.ipynb」というファイルに本節のサンプルコードがあります[注a]。ファイル上部の「Open in Colab」からGoogle Colabを開けます。ただし、次節以降ではDockerを利用するため、Google Colabで実行することはできません。

注a URL https://github.com/wdpressplus-bigdata/wdpressplus-bigdata/tree/main/notebooks

データ収集のコツは、集めたデータにはなるべく手を加えずに、そのままの形でいったんオブジェクトストレージなどに保存することです。データの加工が必要だとしても、保存したデータを改めて読み込むようにします。データを処理する過程ではさまざまなエラーが発生する可能性があります。データ収集の段階であまり複雑なことをすると予期せぬエラーが発生し、データを取りこぼしてしまう恐れがあります。

その観点からすると、このスクリプトにはまだ課題があります。たとえば、何の例外処理もしておらず、エラーが発生すると中断してしまいます。通信エラーなどの一時的なエラーであれば自動的にリトライした方が良いかもしれません。リトライ時にはデータが重複しないように注意が必要です。こうした問題は、7.3節でワークフローを導入するときに改めて考察します。

データの内容を確認する　pandas

pandasを使ってデータの内容を確認します。今回のような固定長フィールドのテキストファイルを読み込むにはread_table()関数が使えます。

```
パッケージをインストール
(env) ...$ pip install pandas
Jupyter consoleを起動
(env) ...$ jupyter console
Jupyter console 6.2.0
...
In [1]: import glob
      : import pandas as pd
      :
      : def read_tables():
      :     ファイルの数だけ繰り返す
      :     for path in glob.glob('./raw/*.txt'):
      :         テキストファイルをデータフレームに変換
      :         yield pd.read_table(path,
      :                             delimiter='\s+',  1つ以上の空白で区切る
      :                             header=None,      ヘッダなし
      :                             dtype='str')      文字列として読み込む
```

```
      :
      : df = pd.concat(read_tables())
      : df.head(2)  先頭の2行を表示
Out[1]:
       0         1     2         3     4  5       6      7     8    9  ...  \
0  26656  20200101  0005  20191231  1505  3 -164.08  61.35 -20.8  0.0  ...
1  26656  20200101  0010  20191231  1510  3 -164.08  61.35 -20.8  0.0  ...

...
[2 rows x 23 columns]
```

分析しやすく加工する　カラム名をセット、日時の標準化

多くのカラムがあってわかりにくいので、興味のある対象だけに絞ります。ここでは気温の時間推移を調べます。ドキュメントを参照しつつ「temperature」(気温)などのカラム名をセットします。

```
カラム名をセット（wbannoは観測所番号、utc_date/utc_timeは日付/時間）
In [2]: df1 = df[[0, 1, 2, 8]]
      : df1.columns = ['wbanno', 'utc_date', 'utc_time', 'temperature']
      : df1.head(2)
Out[2]:
  wbanno  utc_date utc_time temperature
0  26656  20200101     0005       -20.8
1  26656  20200101     0010       -20.8
```

日付と時間も標準的な形式に変換しておきます。データ分析の世界では、日時は「2020-01-01 00:00:00」のように表記するか、あるいは「ISO 8601形式」(2020-01-01T00:00:00Zなど)にするのが一般的です。pandasではto_datetime()関数を用いることで、文字列から標準的な日時(datatime型)へと変換してくれます。

```
日付と時間を連結してdatetime型に変換する
In [3]: df2 = df1.copy()
      : df2.index = pd.to_datetime(df2['utc_date'] + df2['utc_time'])
      : df2.drop(columns=['utc_date', 'utc_time'], inplace=True)
      : df2.head(2)
Out[3]:
```

```
                    wbanno temperature
2020-01-01 00:05:00  26656       -20.8
2020-01-01 00:10:00  26656       -20.8
```

統計値を確認する　describe

ここで一度、describe()関数を使ってデータの全体像を確認します。見やすくするため、.T(転置行列、transposeの略)を使って縦と横を入れ替えて表示しています。

```
In [4]: df2.describe().T
Out[4]:
              count unique    top   freq
wbanno       192360      2  26656  96180
temperature  192360    569    0.3   1182
```

countには値を持つレコードの数が入っており、空欄がどれくらいあるのか知るのに役立ちます。もしcountが0ならすべて空欄なので、そのカラムは無視して良いかもしれません。

uniqueはユニークな値の数、つまりカーディナリティを意味します。もしこの値が1ならすべての値が同一であり、もしcountの値と一致すればすべての値が異なるということになります。ここでは2つの観測所データを読み込んだので、wbannoのunique値は2になっています。

topは最頻値、つまり最も多く登場した値で、freqは最頻値が登場した頻度です。上の結果では、temperature(気温)のcountが「192360」、topが「0.3」、freqが「1182」になっているので、192360件ある観測データのうち、気温が0.3だったものが1182件あったという意味になります。

数値データについては、もっと統計的な集計ができます。temperatureを実数に変換してからdescribe()をやり直します。

```
実数型に変換して統計値を出力する
In [5]: df2['temperature'] = df2['temperature'].astype('float')
      : df2.describe().T
Out[5]:
```

```
             count      mean        std     min  25%  50%   75%   max
temperature  192360.0 -9.160542 325.703007 -9999.0 -5.0  3.7  10.2  24.8
```

meanは平均値、stdは標準偏差、minは最小値、maxは最大値で、各カラムがどのような値を取るのかわかります。25%〜75%は**パーセンタイル**(*percentile*)と呼ばれるもので、値を並べた時に下から25%、50%、75%の位置にくる値を示します(50%が中央値)。たとえば、年収のように偏りの大きい数値では、少数の高所得者の影響で平均値が引き上げられることがよくあります。パーセンタイルを見ることで、数値が大まかにどう分布しているのか知ることができます。

外れ値を除外する

上の結果を見ると、temperatureの最小値が-9999.0になっており、一目でおかしいと気がつきます。ドキュメントを確認すると、正常に観測できなかった場合に-9999.0が格納されるようです。このような値が入っていると後で集計するときに困るので、空欄に置き換えてしまいましょう。

-9999.0を空欄に置き換える

```
In [6]: df3 = df2.copy()
      : df3.loc[df3['temperature'] == -9999.0, 'temperature'] = None
      : df3.describe().T
Out[6]:
             count      mean       std    min  25%  50%   75%   max
temperature  192156.0  1.445045  11.572591 -32.0 -5.0  3.7  10.2  24.8
```

これで最低気温は-32.0度となり、より現実的な数字になりました。countが減っているので、いくつかの値が空欄に置き換わったことがわかります。ここまで準備が整えば、データフレームをいったんファイルに保存して、本格的なデータ分析を始められます。

このようにして対話的にデータを見ることで、最初にやるべきデータ処理(いわゆる前処理)が明確になります。今回の場合、次のような作業が必要でした。

- **連続する空白でフィールドを区切る**
- **文字列を連結して標準的な日時の書式に変換する**
- **-9999.0という値を空欄に置き換える**

Sparkによる分散環境を整える

以上のような前処理は、どのようなデータを扱うときでも大なり小なり発生します。データ量が増えるとpandasだけで処理するのは難しくなるので、ここからはSparkによる分散処理に切り替えます。ローデータを読み込んで、後続の処理のために一括変換します。

次のように、pysparkを用いることで、Pythonで対話的にSparkを実行できます。

```
pysparkをインストール
(env) ...$ pip install pyspark==3.0.1
Jupyter consoleを起動
(env) ...$ jupyter-console
...
Sparkセッションを作成
In [1]: from pyspark.sql.session import SparkSession
      : spark = SparkSession.builder.getOrCreate()
      : spark
Out[1]: <pyspark.sql.session.SparkSession at 0x7fc6f8f1c0a0>
```

Sparkでは、クライアントからサーバーに命令を送ることでプログラムを実行します。クライアントのことを**ドライバプログラム**(*driver program*)と呼び、Jupyterなどと組み合わせることで対話的なデータ処理を実行しやすくなります。

ドライバプログラムは指示を出すだけなので、ラップトップのような非力なマシンでも実行できます。本番環境ではデータセンターのSparkクラスタに接続するような使い方が想定されますが、何も指定しなくてもローカルホストでSparkプロセスが起動するので、マルチコアを活用して並列処理を行えます。

テキストファイルのアドホック処理 Sparkセッションと Sparkコンテキスト

Sparkには構造化データにアクセスするための「Sparkセッション」と、テキストなどの低レベルなデータにアクセスするための「Sparkコンテキスト」という二つの概念があります。CSVファイルのように構造化されたデータならSparkセッションが使えますが、今回はテキストファイルを読み込むのでSparkコンテキストでファイルを読み込みます。

Sparkではパスを指定するだけで、その中にあるすべてのファイルを読み込めます。Sparkコンテキストで読み込んだデータは「RDD」(*Resilient Distributed Dataset*)と呼ばれます。次の例では、テキストファイルを1行1レコードとして読み込んでおり、全部で192360レコードから成るRDDが作成されています。

```
指定したディレクトリにあるファイルを読み込んでRDDを作成
In [2]: rdd = spark.sparkContext.textFile('./raw/*')
      : rdd.take(2)  2行表示
Out[2]:
['26656 20200101 0005 20191231 1505      3 -164.08   61.35   -20.8   ...',
 '26656 20200101 0010 20191231 1510      3 -164.08   61.35   -20.8   ...']
RDDのレコード数を数える
In [3]: rdd.count()
Out[3]: 192360
```

RDDを使うと、MapReduceと同じように任意のPython関数をMapやReduceとして適用できます。先ほどのpandasによるデータ処理で得られた知見を元に、データを構造化するプログラムを書いてみましょう。

```
In [4]: from datetime import datetime, timezone
      : from pyspark.sql import Row
      :
      : def parse_line(line):
      :     空白でフィールドを区切る
      :     f = line.split()
      :     観測所番号
      :     wbanno = f[0]
      :     日付と時間をdatetime型に変換
      :     dt = datetime.strptime(f[1] + f[2], '%Y%m%d%H%M')
      :     dt = dt.replace(tzinfo=timezone.utc)
```

```
   :      気温を実数に変換(-9999.0は除外する)
   :      temperature = None if f[8] == '-9999.0' else float(f[8])
   :      Rowオブジェクトを作成
   :      return Row(timestamp=dt, wbanno=wbanno, temperature=temperature)
   :
   : rows = rdd.map(parse_line)
   : rows.take(2)
Out[4]:
[Row(timestamp=datetime.datetime(2020, 1, 1, 0, 5, tzinfo=...), ...),
 Row(timestamp=datetime.datetime(2020, 1, 1, 0, 10, tzinfo=...), ...)]
```

Sparkでは構造化された1つのレコードをRowというオブジェクトとして扱います。上記のプログラムでは1行のテキストデータから1つのRowオブジェクトを作成するためにmap()を呼び出しています。

RDDからデータフレームを作成する

次に、**データフレーム**(*data frame*)を作成します。

```
RDDからデータフレームを作成する
In [5]: df = rdd.map(parse_line).toDF()
      : df
Out[5]: DataFrame[timestamp: timestamp, wbanno: string, temperature: double]
タイムゾーンをUTCにセットする
In [6]: spark.conf.set("spark.sql.session.timeZone", 'UTC')
データフレームの先頭2行を表示
In [7]: df.show(2)
+-------------------+------+-----------+
|          timestamp|wbanno|temperature|
+-------------------+------+-----------+
|2020-01-01 00:05:00| 26656|      -20.8|
|2020-01-01 00:10:00| 26656|      -20.8|
+-------------------+------+-----------+
only showing top 2 rows
```

Sparkにおけるデータフレームはpandasのデータフレームと同様に、表形式のデータを抽象化したオブジェクトです。データフレームを通して集計用のメソッドを呼び出すことで、外部データをあたかも1つのテーブルのようにして扱えます。これがSparkにおける構造化データ作成のプロセスとなります。

完成したデータフレームにdescribe()関数を適用すると、pandasによる集計結果と一致していることがわかります。

```
データフレームの統計値を表示
In [8]: df.describe().show()
+-------+-----------------+-----------------+
|summary|           wbanno|      temperature|
+-------+-----------------+-----------------+
|  count|           192360|           192156|
|   mean|          25119.5|1.4450451716313355|
| stddev|1536.5039938292543|11.572590880335754|
|    min|            23583|            -32.0|
|    max|            26656|             24.8|
+-------+-----------------+-----------------+
```

Spark SQLによるデータの集計

データフレームが完成すれば、Spark SQLでデータを集計できます。次のようにビューを作成してからクエリを実行します。

```
データフレームを一時的なビューとして登録
In [9]: df.createOrReplaceTempView('uscrn')
観測所ごとに最低気温と最高気温を集計
In [10]: query = '''
       : SELECT
       :   wbanno,
       :   最低気温を記録した日時とその気温
       :   min_by(timestamp, temperature) timestamp_min,
       :   min(temperature) t_min,
       :   最高気温を記録した日時とその気温
       :   max_by(timestamp, temperature) timestamp_max,
       :   max(temperature) t_max
       : FROM
       :   uscrn
       : GROUP by
       :   1
       : '''
       : spark.sql(query).show()
+------+-------------------+-----+-------------------+-----+
|wbanno|      timestamp_min|t_min|      timestamp_max|t_max|
```

```
+------+-------------------+-----+-------------------+-----+
| 23583|2020-02-01 16:15:00|-32.0|2020-08-17 00:20:00| 24.8|
| 26656|2020-02-09 15:15:00|-30.8|2020-05-30 23:05:00| 23.3|
+------+-------------------+-----+-------------------+-----+
```

Sparkのデータフレームはpandasとは異なり、作成した直後は何の処理も行いません。データの読み込みは遅延され、メモリ上でDAGが組み立てられるだけです。実際に集計結果が必要になったときに、ようやくデータ処理が開始されます。ここまでに組み立てたSparkのデータパイプラインは、概念的には**図7.2**のようなイメージになります。

図7.2 Sparkによるデータパイプライン

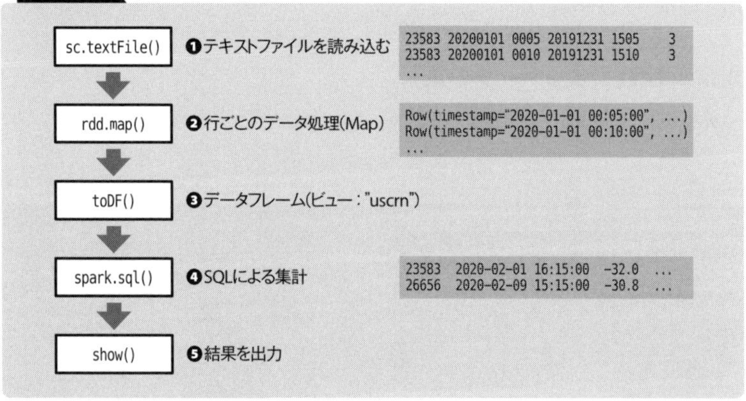

列指向ストレージに変換する Parquet形式

Sparkでは明示的にデータをキャッシュするように指定しない限り、クエリを実行するたびに毎回データソースからの読み込みを行います。クエリの実行速度がどの程度になるのかは、バックエンドのストレージ性能にも依存します。テキストファイルを毎回読み込むのは効率が悪いので、最適化のためにデータを列指向ストレージへと変換します。

```
列指向ストレージとして保存（デフォルトでParquet形式となる）
In [11]: df.write.save('./uscrn-parquet')
指定したパスに複数のファイルが作られる
In [12]: !ls ./uscrn-parquet
_SUCCESS
part-00000-500366fa-9215-40a9-906e-a132ba22b4f8-c000.snappy.parquet
part-00001-500366fa-9215-40a9-906e-a132ba22b4f8-c000.snappy.parquet
```

これで次からは、構造化の終わったデータフレームを読み込むところから始められます。

```
データフレームを読み込む
In [13]: df = spark.read.load('./uscrn-parquet')
観測所ごとに平均気温を計算
In [14]: df.groupBy('wbanno').avg('temperature').show()
+------+------------------+
|wbanno|  avg(temperature)|
+------+------------------+
| 23583|2.4658855466799405|
| 26656|0.4228013165020489|
+------+------------------+
```

可視化によるデータ検証　Tableau Public

データを構造化できたら、可視化してみましょう。グラフを見ることでデータの重複や欠損などの問題に気づきやすくなります。最初にグラフを作るときには、なるべく小さな時間単位(たとえば分単位)で可視化すると、異常な値が紛れ込んでいないか見つけやすくなります。データ量が多過ぎると時間が掛かるので、ある程度小さなCSVファイルを作ってから可視化します。

Sparkは分散システムなので、何も指定しなければ処理結果が多数のファイルへと書き出されます。これは大量のデータを書き出すときには良いのですが、今回のようにCSVファイルを作成したいときには不都合です。`coalesce()`関数を使うと、分散処理の結果を1ヵ所に集めて1つのファイルにまとめることができます。

```
3カ月のデータを抽出
In [15]: df = spark.read.load('./uscrn-parquet')
       : df1 = df.where("timestamp >= '2020-01-01' AND timestamp < '2020-04-01'")
レコード数を確認しておく
In [16]: df1.count()
Out[16]: 52414
CSV形式でファイルに書き出す（一つのファイルにまとめる）
In [17]: df1.coalesce(1).write.save('./export', format='csv', header=True)
出力ファイルを確認
In [18]: !ls ./export
_SUCCESS
part-00000-39315e91-2d95-4062-8fa5-4cc18ad3731e-c000.csv
デスクトップにコピー
In [19]: !cp ./export/*.csv ~/Home/Desktop/
```

手元のCSVファイルからグラフを作るときには、筆者はよくBIツールのTableauを利用します。数百万レコード程度のデータ量ならストレスなく可視化できるため、アドホック分析ではとくに重宝します。**図7.3**は「Tableau Public」を用いて観測所別の気温の推移を分単位でグラフにしたものです。

図7.3 気温の推移グラフ

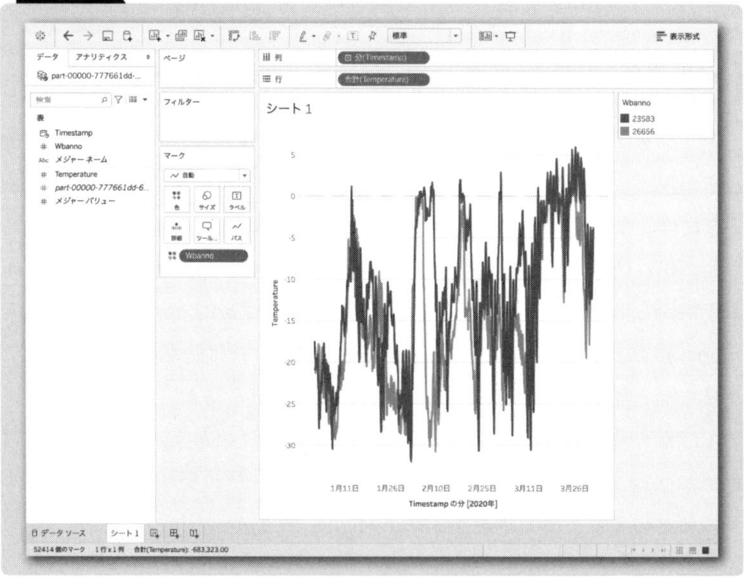

Column

Sparkとpandas

Sparkとpandasは親和性が高く、相互にデータフレームを変換できます。大量のデータ処理はSparkで実行し、ある程度データ量が削減できたら、そこから先はpandasで続けるといったことも可能です。

```
パッケージをインストール
(env) ...$ pip install pyarrow
Jupyter consoleを起動
(env) ...$ jupyter-console
Sparkセッションを作成
In [1]: from pyspark.sql.session import SparkSession
      : spark = SparkSession.builder.getOrCreate()
      : spark.conf.set("spark.sql.session.timeZone", 'UTC')
Sparkのデータフレームとしてロードする
In [2]: df = spark.read.load('./uscrn-parquet')
Sparkによる集計結果をpandasのデータフレームに変換
In [3]: df1 = df.groupBy('timestamp').avg().toPandas()
pandasで更にデータ処理を続ける
In [4]: df1.sort_values(by='avg(temperature)', ascending=False).head(2)
Out[4]:
                timestamp  avg(temperature)
43454 2020-07-17 00:50:00              22.9
7468  2020-08-17 02:55:00              22.7
```

Sparkで作成した列指向ストレージをpandasから直接読むこともできます。

```
Parquet形式のファイルを読み込み
In [5]: import pandas as pd
      : df = pd.read_parquet('./uscrn-parquet')
pandasでデータを集計
In [6]: df1 = df.groupby('timestamp').mean()
      : df1.sort_values(by='temperature', ascending=False).head(2)
Out[6]:
                     temperature
timestamp
2020-07-17 00:50:00         22.9
2020-08-17 02:55:00         22.7
```

前述したように-9999.0のデータを除外していなければ、このような自然なグラフにはならないので異常に気づくことができます。

データの集計と可視化を相互に繰り返す　探索的データ解析

アドホック分析の過程では、以上のような一連の対話的なデータ処理をノートブックの中から実行します。データのことがまだよくわかっていない段階では、何度も同じような集計を繰り返したり、プログラムでデータを加工したりすることが多いため、ノートブックに実行の過程を残しながら作業します。このときBIツールを組み合わせると、マウス操作で対話的にグラフを作成しながらデータを探索できます。ノートブックとBIツールとの間でデータを交換するには、CSVファイルを作成してから読み込んだり、あるいはデータマートに書き出してから接続したりする方法がよく用いられます。

BIツールに慣れないうちは、思うようにグラフを作れずに苦労するものですが、結局のところ先にデータを加工しなければ思いどおりの可視化はできません。であれば、一方でデータを加工するためにノートブックを開き、他方でデータを可視化するためにBIツールを開いて、両者を交互に操作するのが効率的です。

図7.4は、筆者の作業中のデスクトップ画面です。ノートブックの中で

図7.4 ノートブックとBIツールを交互に更新する

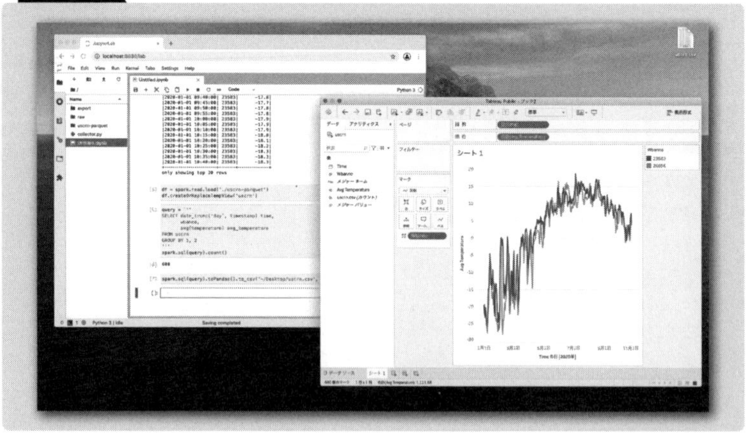

はデータソースに接続し、SQLなどでデータを集計してからCSVファイルに結果を書き出します。その隣では、BIツールでCSVファイルを開いてグラフを作成しています。可視化の結果が気に入らなかったり、もっと詳しく調べたくなったときには、ノートブックに戻ってデータ処理をやり直します。そしてBIツールに戻ってリロードすればグラフが更新されるので、これを満足いく結果が得られるまで何度も繰り返します。

探索的データ解析では、このような試行錯誤の結果がノートブックに蓄積されます。そうしてデータの特徴がわかってくれば、それを踏まえてワークフローを開発し、継続的なデータ処理の自動化に取り組みます。

Column

CSVファイルによる簡易的なデータマート

アドホック分析の過程では、作業中のデータを保存する簡易的なデータマートとしてCSVファイルを使うと便利です。CSVファイルの読み書きは、ほとんどあらゆる分析ツールや可視化ツールが対応しているという点で優れています。作業が終わったときにはファイルを削除するだけで済み、人に渡すのも簡単なので、誰かにデータ分析を頼みたいときにも使えます。

CSVファイルの読み書きには、pandasであればread_csv()やto_csv()を用います。数百万レコード程度のスモールデータならストレスなく扱えます。それ以上のデータになると、MPPデータベースなどで集約した結果をデータフレームとして読み込み、それをCSVファイルに出力します。

ビッグデータの技術も年々高速化しているとはいえ、およそスモールデータを扱う限りにおいてはローカルホストでのインメモリ処理が一番です。結局、ネットワークI/OとディスクI/Oをすべてなくした状態でのデータ集計が最も高速であり、インメモリのデータフレームやBIツールでデータを探索できるならそれに越したことはありません。

メモリに収まるくらいのデータ量であれば、CSVファイルとして読み書きしても大きな負荷にはなりません。サーバーで集約したデータをCSVファイルに保存し、そこから先はインメモリでデータを見るというのが一つの典型的なデータ探索のプロセスとなります。

Column

デスクトップ型のBIツールとWeb型のBIツール

BIツールには、手元のコンピュータにインストールするデスクトップ型のものと、サーバーにインストールする（あるいはクラウドサービスとして提供される）Webアプリケーションとの二種類があります。どちらを利用するかはユーザーの好みによるところも大きいですが、少なくともアドホック分析にはデスクトップ型が適しているように思います。データを可視化するときに、次のような症状に悩まされた人も多いのではないでしょうか。

- **グラフの表示に時間が掛かり、なぜ遅いのか原因がわからない**
- **色分けしようとしたら、何百にも分割されてまともに表示されない**

こうした問題で手が止まるのは、時間の無駄でしかありません。可視化というのは画像処理であり、それには必然的にデスクトップ型のツールが優れています。どのようなグラフが作られるかも予測できないアドホック分析では、なるべくデスクトップで作業する方が余計なトラブルを避けられます。

ネットワークによる遅延

可視化が遅くなる要因には、クエリの実行に時間が掛かったり、グラフの描画が遅かったりする場合もありますが、意外と気づきにくいのがネットワークの帯域です。仮にクエリの結果が数百MBになったとして、帯域が20Mbpsだとすると、データの転送だけで数分間待たされます。こうなると、データの集計がいくら高速でも意味がありません。

そもそもグラフ表示のために数百MBものデータを転送するのが間違いです。きちんと設計されたレポートの中であれば、そのようなクエリを発行することはまずないでしょうが、アドホックなデータ分析ではつい非効率なクエリが実行されることもあるものです。

データマートを最初に小さく集約するのは、このような潜在的な問題を取り除くことも一つの目的です。データをBIツールに取り込んでしまえば、もはやネットワーク通信は発生しません。それによって可視化の性能が安定し、データを見るという本来の作業に集中しやすくなります。

ダッシュボードとレポート作成

アドホック分析のためではなく、可視化の結果を共有することが目的であれば、Web型のBIツールを導入するのが最適です。常に最新の情報を確認したいダッシュボードや、ワークフローの一環としてレポート作成を自動化したい場合にも

Web型のツールが使われます。

たとえば、第2章で取り上げた「Googleデータポータル」なら、GmailやGoogle Workspaceのユーザーであれば誰でも使えるので、社内でダッシュボードを共有するのに適しています。あるいは、社内コミュニケーションにMicrosoft Teamsを導入している会社なら、「Power BI」[注a]を使うとダッシュボードをタブに埋め込んで共有できます(**図C7.1**)。用途に応じて、自分に合ったものを選びましょう。

ダッシュボードのソースコード管理　Looker

SQLやワークフローはGitでコード管理しているのに、ダッシュボードの作成だけ手作業なのは面倒でならない、と思ったことはないでしょうか。

Gitでコード管理できる数少ないBIツールとして人気を集めているのが、Google Cloudの「Looker」[注b]です。Lookerは他の多くのBIツールとは異なり、LookMLと呼ばれるマークアップ言語でコーディングすることでダッシュボードを作成するという、エンジニア向けのBIツールです。

第2章で取り上げたような多次元モデルをテキストファイルで定義し、それをどのように見せるかを一つ一つコーディングしていきます。最初の実装は大変ですが、ひとたびダッシュボードが完成すれば、あとはコピー&ペーストで同じようなダッシュボードを量産できるため、慣れれば慣れるほど生産性が上がります。

完全にエンジニア向けのシステムなので使う人を選びますが、これを導入するとワークフローのデータ収集から可視化までを一貫してコード管理できるようになります。興味のある人は導入を検討してみてください。

注a　URL https://powerbi.microsoft.com/ja-jp/

注b　URL https://looker.com/google-cloud

図C7.1　Microsoft Teamsからダッシュボードを参照する※

※URL https://powerbi.microsoft.com/en-us/blog/power-bi-teams-up-with-microsoft-teams/

7.2 バッチ型のデータパイプライン

本番環境での運用を念頭に置いて、より実践的なデータパイプラインを考えます。多くの組織では、データの集計にはSQLを使うことが多いため、パイプラインの前半ではETLプロセスにより構造化データを作成します。その後、クエリエンジンで集計したデータをダッシュボードツールで可視化します。最後に機械学習のシンプルな例として、特徴量エンジニアリングと線形回帰も実行してみます。

Note

本節では以下のソフトウェアについて説明します。

- ETL、特徴量エンジニアリング ➡Spark 3.0.1
- クエリエンジン ➡Presto 0.242
- データマート ➡PostgreSQL 11
- ダッシュボードツール ➡Metabase 0.37

Dockerによる環境構築 ラップトップ上での開発環境

ここからはDockerで環境を構築します。セットアップを簡単にするため、一部のソフトウェアは設定が完了した状態で配布しています。

大まかな流れとしては、**図7.5**のようなステップでタスクを実行します。集めたデータははじめにオブジェクトストレージに格納し、一日一回の頻度でパーティショニング(p.132の「テーブルパーティショニング」を参照)した時系列テーブルへと変換します。ここではSparkを利用します。ただし、前節で取り上げたような対話的な使い方ではなく、定期的なバッチ処理として実行します。

次に、Prestoを使って時系列テーブルのデータを集計します。集計結果はPostgreSQLに格納してデータマートにするケースと、ダッシュボードツールからPrestoへと直接接続するケースの二つを説明します。ダッシュボ

図7.5 バッチ型のデータパイプラインの例

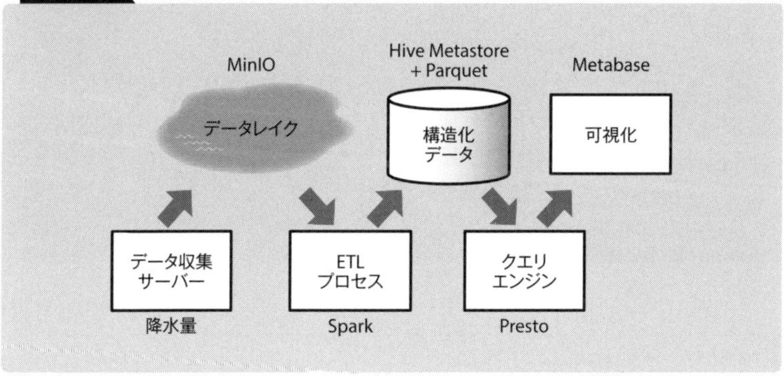

ードツールとしてはMetabaseを利用します。

Dockerのインストール

まずはUbuntu 20.04でDockerの実行環境を作ります。JupyterLabを起動したままであれば終了し、ここからは端末で作業します。

```
% multipass shell
Welcome to Ubuntu 20.04.1 LTS (GNU/Linux 5.4.0-53-generic x86_64)
...
Dockerをインストール
ubuntu@primary:~$ sudo apt install -y docker.io docker-compose
Docker用のグループ設定
ubuntu@primary:~$ sudo usermod -aG docker $USER
設定を反映させるために再ログイン
ubuntu@primary:~$ exit
logout
% multipass shell
Welcome to Ubuntu 20.04.1 LTS (GNU/Linux 5.4.0-53-generic x86_64)
...
```

ビルド済みのコンテナ一式を取り寄せます。

```
ubuntu@primary:~$ source ~/env/bin/activate && cd wdpressplus-bigdata
コンテナのイメージ一式をダウンロード
(env) ubuntu@primary:~/wdpressplus-bigdata$ docker-compose pull
Pulling datamart         ... done
```

```
Pulling metabase         ... done
Pulling metastore        ... done
Pulling metastore-db     ... done
Pulling minio            ... done
Pulling presto-cli       ... done
Pulling presto-server    ... done
Pulling spark-submit     ... done
Pulling python           ... done
Pulling jupyter-console ... done
```

オブジェクトストレージ MinIO

オブジェクトストレージとして「MinIO」を起動します。MinIOはコンテナとして動くオブジェクトストレージで、Amazon S3と互換性のあるAPIが提供されます。ローデータを保存する場所を「datalake」、構造化したデータを保存する場所を「warehouse」と呼ぶことにします。ワークフローで利用する「prefect」というバケット(*bucket*)も作っておきます。

```
MinIOをバックグラウンドで起動（ログを見たければ-dを外す）
(env) ...$ docker-compose up -d minio
Creating wdpressplus-bigdata_minio_1 ... done
AWS CLIをインストール
(env) ...$ pip install awscli
MinIOのアクセスキーをセット
(env) ...$ export AWS_ACCESS_KEY_ID=accesskey
(env) ...$ export AWS_SECRET_ACCESS_KEY=secretkey
保存先のバケットを作成する
(env) ...$ for name in datalake warehouse prefect; do \
            aws --endpoint-url http://localhost:9000  \
              s3api create-bucket --bucket $name; done
```

構造化データの管理 Hiveメタストア

SparkからPrestoへとテーブル情報を受け渡すために「Hiveメタストア」(p.114の「データマート構築のパイプライン」を参照)を起動します(Hiveメタストアが利用するデータベースとしてPostgreSQLも起動しておく)。

```
PostgreSQLを起動
(env) ...$ docker-compose up -d metastore-db
Creating wdpressplus-bigdata_metastore-db_1 ... done
データベースを初期化する（初回のみ）
(env) ...$ docker-compose run --rm metastore /initSchema
...
Initialization script completed
schemaTool completed
...
Hiveメタストアを起動
(env) ...$ docker-compose up -d metastore
Creating wdpressplus-bigdata_metastore_1 ... done
```

オブジェクトストレージへのデータ転送

ダウンロードしたファイルをそのままオブジェクトストレージへと転送します。これがデータレイクとなります。ファイルのパスには必ず日付を入れて、いつダウンロードしたかがわかるようにします。ここでは単純化のために「2020-01-01」としておきます。

```
リスト7.2のスクリプトを実行
(env) ...$ python scripts/download.py
Saved raw/CRNS0101-05-2020-AK_Aleknagik_1_NNE.txt
Saved raw/CRNS0101-05-2020-AK_Bethel_87_WNW.txt
テキストファイルをアップロードする（2020-01-01付け）
(env) ...$ aws --endpoint-url http://localhost:9000 \
             s3 cp --recursive ./raw s3://datalake/uscrn/2020-01-01
upload: raw/CRNS0101-05-2020-AK_Aleknagik_1_NNE.txt to s3://datalake/...
upload: raw/CRNS0101-05-2020-AK_Bethel_87_WNW.txt to s3://datalake/...
```

ETLプロセス Spark

オブジェクトストレージからローデータを読み込んで、構造化されたテーブルを作成します。ここではSparkを利用して、**リスト7.3**のようなスクリプトを実行します。これがETLプロセスとなります。

Sparkスクリプトの実行には`spark-submit`を使います。このスクリプト

リスト7.3 テキストファイルを時系列テーブルへと変換する(scripts/warehouse.py)

```
from datetime import datetime, timezone
from pyspark.sql import SparkSession, Row
from pyspark.sql.functions import lit
import sys

date = sys.argv[1]

Sparkセッションを作成
spark = (SparkSession
         .builder
         .config('hive.metastore.uris', 'thrift://metastore:9083')
         .enableHiveSupport()
         .getOrCreate())

データを構造化する関数
def parse_line(line):
    f = line.split()
    wbanno = f[0]
    dt = datetime.strptime(f[1] + f[2], '%Y%m%d%H%M')
    dt = dt.replace(tzinfo=timezone.utc)
    temperature = None if f[8] == '-9999.0' else float(f[8])
    return Row(timestamp=dt, wbanno=wbanno, temperature=temperature)

❶データレイクのテキストファイルを読み込む（日付を指定）
rdd = spark.sparkContext.textFile(f"s3a://datalake/uscrn/{date}/*")
❷データフレームに変換する
df = rdd.map(parse_line).toDF()
❸年をパーティションとしてテーブルに書き出す
df = df.withColumn('year', lit(date[:4]))
df.write.partitionBy('year').saveAsTable('uscrn', mode='overwrite')

作成したテーブルを確認
spark.sql('show tables').show()
```

は毎日実行することになるので、日付を引数として渡して、いつのファイルを取り込むのか指定できるようにしてあります(リスト7.3❶)。

```
(env) ...$ docker-compose run --rm spark-submit \
             scripts/warehouse.py 2020-01-01  # ローデータの日付を指定
...
```

```
+--------+---------+-----------+
|database|tableName|isTemporary|
+--------+---------+-----------+
| default|    uscrn|      false|
+--------+---------+-----------+
...
年ごとにパーティショニングされたファイルが作成されている
(env) ...$ aws --endpoint-url http://localhost:9000 \
             s3 ls --recursive s3://warehouse/
2020-12-05 20:23:10          0 uscrn/_SUCCESS
2020-12-05 20:23:10     747708 uscrn/year=2020/part-00000-16dab62e-cf66-...
2020-12-05 20:23:10     742744 uscrn/year=2020/part-00001-16dab62e-cf66-...
```

今回のサンプルデータには年初(1月1日)から現在までのデータが含まれているため、年ごとにパーティションを分けることで、毎日その年のデータを置き換えます。リスト7.3❸では、データフレームにyearというカラムを追加し、そのカラムでパーティションが分離されるようにしてあります。加えて、テーブルを保存するときのオプションとして「overwrite」を指定することで、スクリプトを実行するたびに毎回パーティションが置き換えられます。

Note

ダウンロードするファイルが一日単位で分割されているときには、パーティションとして日付を指定(例：pt=2021-01-01)することで、毎日その日のデータだけが置き換えられるような時系列テーブルを作ります(p.203の「冪等な追記」を参照)。

クエリエンジンによるデータ集計 Presto

テーブルが完成したので、クエリエンジンとして「Presto」を使ってデータを集計します。Prestoはサーバー/クライアント型のシステムなので、先にPrestoサーバーを起動しておきます。

```
Prestoサーバーを起動
(env) ...$ docker-compose up -d presto-server
Creating wdpressplus-bigdata_presto-server_1 ... done
```

続けて、クライアントを起動すると、次のようにしてSQLでクエリを実

Column

実務におけるETLプロセス

本節ではETLプロセスの例としてSparkを取り上げましたが、実際にはSparkのような分散システムが必要になるケースは限られます。元となるデータがCSVやJSONなら、オブジェクトストレージからデータウェアハウスに直接転送する方が簡単です。文字列を加工するくらいの簡単な処理なら、「データウェアハウスに取り込んでからSQLで加工する」、つまり「ELT」を実行するのも難しくありません(p.252のコラム「Sparkか、それともSQLか」)。

ワークフロー+スクリプト処理

仮にプログラムによる前処理が必要だとしても、データ量がそれほど多くないのであれば、ワークフローの一部としてシェルスクリプトやPythonスクリプトを実行するだけで十分です。ワークフロー管理はいずれにせよ必要になるので、まずはその枠組みだけでETLプロセスを実装し、どうしても性能的に厳しい場合にのみ代替手段を検討すると良いかもしれません。

ETLツール　Embulk

スクリプトを書かずに済ませたいときには、ETLツールを使うという選択肢もあります。たとえば、MySQLに格納されたテーブルをデータウェアハウスに転送するようなありがちなデータ転送にはETLツールが向いています。

オープンソースのバルク型転送ツールである「Embulk」[注a]は手軽に使えるETLツールとして人気があります。MySQLからデータウェアハウスへと直接データ転送したり、あるいはCSVなどの形式でオブジェクトストレージへと書き出してデータレイクを作ったりする目的で利用されます。Embulkはプラグイン方式のデータ転送ツールであり、プラグインを差し替えることでさまざまなデータベースやデータ形式に対応できます。

分散データ処理　AWS Glue、Google Cloud Dataflow

過去数年分のデータをまとめて処理するような大規模なETLプロセスでは、分散データ処理のしくみを検討します。一時的に大量の計算リソースを確保するには「AWS Glue」(Spark)[注b]や「Google Cloud Dataflow」[注c]のようなクラウドサービスが利用できます。

注a　URL https://www.embulk.org
注b　URL https://aws.amazon.com/jp/glue/
注c　URL https://cloud.google.com/dataflow

行できます。前節でSpark SQLで集計したのと同じ結果が得られています。

```
Prestoサーバーに接続
(env) ...$ docker-compose run --rm presto-cli
Hiveメタストアを利用
presto> use hive.default;
USE
テーブル一覧を表示
presto:default> show tables;
 Table
-------
 uscrn
(1 row)

クエリを実行
presto:default> SELECT wbanno,
             ->        min_by(timestamp, temperature) timestamp_min,
             ->        min(temperature) t_min,
             ->        max_by(timestamp, temperature) timestamp_max,
             ->        max(temperature) t_max
             -> FROM uscrn
             -> GROUP by 1
             -> ;
 wbanno |      timestamp_min      | t_min |      timestamp_max      | t_max
--------+-------------------------+-------+-------------------------+-------
 23583  | 2020-02-01 16:15:00.000 | -32.0 | 2020-08-17 00:20:00.000 |  24.8
 26656  | 2020-02-09 15:15:00.000 | -30.8 | 2020-05-30 23:05:00.000 |  23.3
(2 rows)

Query 20201205_112926_00003_rayee, FINISHED, 1 node
Splits: 50 total, 50 done (100.00%)
0:04 [192K rows, 1.42MB] [53.6K rows/s, 405KB/s]
```

パーティションを用いた時間の絞り込み

ビッグデータを集計するときには、読み込まれるデータ量を常に意識します。たとえば、2000年より前のデータがどれだけあるか知りたくて次のようなクエリを実行したとします（そのようなデータはないので、結果は0件になります）。

```
単純なWHEREによる絞り込みではフルスキャンになる
presto:default> SELECT count(*) FROM uscrn
             -> WHERE timestamp < DATE '2000-01-01';
 _col0
-------
     0
(1 row)

Query 20201205_113016_00004_rayee FINISHED, 1 node
Splits: 19 total, 19 done (100.00%)
0:01 [192K rows, 1.22MB] [256K rows/s, 1.62MB/s]  1.22MBが読み込まれた
```

出力をよく見ると、このクエリの実行で「1.22MB」のデータが読み込まれたと表示されています。列指向ストレージやデータウェアハウスではテーブルのインデックスのようなものは作られずにフルスキャンが実行されます。データ量が少ないうちはそれでも問題になることはありませんが、データ量が増えるにつれて次第に遅くなる恐れがあります。

可能なときには、なるべくパーティションを使ってデータを絞り込みましょう。今回のデータであれば「year」というカラム名でパーティショニングされているので、それを明示的にクエリに含めることで読み込まれるデータ量が削減されます。

```
パーティションを絞り込むことで読み込むデータ量を減らせる
presto:default> SELECT count(*) FROM uscrn
             -> WHERE year < '2000' AND timestamp < DATE '2000-01-01';
 _col0
-------
     0
(1 row)

Query 20201205_113043_00005_rayee, FINISHED, 1 node
Splits: 1 total, 1 done (100.00%)
0:00 [0 rows, 0B] [0 rows/s, 0B/s]  ←データ量が0になった
```

データマートを作成する

可視化に備えてデータマートを作成します。データマートを作るときに

はパーティショニングはせずに、毎回テーブルを置換します(p.133の「データマートの置換」を参照)。

```
元テーブルには192360行が格納されている
presto:default> SELECT count(*) FROM uscrn;
 _col0
--------
 192360
(1 row)

データマートのスキーマ（名前空間）を作成する
presto:default> CREATE SCHEMA IF NOT EXISTS datamart;
すでにテーブルが存在すれば削除する（置換）
presto:default> DROP TABLE IF EXISTS datamart.uscrn_summary;
サマリーテーブルを作成。668行にまで削減された
presto:default> CREATE TABLE datamart.uscrn_summary AS
             -> SELECT date_trunc('day', timestamp) time,
             ->        wbanno,
             ->        avg(temperature) avg_temperature
             -> FROM uscrn GROUP BY 1, 2
             -> ;
CREATE TABLE: 668 rows
```

可視化にBIツールを使うと、グラフを表示するたびにSQLが自動生成されるため、いくらパーティションが分かれていてもフルスキャンされる可能性が高くなります。データマートではパーティションは役に立たないと割り切って、フルスキャンされても困らない程度のデータ量に削減します。

外部データベースによるデータマート PostgreSQL

データマートを外部データベースに作成する例として「PostgreSQL」を導入します。次のコマンドでサーバーを起動します。

```
(env) ...$ docker-compose up -d datamart
Creating wdpressplus-bigdata_datamart_1 ... done
```

PostgreSQLにデータを書き込む方法は、いくつか考えられます。たとえば、CSVファイルをCOPY命令で読み込んだり、あるいはEmbulkの

embulk-input-prestoプラグインとembulk-output-postgresqlプラグインとを組み合わせたりする方法もありますが、ここではpandasを使ってデータ転送します。**リスト7.4**のスクリプトを次のように実行します。

リスト7.4のスクリプトを実行

```
(env) ...$ docker-compose run --rm python scripts/datamart.py
                    time wbanno  avg_temperature
0  2020-01-06 00:00:00.000  26656       -26.207292
1  2020-01-09 00:00:00.000  26656       -21.814931
uscrn_summary created
```

ダッシュボードツールによる可視化 Metabase

「Metabase」を使って可視化します。Dockerコンテナを起動して、初期化が完了するまでしばらく待ちます。

リスト7.4 クエリの実行結果をPostgreSQLに書き出す(scripts/datamart.py)

```
import pandas as pd
import sqlalchemy
from pyhive import presto

Prestoでクエリを実行してデータフレームに変換
query = '''
SELECT date_trunc('day', timestamp) time,
       wbanno,
       avg(temperature) avg_temperature
FROM uscrn GROUP BY 1, 2
'''
conn = presto.connect(host='presto-server', port=8080)
df = pd.read_sql_query(query, conn, parse_dates=['timestamp'])
print(df.head(2))

結果をPostgreSQLに書き出す
uri = "postgresql://datamart:datamart@datamart:5432/datamart"
engine = sqlalchemy.create_engine(uri)
df.to_sql('uscrn_summary', index=False, if_exists='replace', con=engine)
print('uscrn_summary created')
```

```
Metabaseを起動。しばらく時間が掛かるので-dは付けない
(env) ...$ docker-compose up metabase
Creating wdpressplus-bigdata_metabase_1 ... done
...
metabase_1 | ... INFO metabase.core :: Metabase Initialization COMPLETE
```

初期化が済んだらWebブラウザで「`http://<仮想マシンのアドレス>:13000`」を開いて初期設定します。画面の指示に従ってログイン用のユーザーを作り、データベースとしてPrestoを**表7.1**のように設定します。

表7.1 Metabaseのデータベース設定

項目	値
データベースのタイプ	Presto
名前	Presto
ホスト	presto-server
ポート	8080
データベース名	hive
ユーザー名	presto
パスワード	(空欄)

設定が完了したら、画面上部の[データを見る]から[Presto]-[datamart]-[Usc Rn Summary]を選択すると、先ほど作成したデータマートが表形式で表示されます。画面下部の[ビジュアライゼーション]をクリックして[線]を選ぶとグラフが表示されます。

グラフに名前を付けて保存すると、そのグラフをダッシュボードへと追加できます。追加したいグラフの数だけデータマートに複数のテーブルを作成し、それらを順に可視化していくことでダッシュボードが完成します。

SQLの実行結果をグラフにする

データマートを作るのが面倒なときは、右上にある「SQLを書く」のボタンを押すと、**図7.6**のようにその場でSQLを実行して可視化できます。

クエリを書くときには、システムの負荷を考慮しなければなりません。ダッシュボードツールではグラフとクエリが一対一で対応しており、ダッ

図7.6 Metabaseによるビジュアライゼーション

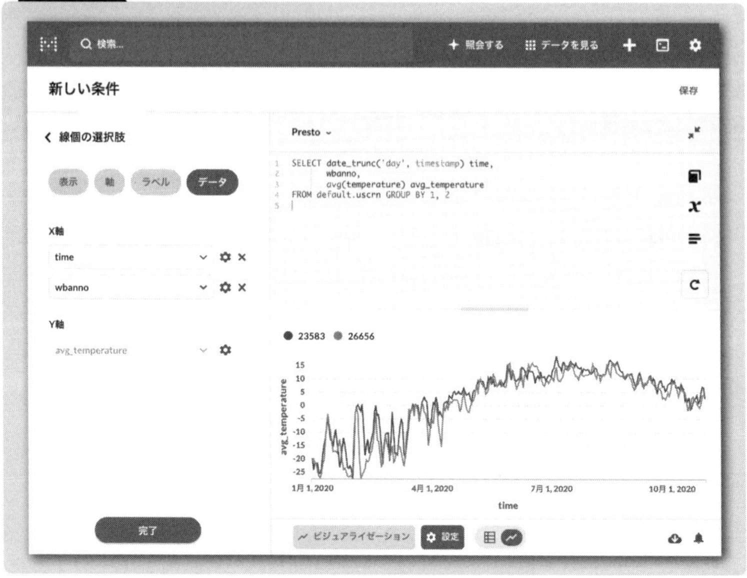

シュボードを表示するたびにクエリが発行されるため、バックエンドのクエリエンジンに多大な負荷を掛ける可能性があります。多数のグラフが含まれるダッシュボードを何度も表示すると、Prestoサーバーがリソース不足でコンテナごと落ちてしまうこともあるので注意が必要です。

ダッシュボードツールは個人的にデータを見たり、少人数でグラフを共有するときには手軽で便利ですが、大人数で利用するときには性能的な問題が起きないように気をつけなければなりません。設定画面からキャッシュを有効にしたり、PostgreSQLのような外部データベースをデータマートにすることで負荷を軽減できます。

Tip 対話的なダッシュボードとSQL

Metabaseではダッシュボードにフィルタをセットすることで、対話的なダッシュボードを作ることができます。ただし、自分でSQLを書く場合には、クエリに埋め込むパラメータを明示的に記述しなければなりません※。データマートを作ってから可視化する方法であれば、マウス操作だけでフィルタをセットできます。

※URL https://www.metabase.com/docs/latest/users-guide/13-sql-parameters.html

特徴量エンジニアリング SQLとSpark

第6章では機械学習のための「特徴量ストア」の概念を取り上げましたが、その基本的な手順を確かめるために、ごく簡単な特徴量エンジニアリングを実行してみましょう。以下ではPostgreSQLを特徴量ストアの代わりに使って、観測所ごとの特徴量をいくつか読み書きします。

SQLによる特徴量エンジニアリング

すでに構造化されたデータを集計するだけなら、特徴量の作成はデータマートの作成と何ら変わりません。**リスト7.5**のスクリプトでは観測所ID(wbanno)をエンティティとして、それに関連する3つの特徴量(最低気温、平均気温、最高気温)を集計しています。このとき作成されるテーブル(temperature_features)が特徴量セットとなります。

リスト7.5のスクリプトを実行

```
(env) ...$ docker-compose run --rm python scripts/temperature_features.py
  wbanno  t_min     t_avg  t_max
0  26656  -30.8  0.422801   23.3
1  23583  -32.0  2.465886   24.8
temperature_features created
```

Column

クエリエンジン「Trino」はPrestoの後継となるか?

Prestoはもともと Facebook社内で開発されたオープンソースソフトウェアですが、開発方針の違いから主要な開発メンバーがFacebookを退社し、2019年に「PrestoSQL」という名前の新しいプロジェクトがスタートしました。

同じような名前の2つのプロジェクトがあってしばらく混乱が続いていましたが、最終的にFacebookがPrestoの商標を登録したことにより、「PrestoSQL」は2020年末に「Trino」と名称変更することになりました[注a]。

本書ではサンプルコードの実行にFacebook版のPrestoを利用していますが、今後はTrinoの方が人気を集めることになるかもしれません。

注a URL https://trino.io/blog/2020/12/27/announcing-trino.html

リスト7.5 観測所ごとの気温の特徴量(scripts/temperature_features.py)

```
import pandas as pd
import sqlalchemy
from pyhive import presto

Prestoでクエリを実行して特徴量を作成
query = '''
SELECT wbanno,
       min(temperature) t_min,  最低気温
       avg(temperature) t_avg,  平均気温
       max(temperature) t_min   最高気温
FROM uscrn GROUP BY 1
'''
conn = presto.connect(host='presto-server', port=8080)
features = pd.read_sql_query(query, conn)
print(features)

結果をPostgreSQLに書き出す
uri = "postgresql://datamart:datamart@datamart:5432/datamart"
engine = sqlalchemy.create_engine(uri)
features.to_sql('temperature_features',
                index=False, if_exists='replace', con=engine)
print('temperature_features created')
```

Sparkによる特徴量エンジニアリング

特徴量エンジニアリングではアドホック分析と同様に、データレイクに蓄えられたローデータをSparkで集計することができます。特徴量の作成だけを目的とするなら、データウェアハウスは作らずにSparkだけでデータ処理を統一するのも一つの方法です。

本章ではここまで気温だけを見てきましたが、Sparkで降水量の特徴量も作成しましょう。**リスト7.6**のスクリプトではローデータから「降水量」(*precipitation*)を抽出し、1日あたりの平均降水量と最大降水量を計算しています。特徴量セットの名前は`precipitation_features`としてPostgreSQLに保存しています。HiveメタストアもPrestoも使わずに、特徴量の作成だけをシンプルに実装できていることがわかります。

リスト7.6 観測所ごとの降水量の特徴量（scripts/precipitation_features.py）

```
from pyspark.sql import SparkSession, Row
import sqlalchemy
import sys

date = sys.argv[1]

Sparkセッションを作成
spark = SparkSession.builder.getOrCreate()

データを構造化する関数
def parse_line(line):
    f = line.split()
    precipitation = None if f[9] == '-9999.0' else float(f[9])
    return Row(wbanno=f[0], date=f[1], precipitation=precipitation)

Sparkのデータフレームを作成
rdd = spark.sparkContext.textFile(f"s3a://datalake/uscrn/{date}/*")
df = rdd.map(parse_line).toDF()
df.createOrReplaceTempView('uscrn')

Spark SQLでクエリを実行して特徴量を作成
query = '''
SELECT wbanno,
       avg(precipitation) p_avg,  平均降水量
       max(precipitation) p_max   最大降水量
FROM (
  SELECT wbanno, date, sum(precipitation) precipitation
  FROM uscrn GROUP BY 1, 2
)
GROUP by 1
'''
features = spark.sql(query).toPandas()
print(features)

結果をPostgreSQLに書き出す
uri = "postgresql://datamart:datamart@datamart:5432/datamart"
engine = sqlalchemy.create_engine(uri)
features.to_sql('precipitation_features',
                index=False, if_exists='replace', con=engine)
print('precipitation_features created')
```

```
リスト7.6のスクリプトを実行
(env) ...$ docker-compose run --rm spark-submit \
            scripts/precipitation_features.py 2020-01-01
...
  wbanno     p_avg  p_max
0  23583  3.270958   48.4
1  26656  0.865432   17.0
precipitation_features created
```

機械学習　線形回帰による推論

せっかくなので完成した特徴量を使って機械学習をしてみましょう。単純な例として「線形回帰」（*linear regression*）を実装します。たとえば、観測所の「最低気温と最高気温」の組み合わせから「平均降水量」を学習します。

まずは、特徴量を読み込みます。エンティティごとに特徴量セットを結合することで、一つの大きなデータフレームを作成します。

```
Jupyter consoleをコンテナとして起動
(env) ...$ docker-compose run --rm jupyter-console
特徴量ストアに接続
In [1]: import sqlalchemy
      : import pandas as pd
      : uri = "postgresql://datamart:datamart@datamart:5432/datamart"
      : engine = sqlalchemy.create_engine(uri)
特徴量をデータフレームとして読み出す
In [2]: df1 = pd.read_sql_table('temperature_features', con=engine)
      : df2 = pd.read_sql_table('precipitation_features', con=engine)
      : df3 = pd.merge(df1, df2, on=['wbanno'])  wbannoで結合
      : df3
Out[2]:
  wbanno  t_min     t_avg  t_max     p_avg  p_max
0  26656  -30.8  0.422801   23.3  0.865432   17.0
1  23583  -32.0  2.465886   24.8  3.270958   48.4
```

データフレームから機械学習に用いる特徴量を選択して値を取り出します。それを線形回帰モデルで学習します。

線形回帰モデルを作成する

```
In [3]: from sklearn import linear_model
      :
      : X = df3[['t_min', 't_max']].values   最低気温と最高気温
      : y = df3[['p_avg']].values.flatten()  平均降水量
      :
      : regr = linear_model.LinearRegression()
      : regr.fit(X, y)                        Xとyの関係を学習
Out[3]: LinearRegression()
```

完成したモデルを使って降水量を推論します。学習に用いたデータと一致する結果が得られました。

最低気温と最高気温から降水量を推論する

```
In [4]: regr.predict([[-30.8, 23.3], [-32.0, 24.8]])
Out[4]: array([0.8654321, 3.27095808])
```

特徴量ストアの読み書きを標準化する

特徴量の作成に用いたリスト7.5やリスト7.6のスクリプトでは、PrestoやSparkによるデータ処理の結果を、pandasのデータフレームに変換してからPostgreSQLへと書き出しました。これだけシンプルな特徴量エンジニアリングですら、特徴量の読み書きには雑多なプログラミングが必要であり、うまく管理しなければ技術的負債が積み上がってしまうことも想像に難《かた》くありません。

特徴量エンジニアリングでは途中のデータ処理をどのように実装しようとも、最終的にデータフレームさえ完成してしまえば、それを特徴量ストアへと書き出す手順は同じです。特徴量ストアを読み書きする手順はライブラリ化するなどして組織内で標準化しておけば、将来に対する負債が少しでも軽減できるかもしれません。

本節で取り上げた特徴量ストアはあまりに単純すぎるため、第6章で紹介したデータリネージやタイムトラベルなどの機能には対応できません。特徴量ストアの技術は発展途上なので今後どのような実装が登場するかはまだわかりませんが、毎年のように新しいソフトウェアやサービスが登場しているので、使いやすいものがないか探してみてください。

7.3 ワークフロー管理ツールによる自動化

データパイプラインを定期的に実行するために、エラー発生時のリカバリーを念頭に置きつつワークフローを設計します。ここではオープンソースのワークフロー管理ツールである「Prefect」注9を利用します。

Note

本節では以下のソフトウェアについて説明します。

- **ワークフロー管理** ➡ **Prefect 0.13.19、Airflow 2.0.0**

Prefect スクリプト型のワークフロー管理

PrefectはPythonでワークフローを記述するスクリプト型のツールで、2019年に最初のバージョンがリリースされた比較的新しいソフトウェアです。主要な機能はオープンソースとして公開されている一方で、管理機能であるWebコンソールはクラウドサービスとしても提供されています。同じくスクリプト型のツールとして有名な「Airflow」注10とも比較しつつ、スクリプト型のワークフロー管理の大まかな実装方法を見ていきます。

Prefectは一部でDockerの機能を利用するため、コンテナ化せずに仮想マシンに直接インストールします。

```
% multipass shell
Welcome to Ubuntu 20.04.1 LTS (GNU/Linux 5.4.0-53-generic x86_64)
...
ubuntu@primary:~$ source ~/env/bin/activate && cd wdpressplus-bigdata
パッケージをインストール
(env) ...$ pip install boto3 prefect==0.13.19
```

注9 URL https://www.prefect.io
注10 URL https://airflow.apache.org

Note

ワークフローは通常、バッチ処理として実行されますが、Prefectのワークフローはノートブックから対話的にも実行できるように設計されています。本節のサンプルコードの一部は、Google Colabでも実行できるようにしてあります。

- URL **https://github.com/wdpressplus-bigdata/wdpressplus-bigdata/tree/main/notebooks/7-3.ipynb**

フローの定義　Python関数としてタスクを実装する

Prefectでワークフローを実行するスクリプトは**リスト7.7**のように記述します。ここでは2つのタスクを定義しています。Prefectでは一度に実行するタスクの集合を**フロー**(*flow*)と呼びます。フローは単純にPythonスクリプトとして実行可能で、結果は次のようになります。

リスト7.7　Prefectのサンプルスクリプト(flows/hello.py)

```
from prefect import task, Flow

1つめのタスク
@task
def get_message():
    return 'Hello, world!'

2つめのタスク
@task
def print_message(msg):
    print(msg)

タスクを実行するフローを作成
with Flow('hello') as flow:
    msg = get_message()
    print_message(msg)

if __name__ == '__main__':
    flow.run()  実行開始
```

```
(env) ...$ python flows/hello.py
... Beginning Flow run for 'hello'
... Task 'get_message': Starting task run...
... Task 'get_message': finished task run for task with final state: 'Success'
... Task 'print_message': Starting task run...
Hello, world!
... Task 'print_message': finished task run for task with final state: 'Success'
... Flow run SUCCESS: all reference tasks succeeded
```

Prefectにおけるタスクは、Pythonの関数として実装します。関数呼び出しが終われば成功、例外が発生すれば失敗です。こうして定義したタスクの実行をコントロールするのがFlowオブジェクトです。ここでは2つのタスクを実行するフローを作成しています。

Prefectはタスクの集合を内部的にDAGとして表現しており、フローを作成するだけでは実行は始まりません。スクリプトの最後でflow.run()を呼び出すか、あるいはフローを実行するためのエージェントプロセス(後述)に指示を出すことで動き始めます。

Prefectでは、タスクの結果を次のタスクの引数として渡すことで依存関係が決まります。リスト7.7では、1つめのタスクの結果であるmsgを2つめのタスクに渡すことによって、1つめのタスクが先に実行されることが保証されます。このような依存関係のないタスクは同時並列で実行されます。

Tip

依存関係はあるけれども受け渡す引数がないときには、明示的にset_dependencies()のようなメソッドを呼び出すことで依存関係を定めます。

- URL https://docs.prefect.io/core/concepts/flows.html#imperative-api

コンテキスト

タスクが実行されるときには、付随する情報が**コンテキスト**(*context*)として渡されます。たとえば、**表7.2**のような変数を参照できます。日々のデータ処理では、ファイル名やクエリの中に日付を入れることがよくあるので、次のような形でコンテキストの値を頻繁に参照します。

表7.2 コンテキストとして与えられる変数(一部)

変数	例	説明
today	2020-01-01	タスクが実行された日付
today_nodash	20200101	todayから「-」(ハイフン)を除いた文字列
yesterday	2019-12-31	タスクが実行された日の前日
yesterday_nodash	20191231	yesterdayから「-」を除いた文字列
tomorrow	2020-01-02	タスクが実行された日の翌日
tomorrow_nodash	20200102	tomorrowから「-」を除いた文字列

Column

Airflowにおけるタスク定義

ワークフローをDAGとして表現するのはAirflowでも同じです。2020年12月にリリースされた「Airflow 2.0」からは、Prefectと同様にタスクを関数として定義できるようになり、両者のワークフロー定義はどちらも似たようなものになりました。

その一方で、タスク実行のしくみは大きく異なります。たとえば、あるタスクの実行結果を次のタスクへと渡すことをAirflowでは「Xcom」と呼び、値が一度データベースへと格納されます。あまり大きな値を返すと性能上の問題を引き起こすため、Airflowでは大きなデータはオブジェクトストレージなどに保存すべきです。

一方、Prefectではすべてのタスクが値を返すことを前提として設計されており、デフォルトではローカルストレージに値が格納されます[注a]。結果として、PrefectとAirflowとではタスクの実行結果に対する考え方が変わります。

たとえば、あるタスクがpandasでデータ処理を行うとします。Airflowであれば、その結果はCSVファイルなどにしてオブジェクトストレージに保存し、後続のタスクでそのファイルを読み込みます。「1つめのタスクと2つめのタスクが同じファイル名を参照する」ことによって暗黙的にデータが受け渡されます。

Prefectでは、1つめのタスクがpandasのデータフレームをそのまま返却し、2つめのタスクでデータフレームを受け取って処理を続けます。データのシリアライズや中間ファイルへの書き出しなどはPrefectが面倒を見てくれるため、より自然な関数呼び出しに近い形でデータパイプラインを記述できます。

Airflowでは小さな処理は一つにして、ある程度まとまった単位でタスクを実装することが推奨されますが、Prefectでは逆に小さく分割することが推奨されています。タスク実行のオーバーヘッドが小さいので、普通に関数を呼び出す感じで次々とタスクを繋げるのがPrefectのやり方です。

注a URL https://docs.prefect.io/core/concepts/results.html

```
import prefect

@task
def download():
    コンテキストの値を参照する
    print(f"Donwload ftp://server/{prefect.context.yesterday}/app.log")
```

日次のバッチ処理では、しばしば前日のデータが処理の対象となります。そのようなときにはprefect.context.yesterdayを用いて、対象となるファイルや時間範囲を指定します。

コンテキストの値は実行時に決定されることには、注意が必要です。エラーが発生してタスクを再実行する場合、それが翌日以降になるとコンテキストの日付も変わるため、想定と違う日付のデータが処理されてしまうかもしれません。再実行しても日付が変わらないようにするには、たとえば次のようなタスクを実行して日付を固定化する方法が考えられます。

```
タスクを実行すると結果が保存される
@task
def get_date():
    return prefect.context.yesterday
```

Prefectでは一度成功したタスクの結果は保存されるので、それに依存したタスクは再実行しても同じ値を受け取ります。変わってほしくない値はタスクとして分離することで、エラー発生時の対応をシンプルにすることができます。

パラメータ

別の考え方として、**パラメータ**(*parameter*)を使う方法もあります。**リスト7.8**のフローでは「date」というパラメータを作成し、もしそれがセットされていればコンテキストよりも優先します。

パラメータの値は、フローを実行するときにコマンドライン、またはWebコンソールから渡します。仮にエラーが発生した場合、もし同じ日のうちに再実行するならパラメータ指定は必要はありませんが、翌日以降になった場合には明示的に日付を指定してリカバリーします。

リスト7.8 日付をパラメータとして受け取るフロー

```
import prefect
from prefect import task, Flow, Parameter

@task
def download(date):
    パラメータが渡されたときにはそれを優先する
    target_date = date or prefect.context.yesterday
    print(f"Donwload ftp://server/{target_date}/app.log")

with Flow('download') as flow: パラメータを作成する
    date = Parameter('date', default=None)
    download(date)
```

リカバリーを念頭においたときに、どのやり方が運用しやすいかは実行するフローにもよりますが、Prefectはその設計思想としてパラメータを活用することで柔軟性を高めているため、「過去の日付にはパラメータを使う」という方式で運用を統一するのが良いかもしれません。

> **Tip**
>
> Prefectでは日時をパラメータとしてループを回すことによってバックフィルを実現します。
>
> - URL https://docs.prefect.io/core/faq.html#does-prefect-support-backfills

タスクのライブラリ化 再利用性の高いタスクを実装する

スクリプト型のワークフロー管理の利点はタスクを自由にプログラミングできるところにありますが、よく実行するタスクはライブラリ化して再利用したいものです。Prefectには「Task Library」という出来合いのライブラリがあり、それらを使うとタスクを簡潔に記述できます。たとえば、PostgreSQLに接続してクエリを実行したければ**リスト7.9**のように記述します。

とはいえ、出来合いのライブラリでは機能が足りず、追加の開発が必要になるのもよくあることです。そのため筆者は既存のライブラリの有無よりも、自分で簡単にライブラリを作れるかどうかを重視します。Pythonには多数の便利なパッケージがあるので、それらを使えるなら不都合はありません。

Prefectでタスクをライブラリ化するのは簡単で、**リスト7.10**のようにTaskクラスのサブクラスを作るだけです。作成したクラスに引数を渡してインスタンス化すると、タスクが生成されます。こうして作成したクラスを別ファイルに分離すれば、自作ライブラリの完成です。

Column

Airflowにおけるコンテキスト

時間に対する考え方は、AirflowとPrefectとで大きく異なる点の一つです。Airflowはすべてのタスクを時間と関連付けて保存します。タスクが実行されるたびに時間も固定化されるため、コンテキストの値は再実行しても変化しません。

Airflowは、その設計思想として「タスクの冪等性」を重視します。一度実行を始めたタスクは、何度実行しても同じ結果になるように実装するのが原則です。再実行するだけで時間の範囲が変わるようなタスクはAirflowの思想に反します。

タスクの名前も固定されます。Airflowではスクリプトをロードするときにタスク名をセットします。そのためタスクの名前と時間さえ指定すれば、いつでも任意のタスクを実行できます。その反面、実行時に動的にタスクが作られるような柔軟なワークフローを記述するのは難しくなります。

AirflowとPrefectの思想の違い　制約を選ぶか、自由を望むか

そのようなAirflowの仕様に対するアンチテーゼとして生まれてきたのがPrefectであり、意図して設計思想が変更されています。Prefectでは時間が特別に扱われることはなく、単に現在時刻がコンテキストにセットされるだけです。実行時の動的なタスク生成も可能であり、比較的柔軟にパイプラインを組むことができます。

Prefectのドキュメントには「各タスクは冪等じゃなくても良い」とさえ書かれています[注a]。もちろん冪等にするのに越したことはないけれども、そうするかどうかはユーザーに任せるというのがPrefectの姿勢です。

障害にどう備えるかの判断はユーザーに委ねて、それよりも「自由度を優先したのがPrefect」であり、それとは逆に障害対策を優先して利用者に「制約を課すのがAirflow」だと言えるかもしれません。これは思想の違いであり、どちらが良いと言えるものでもありませんが、より確実性が求められる業務ではAirflowの方が安心できるかもしれません。

注a　URL https://docs.prefect.io/core/getting_started/why-prefect.html#idempotency-preferred-but-not-required

リスト7.9 PostgreSQLでクエリを実行するタスク

```
from prefect import Flow
from prefect.tasks.postgres.postgres import PostgresExecute

PostgreSQLでクエリを実行するタスク
pg = PostgresExecute('postgres', 'postgres', 'localhost')

with Flow('create-table') as flow:
    フローにタスクを登録する
    pg('CREATE TABLE t1 AS SELECT ...', commit=True)
```

リスト7.10 タスクをクラスとして定義する

```
from prefect import Task, Flow

新しいタスクのクラスを定義する
class LogTask(Task):
    タスクの作成時に初期化を行う
    def __init__(self, prefix, **kwargs):
        super().__init__(**kwargs)
        self.prefix = prefix

    タスク実行時にはrunメソッドが呼ばれる
    def run(self, message):
        print(f"{self.prefix}: {message}")

タスクを作成する（インスタンス化）
log = LogTask('INFO')

タスクを登録。実行すると「INFO: message」と出力される
with Flow('task-class') as flow:
    log('message')
```

ワークフローの開発プロセス　タスクの実装とテストとを繰り返す

ワークフロー管理ツールを導入する目的の一つはエラーになったタスクを再実行することですが、Prefectではタスクの状態を保存するのはサーバーを使うときだけであり、ローカルでの開発時には毎回タスクの状態がリセットされて最初からやり直すようになっています。開発中はスクリプトの最後でflow.run()を実行しますが、このときデータベースは参照されず、

実行の状態はメモリ上にしか保持されません。

開発中はタスクの実装と並行して何度もテストを走らせるものなので、同じタスクを繰り返さずに済ませる方法がいくつか用意されています。たとえば、タスクの実行結果をファイルにキャッシュして再利用する方法[注11]や、タスクの状態を強制的にセットして実行を回避する方法[注12]などです。

ただ、いずれもソースコードに手を加える必要があり、あまり簡潔な方法とは言えません。flow.run()は毎回すべてのタスクを実行するのだと割り切って、なるべく小さなテスト用のデータセットを用意するのが良いかもしれません。

タスクの自動テスト pytest

Prefectでは一般的なソフトウェア開発と同様に、テストデータやテストコードを用意してタスクをテストすることが推奨されています。標準でpytestを使ったテストの実行に対応しており、**リスト7.11**のようなコードで簡単にテストを記述できます。そうして個々のタスクをテストしてから

注11 URL https://docs.prefect.io/core/concepts/persistence.html
注12 URL https://docs.prefect.io/core/advanced_tutorials/local-debugging.html#resuming-failing-flows

リスト7.11 タスク単位でテストを記述する(flows/testflow.py)

```
from prefect import task, Flow

テスト対象のタスク
@task
def get_message():
    return 'Hello, world!'

テスト関数(実際にはファイルを分ける)
def test_get_message():
    タスクをテスト実行
    with Flow('test') as flow:
        task1 = get_message()
    state = flow.run()
    実行結果をチェック
    assert state.result[task1].result == 'Hello, world!'
```

フロー全体の動作確認を行うようにすれば、開発中に何度もフローを走らせることはありません。Prefectはこのように、ソフトウェア開発の視点で設計されたワークフロー管理ツールとなっています。

```
(env) ...$ pip install pytest
(env) ...$ pytest flows/testflow.py
============================ test session starts ============================
platform darwin -- Python 3.8.5, pytest-6.1.2, py-1.9.0, pluggy-0.13.1
rootdir: /home/ubuntu/wdpressplus-bigdata
collected 1 item

flows/testflow.py .                                                   [100%]

============================== 1 passed in 1.17s
```

Tip

Prefectのタスクは Jupyter ノートブックの中からでも実行できるため、開発中はノートブックで対話的に実装、テストし、完成したところからスクリプトに移していくのも一つの方法です。その場合、タスクごとにテスト用の小さなフローを定義して、ノートブックの中で`flow.run()`するのが簡単です。

Column

Airflowにおけるタスクのテスト実行

Airflowでは`airflow tasks test`コマンドを用いて、任意のタイミングで指定したタスクを実行できます。このときデータベースは参照されず、タスクの依存関係も無視して指定したタスクのみが実行されます。そのためタスクを一つずつ実装してはテストしたり、あるいはトラブル発生時に特定のタスクだけを再実行してリカバリーしたりといったことが簡単にできます。

その反面、ワークフローに含まれる一連のタスクを依存関係に従って実行するのは少し面倒です。Airflowではワークフローを実行するのにデータベースが必須です。初期設定ではSQLiteによるローカルデータベースが作られるものの、そのままではタスクを逐次実行することしかできません。テスト時間短縮のために並列化するにはPostgreSQLなどでテスト環境の構築が必要となります。

Prefectでは短時間で終了する多数のタスクを一つのフローとして手軽に実行できるのに対して、Airflowでは比較的大きなタスクをタスク単位で実行するのに適しているという、両者の違いがここでも表われています。

バッチ型のデータパイプラインを定義する

それではいよいよ実際に、7.2節のデータパイプラインをワークフローとして実装していきます。まず最初にMetabase以外のコンテナ一式が起動していることを確認します。もし起動していないものがあるなら、docker-compose upで再起動しておきます。

```
各コンテナが起動していることを確認（Metabaseは不要）
(env) ...$ docker-compose ps
              Name                    ...    State           Ports
--------------------------------------------------------------------------
wdpressplus-bigdata_datamart_1        ...   Up         5432/tcp
wdpressplus-bigdata_metabase_1        ...   Exit 143
wdpressplus-bigdata_metastore-db_1    ...   Up         5432/tcp
wdpressplus-bigdata_metastore_1       ...   Up         9083/tcp
wdpressplus-bigdata_minio_1           ...   Up         0.0.0.0:9000->9000/tcp
wdpressplus-bigdata_presto-server_1   ...   Up         8080/tcp
```

データの収集 オブジェクトストレージへの保存

はじめにローデータを集めてオブジェクトストレージに保存します。7.1節では2つのファイルをダウンロードしましたが、実際には100以上のファイルがあるので、ファイルごとに1つのタスクとして分割します。観測所の一覧をTSVファイルとしてダウンロードできるので、それを最初のタスクとします(**リスト7.12**のタスク❶)[注13]。

続けてタスク❷では、ファイル名を受け取ってオブジェクトストレージへとデータ転送します。ダウンロードに失敗したときに備えて、60秒間隔で2回まで自動的にリトライするように指定しています。

タスクをリトライするときには、その過程で重複が発生することのない「冪等な処理」になっていることを確認します。たとえば、ファイルのパスをタスクごとに固定して、毎回上書きされるように実装します。ここでは

注13 データ量を減らすために、ファイルを10件だけに制限しています。なお、NOAAのサイトからすべてのファイルをダウンロードしようとすると途中でエラーが発生します。興味のある人は原因を調べて回避策を考えてみてください。

リスト7.12 データを収集するフロー(flows/download.py)

```
タスク❶ ：観測所の一覧をダウンロード
@task
def get_filenames():
    year = prefect.context.yesterday[:4]
    NOAAから最新のデータをダウンロードする
    url = 'https://www1.ncdc.noaa.gov/pub/data/uscrn/products/stations.tsv'
    df = pd.read_csv(url, delimiter='\t', header=None)
    result = []
    現在も運用中（Operational）のものだけを抜き出す
    for _, row in df.loc[df[12]=='Operational'].iterrows():
        state = row[2]
        location = row[3].replace(' ', '_')
        vector = row[4].replace(' ', '_')
        result.append(f"CRNS0101-05-{year}-{state}_{location}_{vector}.txt")
    return result[:10]  最初の10件だけを返す

タスク❷ ：ファイルをオブジェクトストレージに転送（リトライあり）
@task(max_retries=2, retry_delay=datetime.timedelta(seconds=60))
def download_file(filename):
    year = prefect.context.yesterday[:4]
    NOAAから最新のデータをダウンロードする
    prefix = 'https://www1.ncdc.noaa.gov/pub/data/uscrn/products/subhourly01'
    ファイルをストリーム転送する（ローカルに保存しない）
    r = requests.get(f"{prefix}/{year}/{filename}", stream=True)
    r.raise_for_status()
    MinIOへの接続情報
    minio_params = {
        'endpoint_url': prefect.context.minio_url,
        'aws_access_key_id': 'accesskey',
        'aws_secret_access_key': 'secretkey',
    }
    s3 = boto3.Session().client('s3', **minio_params)
    オブジェクトストレージにアップロード
    bucket_name = 'datalake'
    object_name = f"uscrn/{prefect.context.yesterday}/{filename}.gz"
    s3.upload_fileobj(r.raw, bucket_name, object_name)
    prefect.context.logger.info(f"uploaded to s3://{bucket_name}/{object_name}")
    return f"s3://{bucket_name}/{object_name}"
```

```
フロー❶：フローを定義する
with Flow('download') as flow:
    filenames = get_filenames()    タスク❶
    download_file.map(filenames)   タスク❷ (map)

if __name__ == '__main__':
    コンテキストをセットする
    with prefect.context(minio_url='http://localhost:9000'):
        フローを並列実行する
        flow.run(executor=LocalDaskExecutor())
```

コンテキストの日付(yesterday)を使ってパスを決めています。

ワークフローの並列実行 LocalDaskExecutor

リスト7.12のフロー❶では、一連のタスクを実行するフローを定義しています。タスク❶はダウンロードすべきファイルの一覧をリストとして返しますが、タスク❷では.map()を指定することでリストの各要素についてタスクが実行されます。つまり、このフローではタスク❶が1回、タスク❷が10回、合計して11回のタスク実行が行われます。

そして最後に、コンテキストをセットしてからflow.run()を呼び出します。ここでセットしたコンテキストは、後で本番環境で実行するときに上書きできます。ローカルでテスト実行するときの初期値をセットしておくと便利です。

flow.run()はデフォルトではタスクを逐次実行するようになっており、並列処理は行いません。このフローは多数のファイルをダウンロードするので、並列化した方が時間を短縮できます。Prefectでタスクを並列実行するにはLocalDaskExecutorを用いるのが簡単です。デフォルトではCPUコアと同数のマルチスレッドでタスクが実行されます。

これで準備が整ったので、次のようにしてワークフローを実行します。

```
(env) ...$ python flows/download.py
...
... Task 'download_file[1]': Starting task run...
... Task 'download_file[2]': Starting task run...
```

ETLプロセス　ワークフローのコンテナ化

次はSparkによるETLプロセスです。ここでは「ワークフローのコンテナ化」の例として、spark-submitのスクリプトをDockerコンテナに組み込みましょう。

まずベースとなるDockerイメージを用意します[注14]。最低限必要なのは、Pythonを使えるようにすることだけです。「python:3.8」[注15]のようなシンプルなものでかまいません。

今回実行するフローでは、SparkのためにJavaをインストールし、Spark本体のコードと関連するライブラリも必要です。筆者が用意したコンテナがあるので、以下ではそれを使います（ソースはwdpressplus-bigdata内の「containers/spark/Dockerfile」）。

コンテナ内で実行するフローは、**リスト7.13**のようになります。前節のspark-

注14　URL https://docs.prefect.io/orchestration/recipes/configuring_storage.html
注15　URL https://hub.docker.com/_/python

Column

Daskによるデータフレームの分散処理

Prefectは内部的に「Dask」[注a]というPythonの分散処理フレームワークを利用しており、設定次第でさまざまな分散処理の方法に対応しています。たとえば、リモートに立ち上げたDaskクラスターでタスクを実行したり、あるいはKubernetesクラスタのコンテナに分散したりすることも可能です[注b]。

Daskはそれ自体がビッグデータのフレームワークであり、pandasのようなデータフレームを分散システム上で扱うことを得意としています。pandasに慣れているエンジニアにとっては、Sparkよりも軽量で手軽に使えるツールとして人気があります。

データフレームによる集計にはDaskを利用し、それ以外の雑多なタスクにはPrefectを用いることで、Pythonだけで大規模なデータ処理が可能となります。腕に自信のあるエンジニアは挑戦してみてください。

注a　URL https://dask.org
注b　URL https://docs.prefect.io/orchestration/execution/dask_k8s_environment.html

submitのスクリプトをそのまま外部プログラムとして呼び出しています。

リスト7.13 spark-submitを呼び出すフロー(flows/warehouse.py)

```
実行するコマンド文字列(コンテキスト埋め込み)
spark_submit_command = StringFormatter(template='''
spark-submit --packages org.apache.hadoop:hadoop-aws:3.2.0 \
  /opt/scripts/warehouse.py {yesterday}
''')

bashでコマンドを実行するタスク
bash = ShellTask(log_stderr=True, return_all=True)

with Flow('warehouse') as flow:
    bash(command=spark_submit_command())
```

Prefectにはフローのコード配置を決める「ストレージ」という概念があり、「Dockerストレージ」を用いることでフローのコードを含んだコンテナを作成できます[注16]。コンテナの作成はノートブックなどから対話的に実行することもできるし、スクリプトとして実行してもかまいません。

対話的に実行するなら次のようになります。ここではイメージのビルドだけをしていますが、パラメータとしてregistry_urlを指定すると、完成したイメージをレジストリに登録するところまで実行してくれます。日頃からノートブックを使っているなら、こうしたオペレーション系の作業をノートブックにまとめておくのも良いかもしれません。

```
Jupyter consoleを起動
(env) ...$ jupyter-console
フローをモジュールとしてロードする
In [1]: from flows.warehouse import flow

In [2]: from os.path import abspath
      : from prefect.environments.storage import Docker
      :
      : Dockerストレージ
```

注16 URL https://docs.prefect.io/orchestration/tutorial/docker.html

```
   : storage = Docker(
   :     ベースとなるイメージ
   :     base_image='wdpbigdata/spark:latest',
   :     新しく作成するイメージの名前
   :     image_name='warehouse',
   :     レジストリに登録する場合はコメントを外す
   :     # registry_url='ghcr.io/MY-PROJECT',
   :     追加でコピーするファイルを指定
   :     files={
   :       abspath('scripts/warehouse.py'): '/opt/scripts/warehouse.py',
   :     },
   : )
   : フローを組み込んでイメージをビルド
   : storage.add_flow(flow)
   : storage.build()
...
Successfully built 685f920fecc9
Successfully tagged warehouse:2020-12-05t11-54-25-892453-00-00
Out[2]: <Storage: Docker>
```

Note

Prefectは、フローのコードをcloudpickleでシリアライズしてからコンテナのイメージに埋め込みます。Jupyterのような対話的なセッションで作成したフローを、そのまま直接Dockerイメージに埋め込むことも可能です。

データマートの作成　YAMLで宣言的に定義する

最後にデータマートを作成します。これはETLプロセスとは別のフローとして実装します。ETLプロセスは一度実装するとそう頻繁に変更しませんが、データマートにはよく手を加えるので分けて管理します。

データマートを作るときには多数のSQLを実行するため、Pythonスクリプトに直接クエリを埋め込むよりも、テーブルの数だけファイルを分けた方が見通しが良くなります。とりわけ非正規化テーブルの作成はSQLで何百行にもなることが珍しくなく、スクリプトに埋め込むと可読性が悪くなります。

筆者はよくYAMLファイルにタスクの詳細を分離します。たとえば**リスト7.14**のスクリプトでは、「queries」というディレクトリからYAMLファイルを読み込んで、ループを回してファイルの数だけタスクを生成しています。

リスト7.14 タスクの詳細を外部ファイルから読み込む(flows/datamart.py)

```
タスク❶：Prestoでクエリを実行する
@task
def presto_query(query):
    import pandas as pd
    from pyhive import presto
    conn = presto.connect(host='presto-server', port=8080)
    return pd.read_sql_query(query, conn, parse_dates=['timestamp'])

タスク❷：結果をPostgreSQLに書き出す
@task
def datamart_replace(df, table):
    import sqlalchemy
    uri = "postgresql://datamart:datamart@datamart:5432/datamart"
    engine = sqlalchemy.create_engine(uri)
    df.to_sql(table, index=False, if_exists='replace', con=engine)

フローを定義。タスクの詳細はYAMLファイルから読み込む
with Flow('datamart') as flow:
    for path in glob.glob('queries/*.yml'):
        params = yaml.safe_load(open(path))
        df = presto_query(params['query'])          タスク❶
        datamart_replace(df, params['table'])   タスク❷
```

タスクの詳細は**リスト7.15**のようにYAML形式で記述します。Pythonで実装するのは、YAMLの記述に従ってタスクを実行するロジックの部分だけです。こうしておくとスクリプトによる実装をシンプルに保ちながら、宣言型ワークフローの簡潔さと、スクリプト型ワークフローの柔軟性の両方を手に入れることができます。

リスト7.15 タスクの詳細を定義したYAMLファイル(queries/uscrn_summary.yml)

```
table: uscrn_summary
query: |
  SELECT date_trunc('day', timestamp) time,
         wbanno,
         avg(temperature) avg_temperature
  FROM uscrn GROUP BY 1, 2
```

現場のニーズに合わせて自由にワークフローを組み立てられるのがスクリプト型ワークフロー管理の利点なので、自分にとって最も記述しやすい方法を考えてみてください。

本番環境におけるワークフロー管理

ここからはPrefectのサーバー機能を見ていきます。タスクを定期的に実行したり、エラーからリカバリーしたりといった日常的なオペレーションには、常時稼動するサーバーが欠かせません。Prefectではクラウドサービスとして提供されるサーバーも使えますが、自分でホスティングできるオープンソース版もあるので、ここではオープンソースのサーバー機能でワークフローを実行します。

Prefectサーバー Prefect UI、GraphQL API、PostgreSQL

PrefectサーバーはDockerイメージとして提供されており、JavaScriptで実装されたWeb UI、GraphQLによるAPIサーバー、そしてPostgreSQLデータベースなどから構成されます。prefect server startコマンドでコンテナ一式をダウンロードして起動します。

Prefectサーバーを起動

```
(env) ...$ prefect server start
Pulling postgres ... done
Pulling hasura   ... done
Pulling graphql  ... done
Pulling apollo   ... done
Pulling towel    ... done
Pulling ui       ... done
```

Multipassによる仮想マシンの中で起動する場合、少しだけ初期設定が必要です[注17]。Webブラウザから「http://<仮想マシンのアドレス>:8080」を開くと設定画面に誘導されるので、[Prefect Server GraphQL endpoint]とし

注17 URL https://docs.prefect.io/orchestration/server/deploy-local.html

て「http://<仮想マシンのアドレス>:4200/graphql」を入力し、左上のメニューから[Dashboard]を開くと**図7.7**の画面が表示されます。

図7.7 Prefectの管理画面

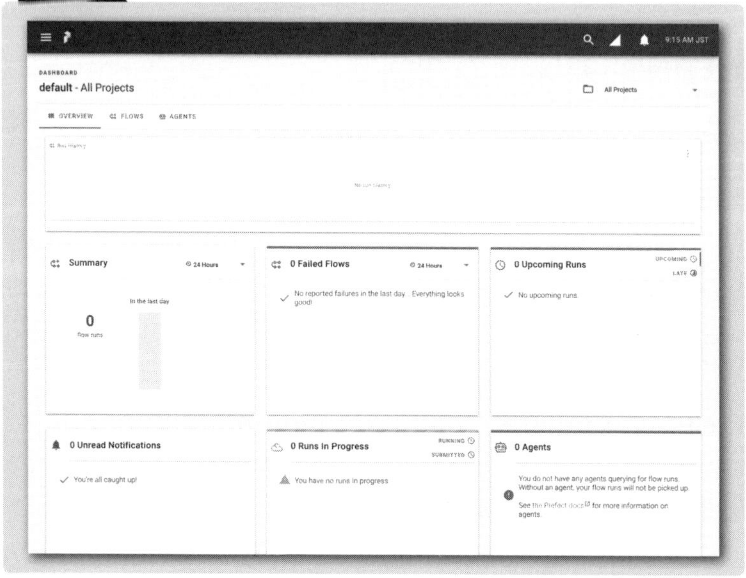

最初は何も登録されていないので、新しくフローを登録しましょう。まずは準備として、フローを登録するためのプロジェクトを作成します。サーバーを起動したまま、新しい端末を開いて以下のコマンドを実行します。

```
% multipass shell
Welcome to Ubuntu 20.04.1 LTS (GNU/Linux 5.4.0-53-generic x86_64)
...
ubuntu@primary:~$ source ~/env/bin/activate && cd wdpressplus-bigdata
バックエンドとしてPrefect Serverを利用する
（クラウドサービスでは prefect backend cloud を実行）
(env) ...$ prefect backend server
Backend switched to server
新しいプロジェクトを作成する
(env) ...$ prefect create project "My Project"
My Project created
```

Prefectエージェント　サーバー経由でフローを実行する

エラー発生時の動きを確認するために、**リスト7.16**のようなランダムで失敗するフローを用意します。50%の確率で失敗するタスクを8つ登録しているので、確率的には4つのタスクが失敗します。

リスト7.16 タスクを逐次実行するフロー(flows/random_errros.py)

```
from prefect import task, Flow
import random

一定確率で失敗するタスク
@task
def random_error():
    if random.random() < 0.5:
        raise RuntimeError()

フローにタスクを8つ登録する
with Flow('random-errors') as flow:
    for _ in range(8):
        random_error()

サーバーに登録する
flow.register(project_name='My Project')

エージェントを起動する
flow.run_agent()
```

スクリプトの最後ではflow.run()の代わりに2つのメソッドを実行しています。flow.register()はサーバーにフローのメタ情報を登録し、このフローがサーバーの管理下に入ります。flow.run_agent()はサーバーと常時接続し、指示を待ち受けるエージェントを起動します。

スクリプトを実行すると、次のようにエージェントが起動して待ち状態となります。

```
(env) ...$ python flows/random_errors.py
...
[2020-09-14 02:44:20,143] INFO - agent | Waiting for flow runs...
```

ここでWebブラウザの管理画面から[FLOWS]を開くと、いま登録したフロー(random-errors)が表示されるので、クリックしてフローの管理画面を開きます。右上にある[QUICK RUN]ボタンを押すと、先ほど起動したエージェントでフローの実行が始まり、管理画面には実行の経過がリアルタイムに表示されます(**図7.8**)。失敗したタスクは赤く表示されます。

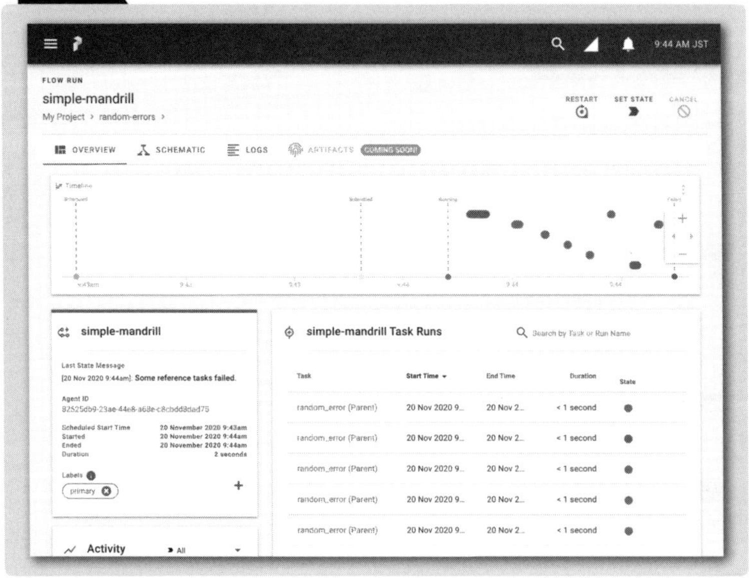

図7.8　フロー実行の経過

失敗したフローのリスタート　フローランを繰り返し実行する

管理画面で赤くなったタスクのログを開いて、エラーの原因を確認します。画面上部の[RESTART]を押すと、エラーになったタスクがリスタートされます。すべてのタスクが成功するまでリスタートを繰り返しましょう。

Prefectではフローを実行するたびに**フローラン**(*flow run*)と呼ばれるレコードが作られ、データベースで状態管理されます。フローを再実行するには、既存のフローランを途中からリスタートするか、あるいは新しいフローランを作成して最初から実行するかのどちらかになります。リスタート時には失敗したタスクのみが再実行されます。そのため仮に追記型のタスクがあったとしても、比較的安全にパイプラインを実行できます(p.197の「リカバリーとフローの再実行」を参照)。

ソースコードを修正して再実行　フローのバージョンを更新する

システムの障害やフローの不具合が原因で、いくらリスタートしても成功しないときもあります。ソースコードを修正したときには、もう一度`flow.register()`を呼んでフローを再登録します。フローはバージョン管理されるようになっており、再登録のたびに新しいバージョンが作られます。

フローのバージョンを上げたときにはリスタートするのではなく、新しいバージョンでもう一度実行し直します。その場合、一度成功したタスクも再度実行されるので注意が必要です。Prefectは基本的にフロー単位で実行やリスタートを制御するようになっており、なるべく小さくフローを分ける方がリカバリーしやすいワークフローとなります。

Column

Prefectサーバーとエージェントの関係　1つのサーバーで集中管理する

Prefectではサーバーとエージェントとの役割分担が明確であり、エージェントにはタスクを実行するための最低限の機能しかありません。タスクの状態管理やログの保存などはサーバー側に実装されており、エージェントの役割はサーバーの指示を受けてタスクを実行することだけです。

1つのサーバーに対してエージェントはいくつでも接続可能で、ネットワーク的に分離されていてもかまいません。エージェントはサーバーに向けてHTTPリクエストしか発行しないので、社内ネットワークのようなファイアーウォールの内側に置くこともできます。データ転送などの機密性が求められるタスクはプライベートネットワークで実行しつつ、全体の管理はサーバーに集約するのがPrefectの管理モデルです。

1つのエージェントで1つのフローだけを実行することもできるし、複数のフローを担当させることも可能です[注a]。KubernetesやAWS Fargateのようなコンテナ環境でも動作するようになっており、利用するインフラに合わせて柔軟に構成を変えられます。

注a　URL https://docs.prefect.io/orchestration/tutorial/multiple.html

管理画面で簡単にリカバリーできないときには、リカバリーだけのために新しいフローを作成します。前述のとおりフローは`flow.run()`でいつでも実行できるので、リカバリーのために一時的にソースコードを修正し、スクリプトとして直接実行することで必要なタスクを走らせることを筆者はよくやっています。

ワークフローのオーケストレーション ロジックと構成定義とを分離する

本番環境におけるフローの実行、とくにコンテナ化されたワークフローの実行には、もう少し詳しいシステムの構成定義が必要です。フローをコンテナとして実行するには、後述する「Dockerエージェント」が使われます。このときエージェントのみが常時起動され、サーバーから指示があるとエージェントが新しくコンテナを立ち上げてフローを実行します。

厳密には、コンテナを使ったタスクの実行には次のような方法が考えられます。

- **タスクごとに独立したコンテナを起動する**
- **フローごとにコンテナを起動し、そのコンテナの中で一連のタスクを実行する**
- **常時起動のワーカーをコンテナとして起動し、ワーカーにタスクの実行を依頼する**

Prefectは現時点では二番目と三番目の方法に対応していますが、ここでは二番目の「フローごとにコンテナを起動する」方法について説明します。各タスクがそれほど計算リソースを必要としない限りは、フロー単位でソースコードやコンテナを分離して管理するのが最もシンプルです。

「フローをどのように実行するか」というシステム構成の定義は、「フローのロジック(タスクの実装)」とは別のファイルに分けて記述することをお勧めします。以下では、これまでに作成した3つのフローをコンテナ化するための、より実際的な手順を説明します。完成したスクリプトは「flows/register.py」にあります。

フローのストレージ　Dockerコンテナとして実行する

外部モジュールとして定義されたフローを読み込んでから、Dockerストレージをflow.storageにセットします（**リスト7.17**）。Python以外の追加ソフトウェアを必要としないシンプルなフローであれば、ベースとなるDockerイメージやDockerfileの指定は省略できます。その場合、フローの実行に必要な追加のPythonパッケージをpython_dependenciesとして指定すると、それらがインストールされた新しいイメージが自動的にビルドされます。

リスト7.17　フローのストレージをセットする

```
from prefect.environments.storage import Docker

フローをモジュールとしてロードする
from flows.download import flow

Dockerストレージをセット
flow.storage = Docker(
    パッケージをインストール
    python_dependencies=[
        'boto3',
        'pandas',
    ],
    環境変数（コンテキストの上書き）
    env_vars={
        'PPREFECT__CONTEXT__MINIO_URL': 'http://minio:9000',
    },
)
```

flow.storageをセットしてからflow.register()を呼ぶと、自動的にDockerイメージがビルドされ、その情報がサーバーへと登録されます。自分でビルドする必要はありません。

env_varsを指定するとコンテナの中で環境変数がセットされます。環境変数の名前をPREFECT__CONTEXT__で始めることで、Prefectのコンテキストが上書きされます。開発環境や本番環境などの環境に依存した設定はコンテキストの値を参照するように実装し、コンテナのビルド時、あるいはエージェントの起動時に環境変数をセットします。

Note

環境変数はDockerイメージの中に組み込まれるため、秘密鍵をセットするのには向いていません。セキュリティを高めるには、秘密鍵はコンテナの実行時に読み込むべきです。Prefectでは「Secrets」注1というしくみが提供されています。

注1 URL https://docs.prefect.io/orchestration/concepts/secrets.html

フローの実行環境 マルチスレッドを有効にする

フローに含まれる各タスクをコンテナ内で実行するときにはLocalEnvironmentをセットします(**リスト7.18**)。このときLocalDaskExecutorを指定することでマルチスレッドが有効になります。複数のタスクを並列実行したいときに使えます。

リスト7.18 フローの実行環境をセットする

```
from prefect.engine.executors.dask import LocalDaskExecutor
from prefect.environments.execution.local import LocalEnvironment

マルチスレッドで実行する
flow.environment = LocalEnvironment(executor=LocalDaskExecutor())
```

実行結果の永続化 オブジェクトストレージに書き出す

フローの実行が終了するとコンテナは削除されます。Prefectはデフォルトでは各タスクの実行結果をローカルファイルに保存するようになっており、それらのファイルもコンテナと一緒に削除されます。フローが成功したときには何も問題ありませんが、失敗すると困ったことになります。

失敗したフローをリスタートすると、すでに成功したタスクの結果はファイルから読み込まれますが、コンテナ環境ではファイルが見つからずにエラーになります。この問題を回避するには、タスクの結果をオブジェクトストレージに書き出すなどして永続化しなければなりません。**リスト7.19**では、S3Resultを使うことでMinIOに結果を書き出すようにしています。

リスト7.19 フローの実行結果を永続化する

```
from prefect.engine.results import S3Result

タスクの実行結果を永続化する
flow.result = S3Result(
    bucket='prefect',
    boto3_kwargs={
        'endpoint_url': 'http://minio:9000',
        'aws_access_key_id': 'accesskey',
        'aws_secret_access_key': 'secretkey',
    },
)
```

スケジュール実行 CronClock

フローが定期的に実行されるようにスケジュールを登録します[注18]。たとえば、cronの書式で「UTC 0:00」に実行されるようにスケジュールするなら、**リスト7.20**のようにCronClockをセットします。

リスト7.20 フローをスケジュール実行する

```
from prefect.schedules import Schedule
from prefect.schedules.clocks import CronClock

フローのスケジュールをセット（毎日UTC 0:00に実行）
flow.schedule = Schedule(clocks=[CronClock("0 0 * * *")])
```

フローの登録 ラベルを付けて管理する

以上のような設定をフローごとに行ってからflow.register()でサーバーに登録します（**リスト7.21**）。このときlabelsをセットすることで、フローにラベルを付けられます。ここで指定したラベルによって、どのエージェントでフローを実行するかが決定されます。ここではDockerコンテナとして実行するフローに「docker」というラベルを付けています。

注18 URL https://docs.prefect.io/core/concepts/schedules.html

リスト7.21 サーバーにフローを登録する

```
ラベル("docker")を付けてサーバーに登録する
flow.register(project_name="My Project", labels=['docker'])
```

完成したスクリプトを次のように実行すると、これまでに作成した3つのフローが順にビルドされてサーバーへと登録されます。

```
各フローのイメージをビルドしてサーバーに登録する
(env) ...$ PYTHONPATH=. python flows/register.py
Step 1/9 : FROM prefecthq/prefect:0.13.19-python3.8
...
Successfully tagged download:2020-12-05t11-59-28-154509-00-00
Flow URL: http://localhost:8080/flow/a0a15e26-0638-464f-a1ff-4f406e1c3c87
  └── ID: 5417bcb0-9497-4d73-a105-66764af58928
  └── Project: My Project
  └── Labels: ['docker']

Step 1/10 : FROM wdpbigdata/spark:latest
...
Successfully tagged warehouse:2020-12-05t12-04-02-796258-00-00
Flow URL: http://localhost:8080/flow/63c044e2-6fe9-4f80-88ee-a41809b5f079
  └── ID: b7ac33b0-73ba-49a5-8887-7afb9af7f5f4
  └── Project: My Project
  └── Labels: ['docker']

Step 1/9 : FROM wdpbigdata/python:latest
...
Successfully tagged datamart:2020-12-05t12-04-07-764243-00-00
Flow URL: http://localhost:8080/flow/2df3110a-b4c1-48f9-a890-13c50fc7c6e5
  └── ID: 0f8bbcb6-747a-4374-b76b-e302fc6ca3cb
  └── Project: My Project
  └── Labels: ['docker']
```

フローの階層化 フローを実行するフロー

フローごとのコンテナが完成すれば、それらを順に実行することで最終的なデータパイプラインが完成します。フローに実行順序があるときには、それらのフローの依存関係を明確に定めます。**リスト7.22**では、フローの実行を制御する上位のフローを作成しています。このようにして作成したフローをスケジュール実行することで、時間になったら一連のフローを確実に実行することができます。

こうしたフローをさらに階層的に積み上げていくことで、より複雑な多階層のフローを構築することも可能となります。Prefectでは比較的小さくフローを分割し、フロー間の関係もまた一つのフローとして構造的にパイプラインを記述できます。

リスト7.22 フローを実行するフロー(flows/daily_batch.py)

```
フローを実行するタスク。waitを付けると実行完了を待つ
a = StartFlowRun(flow_name='download', project_name='My Project', wait=True)
b = StartFlowRun(flow_name='warehouse', project_name='My Project', wait=True)
c = StartFlowRun(flow_name='datamart', project_name='My Project', wait=True)

フローを順に実行するフロー
with Flow('daily_batch') as flow:
    a.set_downstream(b)
    b.set_downstream(c)
```

Note

Prefectではフロー単位でコードを分割できます。フローごとにソースコードのリポジトリを分割し、実行時のコンテナを分離し、フローを実行するエージェントを分けることもできます。そうして開発されたフローは最終的に一つのサーバーに集約され、プロジェクト名とフロー名を用いて上位のフローが構築されます。

Dockerエージェント エージェントの常時起動

コンテナ化されたフローを実行するには、Dockerエージェントを使うのが簡単です。次のようにして起動できます。

```
Dockerエージェントを起動する
(env) ...$ prefect agent docker start \
            コンテナ間通信のネットワーク
            --network wdpressplus-bigdata_default \
            ラベルを指定
            -l docker
```

Prefectでは複数のエージェントを起動できますが、各エージェントがどのフローを実行するのかを決めるためにラベルを指定します。フローを登録するときのラベルと、エージェントを起動するときのラベルとを一致させることで、どのエージェントを使うかが決まります。

Dockerエージェント経由でフローが実行される様子を確かめるために、リスト7.22のフローを実行してみましょう。新しく端末を開いて、次のように実行します。このときWebの管理画面を開くと、3つのフローが順に実行されていく様子を見ることができます。

```
% multipass shell
Welcome to Ubuntu 20.04.1 LTS (GNU/Linux 5.4.0-53-generic x86_64)
...
ubuntu@primary:~$ source ~/env/bin/activate && cd wdpressplus-bigdata
リスト7.22のフローを実行する
(env) ...$ python flows/daily_batch.py
... | Beginning Flow run for 'daily_batch'
... | ...
... | Task 'Flow download': Finished task run for task with final state: 'Success'
... | ...
... | Task 'Flow warehouse': Finished task run for task with final state: 'Success'
... | ...
... | Task 'Flow datamart': Finished task run for task with final state: 'Success'
... | Flow run SUCCESS: all reference tasks succeeded
```

Kubernetesエージェント　コンテナ化されたエージェント

Prefectではサーバーからの指示を受け取るために、エージェントを常時起動しておく必要があります。コンテナ環境ではエージェントを1つだけ立ち上げておいて、すべてのフローの実行を任せるのが簡単です。

せっかくDockerを使うのなら、エージェント自体をコンテナとして実行したいと思うかもしれません。Prefectを本番環境で運用するときには、KubernetesやAWS Fargateのようなコンテナ実行環境にエージェントをデプロイすると良いでしょう。たとえば、Kubernetesであれば次のようなコマンドを実行します。

Kubernetesにエージェントをデプロイ

```
(env) ...$ prefect agent kubernetes install --rbac | kubectl apply -f -
deployment.apps/prefect-agent created
role.rbac.authorization.k8s.io/prefect-agent-rbac created
rolebinding.rbac.authorization.k8s.io/prefect-agent-rbac created
```

Kubenetes環境では、エージェントは常時起動のプロセス(Deployment)としてデプロイされ、そこから実行される各フローはJobとして動きます[注19]。したがって、どれほどフローの数が増えたとしても、Kubenetes側で適切なリソース管理ができていればスケーラビリティを確保できます。

タスクが消費するリソースを制御する

ここまでくれば、あとは実行するタスクの負荷に応じてリソースを分配するだけです。各コンテナに割り当てるCPUやメモリなどのリソースの量はエージェントが決定します。デフォルトでは割り当てられるリソースがかなり少ないので、`prefect agent kubernetes install`などに追加のオプションを指定することで調整します[注20]。

リソースに余裕があるなら並列度を高めます。タスクの数が多いときには、LocalDaskExecutorなどを用いてマルチスレッド、もしくはマルチプロセスで実行します。あるいはタスクを複数のフローに分割したり、DaskExecutorを使ったりすることで、複数のコンテナに負荷を分散することも考えられます。

あまり並列度を高め過ぎると、問題になる場合もあります。たとえば、データベースへの同時接続や、第三者サービスのAPI呼び出しなどは抑制しなければエラーの発生率が高まります。Prefectにはサーバー単位でリソース消費を抑制するための「同時実行制限」の機能があり、大規模なワークフローでエラーの発生を抑えるために利用できます[注21]。

注19 URL https://docs.prefect.io/orchestration/tutorial/k8s.html
注20 URL https://docs.prefect.io/orchestration/agents/kubernetes.html
注21 URL https://docs.prefect.io/orchestration/concepts/task-concurrency-limiting.html

作業環境の削除 multipass delete

最後に以下のコマンドを実行して、これまでの作業内容をすべて削除します。

```
仮想マシンを削除する
% multipass delete primary
削除されたことを確認
% multipass list
Name                    State             IPv4              Image
primary                 Deleted           --                Not Available
削除状態の仮想マシンをディスクから完全に削除
% multipass purge
```

Column

コンテナ化したワークフローの開発スタイル

ワークフローをコンテナとして開発すると、本番環境での運用は楽になりますが、開発そのものが楽になるわけではありません。コンテナとして動作するソフトウェアをどう開発すると楽なのか、筆者はいまも試行錯誤の連続ですが、ここでは5つの手法を取り上げておきます。

ローカルで開発してからコンテナ化する

単純なのは、開発中にはコンテナ技術は一切使わずに、本番環境にデプロイするときにコンテナ化することです。この場合、開発環境と本番環境とが厳密には一致しないので環境固有の問題が起きやすくなります。

本節のサンプルコードでは、データ収集のフロー(flows/download.py)をこの方法で実行しています。

コンテナでソースコードをマウントする

普段から開発環境をコンテナ化することで、本番環境との差異が小さくなり、他のエンジニアと環境を共有するのも容易になります。

Pythonを使ったワークフローでは、ソースコードをコンパイルする必要がないため、開発中はコンテナにソースコードをマウントして直接実行します。たとえば、ソースコードが「src」にあるなら、次のようにします。

```
% docker run --rm -v src:/app/src -w /app python:3.8 python src/workflow.py
```

コンテナのイメージ(ここでは「python:3.8」)は、あらかじめ必要なパッケージをインストールしたものをビルドしておきます。

オプション-vでソースコードを「/app/src」にマウントし、-wで作業ディレクトリを「/app」に移しています。これであたかもローカルで実行するかのようにpython src/workflow.pyという引数でスクリプトを実行できます。

本節のサンプルコードでは、spark-submitやデータマート作成のスクリプト(scripts/datamart.py)をこの方法で実行しています。

コンテナ化したJupyterノートブック

近年ではJupyterノートブックで開発することも増えています。Prefectによるワークフローはノートブックの中からでも実行できるため、開発中はコンテナ化したノートブックを作るのも一つの方法です。

これは本番環境にデプロイするようなワークフローではお勧めできませんが、手作業で実行するだけのものなら開発を単純化できます。たとえば、リモートから多数のファイルをダウンロードし、それを加工し、それからデータ分析するようなノートブックがあるとします。

最初の二つの作業(ダウンロードと加工)をワークフローのタスクとして実装し、実行結果をファイルに書き出す(PrefectならLocalResultを用いる)ようにしておけば、ノートブックを何度実行し直しても最初の1回しかタスクが実行されないようになります。

ワークフロー管理ツールには、タスクの並列実行のような便利な機能も多いので、対話的なデータ処理でも使い方次第では役立ちます。

本節のサンプルコードでは、機械学習のためにjupyter-consoleをコンテナとして実行し、そこからデータマートへと接続しています。

コンテナを用いた実行環境の分離

一部のタスクの実行環境をコンテナに分離し、それをAPIのようにして使いたい場合があります。

たとえば、古いバージョンのJavaでしか動かないソフトウェアを使うなど、他のものとは一緒にしづらいタスクは専用のコンテナに分離したいものです。そのような特殊なコンテナを使うときには、Daskのような軽量な分散システムを使うのも一つの方法です。

コンテナにはワークフローから利用するパッケージだけをインストールし、dask-workerを起動します。このコンテナはネットワーク経由で使うので常時起動しておきます。

後は通常どおりワークフローを開発し、Dask経由で実行します(PrefectならDaskExecutorを用いる)。ワークフローのコードはネットワーク経由で渡されるので、コンテナの側は起動したまま変更する必要はありません。

タスク単位でコンテナを切り替える

Daskをうまく使うとタスクごとに実行するコンテナを切り替えることもできます。それには複数のDaskワーカーを起動し、カスタムリソース[注a]を指定します。たとえば、GPUの使えるコンテナがあるなら「GPU=1」のようなオプションを付けてワーカーを起動し、Prefectのタスクでは次のようにタグを指定します。

```
@task(tags=['dask-resource:GPU=1'])
def my_gpu_task():
    # GPUを使うデータ処理
```

Javaのように起動に時間の掛かるソフトウェアでは、コンテナだけでなくJavaプロセスを常時起動して使い回したいときもあります。そのようなときには、Actor[注b]を使ってコンテナ内でプロセス間通信を実装します。

こうなってくると、もはやワークフロー管理というよりも分散システムの開発なので必要とする人は限られるでしょうが、ワークフローが高度化するにつれて多数のコンテナを活用したデータ処理が必要になるときもあるので、興味のある人は学んでみてください。

注a URL https://distributed.dask.org/en/latest/resources.html
注b URL https://distributed.dask.org/en/latest/actors.html

7.4 まとめ

本章ではビッグデータの技術を用いて「**データパイプライン**」**を構築する**例として、**オープンソースソフトウェアによるデータ処理の手順**を説明しました。1台のコンピュータを使った単純な構成しか取り上げられませんでしたが、各ソフトウェアの具体的な動きをイメージできたのではないでしょうか。

アドホックな分析環境の例として、JupyterとSparkを組み合わせて**対話**

的なデータ処理を行いました。ノートブックやスクリプト言語を使ったデータ処理は覚えることが多く、最初の学習コストは高くなりますが、頻繁にデータを分析する人にとっては効果的な方法です。機械学習のように大量の計算リソースを必要とするケースであれば、**クラウド上にノートブックを開くことでリモートの計算リソースに素早くアクセス**できます。

長期的な運用を前提とするバッチ処理では、対話的な実行よりも保守性の良さを念頭に置きつつ、ETLプロセスなどのデータパイプラインを実装します。本章ではSparkを使った**スケーラビリティの高いETLプロセス**について説明しましたが、実際の運用ではローデータを直接データウェアハウスに取り込めるケースも多いので、適材適所でベストなツールを選択します。

複雑なデータパイプラインを制御するには「ワークフロー管理ツール」を使います。スクリプト型のワークフロー管理ツールとしてPrefectを利用すると、単体のスクリプトとして実行可能なワークフローをシンプルに記述できます。スクリプト型のツールを使うにはプログラミングの知識が必要ですが、データ収集では元々スクリプトがよく使われるので、**データパイプライン全体を一つのワークフローとして透過的に記述**できます。

Prefectは**ワークフローのコンテナ化**にも対応しており、Dockerコンテナのイメージをビルドしてデプロイすることで、クラウド上での実行が容易になります。Kubernetesのようなコンテナ実行環境と組み合わせることで、**スケーラビリティの高いワークフローの実行**が可能です。データ処理に必要なライブラリをフロー単位でコンテナにまとめられるため、最初に覚えることは増えるものの**長期的に保守しやすいデータパイプライン**を構築できるでしょう。

Sparkのように**ETLプロセスで使える分散データ処理の技術**と、Prefectのように**API呼び出しの司令塔となるワークフロー管理の技術**とを組み合わせることで、どれほど複雑なデータパイプラインでも構築できます。日々増え続けるデータに立ち向かうため、本書の知識が少しでも役立つようであれば幸いです。

索引

A/B/C

D/E/F

G/H/I/J

K/L/M/N

サ行

タ行

著者略歴

西田 圭介 Keisuke Nishida

フリーランスのソフトウェアエンジニア。複数のスタートアップで開発やデータ分析などを担当した。現在は趣味の開発にも勤しみつつ、執筆活動を続けている。著書に『Googleを支える技術 ……巨大システムの内側の世界』(技術評論社、2008)がある。

装丁・本文デザイン………………… 西岡 裕二
図版……………………………………… さいとう 歩美
本文レイアウト……………………… 酒徳 葉子(技術評論社)

WEB+DB《ウェブディービー》 PRESS《プレス》 plus《プラス》シリーズ

[増《ぞう》補《ほ》改《かい》訂《てい》]ビッグデータを支《ささ》える技《ぎ》術《じゅつ》

ラップトップ1台《だい》で学《まな》ぶデータ基《き》盤《ばん》のしくみ

2017年 10月 5日 初 版 第1刷発行
2017年 11月 3日 初 版 第2刷発行

2021年 2月 25日 第2版 第1刷発行

著者……………………………………… 西《にし》田《だ》 圭介《けいすけ》

発行者…………………………………… 片岡 巖

発行所…………………………………… 株式会社技術評論社
東京都新宿区市谷左内町21-13
電話 03-3513-6150 販売促進部
03-3513-6177 雑誌編集部

印刷/製本…………………………… 日経印刷株式会社

ISBN 978-4-297-11952-2 C3055
Printed in Japan

● お問い合わせ

本書に関するご質問は記載内容についてのみとさせていただきます。本書の内容以外のご質問には一切応じられませんのであらかじめご了承ください。なお、お電話でのご質問は受け付けておりませんので、書面または小社Webサイトのお問い合わせフォームをご利用ください。

〒162-0846
東京都新宿区市谷左内町21-13
㈱技術評論社
『[増補改訂]ビッグデータを支える技術』係
URL https://gihyo.jp(技術評論社Webサイト)

ご質問の際に記載いただいた個人情報は回答以外の目的に使用することはありません。使用後は速やかに個人情報を廃棄します。